工业和信息化精品系列教材·**网络技术**

IPv6 技术与应用

微课版

黄君羡 简碧园 张金荣 | 主编　正月十六工作室 | 组编

人民邮电出版社
北京

图书在版编目（ＣＩＰ）数据

IPv6技术与应用 ： 微课版 / 黄君羡, 简碧园, 张金荣主编 ； 正月十六工作室组编. -- 北京 ： 人民邮电出版社, 2023.4

工业和信息化精品系列教材. 网络技术

ISBN 978-7-115-59821-9

Ⅰ. ①I… Ⅱ. ①黄… ②简… ③张… ④正… Ⅲ. ①计算机网络－通信协议－高等学校－教材 Ⅳ. ①TN915.04

中国版本图书馆CIP数据核字(2022)第144522号

内 容 提 要

本书围绕网络工程师对路由交换设备的配置与管理技能，较系统、完整地介绍 IPv6 地址、邻居发现、IPv6 静态路由、IPv6 默认路由、OSPFv3、IPv6 访问控制列表、IPv6 隧道等知识。

本书由 IPv6 局域网应用篇、IPv6 园区网应用篇、IPv4 与 IPv6 混合应用篇、IPv6 扩展应用篇共 4 个单元组成，每个单元包含 3～4 个项目，每个项目均源于真实的应用场景，按工作过程系统化展开介绍。通过在业务场景中学习和实践，读者可快速熟悉 IPv6 的相关知识及应用。

本书提供微课、PPT、实训项目等电子资源，可作为应用型本科、高职、中职、技师学院等院校信息技术的通识课程教材，也可作为 IPv6 技术应用的培训教材，以及社会信息技术相关工作人员的参考用书。

◆ 主　　编　黄君羡　简碧园　张金荣
组　　编　正月十六工作室
责任编辑　鹿　征
责任印制　王　郁　焦志炜

◆ 人民邮电出版社出版发行　　北京市丰台区成寿寺路 11 号
邮编　100164　　电子邮件　315@ptpress.com.cn
网址　https://www.ptpress.com.cn
大厂回族自治县聚鑫印刷有限责任公司印刷

◆ 开本：787×1092　1/16
印张：16.25　　2023 年 4 月第 1 版
字数：446 千字　　2023 年 4 月河北第 1 次印刷

定价：59.80 元

读者服务热线：(010) 81055256　印装质量热线：(010) 81055316
反盗版热线：(010) 81055315
广告经营许可证：京东市监广登字 20170147 号

前言

正月十六工作室集合 IT 厂商、IT 服务商、资深教师组成教材开发团队，聚焦产业发展动态，持续跟进新一代信息通信技术（Information and Communications Technology，ICT）岗位需求变化，基于工作过程系统化开发项目化课程和全方位教学资源。

本书前期历经职业院校教学、企业培训的多次打磨，融合教材开发团队多年的教学与培训经验，采用容易让学习者理解的方式，通过场景化的项目案例介绍，将理论与技术应用密切结合，让技术应用更具实用性；通过标准化业务实施流程介绍，让学习者熟悉工作过程；通过项目拓展介绍，让学习者进一步巩固业务能力，促进其养成规范的职业习惯。本书通过 15 个精心设计的项目介绍，让学习者逐步地掌握 IPv6 技术与应用，为成为一名网络工程师打下坚实的基础。

本书极具职业特征，有如下特色。

1. 课证融通、校企双元开发

本书由高校教师团队和企业工程师团队联合编撰。书中路由与交换的相关技术及知识点导入了华为网络服务技术标准和华为 Datecom 认证考核标准；课程项目导入了荔峰科技、国育科技等服务商的典型项目案例和标准化业务实施流程；高校教师团队按高职网络专业人才培养要求和教学标准，考虑学习者的认知特点，将企业资源进行教学化改造，形成工作过程系统化教材，内容符合网络工程师岗位技能培养要求。

2. 项目贯穿、课产融合

- **递进式场景化项目重构课程序列。**本书围绕网络工程师岗位对网络工程中 IPv6 技术技能的要求，基于工作过程系统化方法，按照 TCP/IP 由低层到高层这一规律，设计 15 个递进式项目，并将网络知识分块融入各项目，构建各项目内容。学习者通过递进式项目的学习，掌握相关的知识和技能，可具备网络工程师的岗位能力。图 1 为本书学习导图。

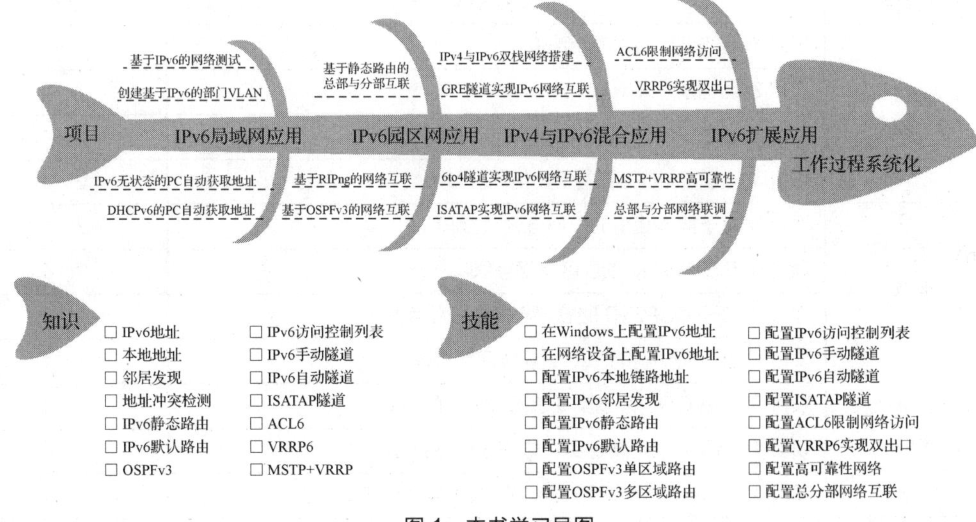

图 1　本书学习导图

- **用业务流程驱动学习过程**。本书项目按企业工程项目实施流程分解为若干工作任务。通过项目描述、项目需求分析、项目相关知识为任务做铺垫；项目实施中的每个任务由任务规划、任务实施和任务验证构成，符合工程项目实施的一般规律。学生可通过 15 个项目的渐进学习，逐步熟悉网络工程师岗位中 IPv6 配置与管理知识的应用场景，熟练掌握业务实施流程，培养良好的职业素养。图 2 为学习过程导图。

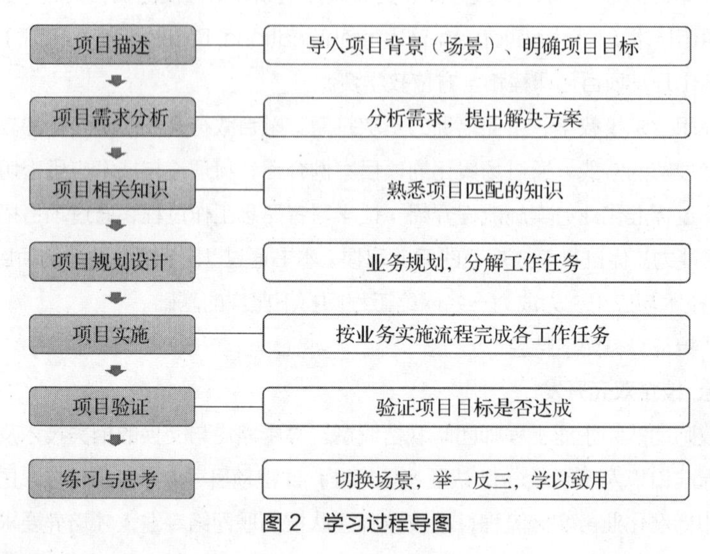

图 2　学习过程导图

3. 实训项目具有复合性和延续性

考虑企业真实工作项目的复合性，工作室在每个项目后精心设计课程实训项目。实训项目不仅考核与本项目相关的知识、技能和业务流程，还涉及前序知识与技能，可强化各阶段知识点、技能点之间的关联，让学习者熟悉知识与技能在实际场景中的应用。

本书若作为教学用书，参考学时为 35～64 学时，各项目的参考学时分配表如表 1 所示。

表 1　学时分配表

内容模块	课程内容	学时
IPv6 局域网应用篇	项目 1　基于 IPv6 的网络测试	1～2
	项目 2　创建基于 IPv6 的部门 VLAN	2～4
	项目 3　基于 IPv6 无状态的 PC 自动获取地址	2～4
	项目 4　基于 DHCPv6 的 PC 自动获取地址	2～4
IPv6 园区网应用篇	项目 5　基于静态路由的总部与分部互联	2～4
	项目 6　基于 RIPng 的园区网络互联	2～4
	项目 7　基于 OSPFv3 的总部与多个分部互联	2～4
IPv4 与 IPv6 混合应用篇	项目 8　基于 IPv4 和 IPv6 的双栈网络搭建	2～4
	项目 9　使用 GRE 隧道实现总部与分部的互联	2～4
	项目 10　使用 6to4 隧道实现总部与分部的互联	2～4
	项目 11　使用 ISATAP 隧道实现 IPv6 网络的互联互通	2～4

续表

内容模块	课程内容	学时
IPv6 扩展应用篇	项目 12 使用 ACL6 限制网络访问	2～4
	项目 13 基于 VRRP6 的 ISP 双出口备份链路配置	4～6
	项目 14 基于 MSTP 和 VRRP 的高可靠性网络搭建	4～6
	项目 15 综合项目：Jan16 公司总部及分部 IPv6 网络联调	4～6
学时总计		35～64

本书由正月十六工作室策划，主编为黄君羡、简碧园和张金荣，副主编为彭亚发、李文远和欧阳绪彬，教材编写单位和编者信息如表 2 所示。

表 2 教材编写单位和编者信息

编者单位	编者
正月十六工作室	欧阳绪彬 蔡宗唐
荔峰科技（广州）有限公司	张金荣
国育产教融合教育科技有限公司	卢金莲
广东交通职业技术学院	黄君羡 简碧园 彭亚发
广州市工贸技师学院	李文远

本书在编写过程中，参阅了大量的网络技术资料和书籍，特别是引用了 IT 服务商的大量项目案例，在此，编者对这些资料的贡献者表示感谢。

由于技术发展迅速，加上编者水平有限，书中难免有不当之处，望广大读者批评、指正。

编 者

2022 年 11 月

目录

IPv6 局域网应用篇

项目 1

项目 2

项目 3

项目 4

IPv6 园区网应用篇

项目 5

项目 6

项目 7

IPv4 与 IPv6 混合应用篇

项目 8

项目 9

项目 10

项目 11

IPv6 扩展应用篇

项目 12

项目13

基于 VRRP6 的 ISP 双出口备份链路配置 ······ 187

项目14

基于 MSTP 和 VRRP 的高可靠性网络搭建 ······ 204

IPv6 局域网应用篇

项目1
基于IPv6的网络测试

01

项目描述

随着第 6 版互联网协议（Internet Protocol version 6，IPv6）的普及，Jan16 公司所在的智慧园区已全面升级为 IPv6 网络。Jan16 公司部署的交换机、路由器均支持 IPv6，所以该公司准备将公司的信息中心升级为 IPv6 网络，前期需要测试公司现有 PC 是否支持 IPv6。

网络工程师小蔡负责该测试任务，他计划先使用信息中心两台终端 PC1 和 PC2 的网络接口（ETH1）接入测试交换机（SW）的接口（GE0/0/1 和 GE0/0/2），测试公司网络是否支持 IPv6。本项目测试拓扑如图 1-1 所示。

说明：下文的交换机、路由器、PC 等设备的连接，均指相应设备的网络接口连接。

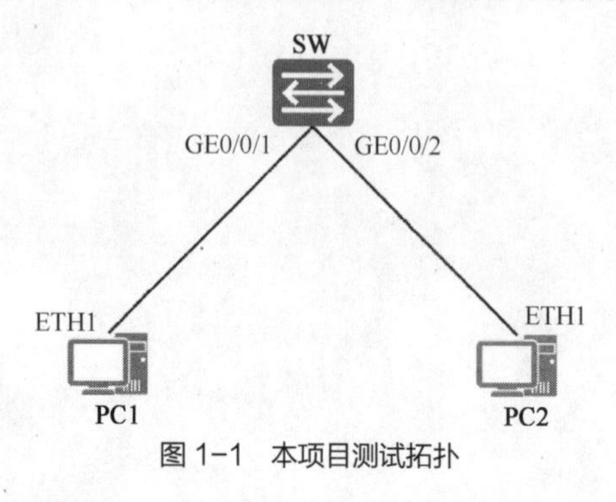

图 1-1　本项目测试拓扑

项目需求分析

本项目只需要在信息中心的两台 PC 上配置 IPv6 地址，并测试通信是否正常。

项目相关知识

1.1　IPv4 的局限性

第 4 版互联网协议（Internet Protocol version 4，IPv4）是目前广泛部署的互联网协议，它经过多年的发展，已经非常成熟，且易于实现，得到了几乎所有厂商和设备的支持，但也有一些不足之处。

1. 能够提供的地址空间不足且分配不均

互联网起源于 20 世纪 60 年代的美国国防部，每台连网的设备都需要一个 IP 地址，初期只有上千台设备连网，使得 32 位的 IP 地址看来几乎不可能被用尽。但随着互联网的发展，用户数量大量增加，尤其是随着互联网的商业化，用户数量呈现几何级数增长，IPv4 地址资源即将被用尽。理论上 IPv4 可以提供 2^{32} 个地址，但由于协议设计初期的规划问题，部分地址不能被分配使用，如 D 类地址（组播地址）和 E 类地址（实验保留），造成整个地址空间进一步缩小。

另外，在协议设计初期看来不可能被用尽的 IP 地址，在具体数量的分配上是非常不均匀的，例如美国占用一半以上的 IP 地址，一些大型公司申请并获得了大量的 IP 地址，但实际上往往用不了这么多，造成非常大的浪费。另一方面，亚洲人口众多，但获得的 IP 地址非常有限，而由于亚洲互联网发展起步较晚，IP 地址不足这个问题显得更加突出，进一步限制了互联网的发展和壮大。

2. 互联网骨干路由器的边界网关协议路由表非常庞大

IPv4 发展初期缺乏合理的地址规划，造成地址分配不连续，导致当今互联网骨干设备的边界网关协议（Border Gateway Protocol，BGP）路由表非常庞大，已经达到数十万条的规模，并且还在持续增长中。缺乏合理的规划，也导致无法实现进一步的路由汇总，这给骨干设备的处理能力和内存空间带来较大压力，影响数据报的转发效率。

1.2 IPv6 概述

因特网工程任务组（Internet Engineering Task Force，IETF）在 20 世纪 90 年代提出了下一代互联网协议——IPv6。

相较于 IPv4，IPv6 具有诸多优点。

1. 地址空间巨大

相对于 IPv4 的地址空间而言，IPv6 采用 128 位的地址长度，其地址总数可达 2^{128} 个，几乎不会被用尽，这个地址数量几乎可以使地球上的每一粒沙子都拥有一个单独的 IP 地址。如此庞大的地址空间应该可以满足未来任何网络的应用，如物联网等。

2. 层次化的路由设计

在规划设计 IPv6 地址时，采用了层次化的设计方法，前 3 位固定，第 4～16 位为顶级聚合（Top Level Aggregator，TLA），第 25～48 位为次级聚合（Next Level Aggregator，NLA），第 49～64 位为站点级聚合（Site Level Aggregator，SLA）。理论上，互联网骨干设备上的 IPv6 路由表只有 8192（顶级聚合第 4～16 位，共 13 位，顶级路由则为 2^{13}=8192）条路由信息。

3. 效率高，扩展灵活

相对于 IPv4 报头大小的可变设计（可为 20～60 字节），IPv6 基本头采用了定长设计，大小固定为 40 字节。相对于 IPv4 报头中数量多达 12 个的选项，IPv6 把报头分为基本头和扩展头，基本头中只包含选路所需要的 8 个基本选项，其他功能选项都设计为扩展头，这样有利于提高路由器的转发效率，也可以根据新的需求设计出新的扩展头，以使其具有良好的扩展性。

4. 支持即插即用

设备连接网络时，可以通过自动配置的方式获取子网前缀和参数，并自动结合设备自身的链路地址生成 IP 地址，简化网络管理。

5. 更好的安全性保障

IPv6 通过扩展头的形式支持互联网络层安全协议（Internet Protocol Security，IPsec），无须借助其他安全加密设备，因此可以直接为上层数据提供加密和身份认证，保障数据传输的安全。

6. 引入流标签的概念

相较于 IPv4，IPv6 引入了流标签（Flow Label）的概念。使用 IPv6 新增的流标签字段，加上相同的源地址和目的地址，可以标记多个数据报属于某个相同的流，业务可以根据不同的数据流进行更细致的分类，实现优先级控制，例如，基于流的服务质量（Quality of Service，QoS）等应用适用于对连接的服务质量有特殊要求的通信，如音频或视频等实时数据传输。

1.3 IPv6 的数据报封装

相较于转发效率低的 IPv4，IPv6 把报文的报头分为基本头和扩展头两部分。基本头中只包含基本的必要选项，如 Source Address（源地址）、Destination Address（目的地址）等，扩展选项用扩展头添加在基本头的后面。

1. IPv6 基本头

IPv6 基本头大小固定为 40 字节（1 字节=8 位），其中包含 8 个字段，其格式如图 1-2 所示。

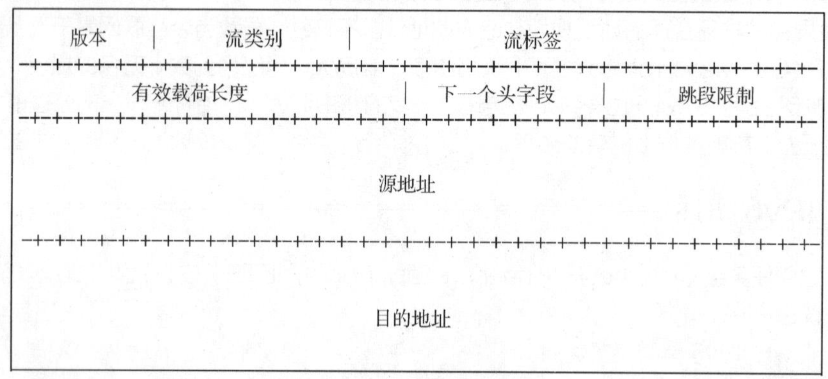

图 1-2 IPv6 基本头格式

（1）版本（Version）：长度为 4 位，版本指定为 IPv6 时，其值为 6（0110）。

（2）流类别（Traffic Class）：长度为 8 位，用来区分不同类型或优先级的 IPv6 数据报。

（3）流标签：长度为 20 位。网络中的端节点与中间节点使用源地址和流标签来唯一地标识一个流，属于同一个流的所有包的处理方式都应该相同。目前，该字段还处于试用阶段。

（4）有效载荷长度（Payload Length）：长度为 16 位，数据报的有效载荷的单位是字节，最大数值为 65535，指 IPv6 基本头后面的长度，包含扩展头部分。该字段和 IPv4 报头的总长度字段的不同在于，IPv4 报头中总长度字段指的是报头和数据两部分的长度，而 IPv6 的有效载荷长度只是指数据部分的长度，不包括 IPv6 基本头。

（5）下一个头字段（Next Header）：长度为 8 位，指明基本头后面的扩展头或者上层协议中的协议类型。如果只有基本头而无扩展头，那么该字段的值表示的是数据部分所承载的协议类型。这一字段类似于 IPv4 的协议字段，且使用与 IPv4 的协议字段相同的协议值，例如，传输控制协议（Transmission Control Protocol，TCP）为 6，用户数据报协议（User Datagram Protocol，UDP）为 17。表 1-1 列出了常用的下一个头字段的值及对应的扩展头或上层协议类型。

表 1-1 常用的下一个头字段的值及对应的扩展头或上层协议类型

下一个头字段的值	对应的扩展头或上层协议类型
0	逐跳选项扩展头
6	TCP

续表

下一个头字段的值	对应的扩展头或上层协议类型
17	UDP
43	路由选择扩展头
44	分片扩展头
50	封装安全负载（Encapsulating Security Payload，ESP）扩展头
51	鉴别头（Authentication Header，AH）扩展头
58	第 6 版互联网控制报文协议（Internet Control Message Protocol version 6，ICMPv6）（见项目 2）
60	目的选项扩展头
89	第 3 版开放最短路径优先协议（Open Shortest Path First version 3，OSPFv3）（见项目 7）

（6）跳段限制（Hop Limit）：长度为 8 位，其功能类似于 IPv4 中的存活时间（Time To Live，TTL）字段，最大值为 255，报文每经过一跳，该字段值减 1，该字段值减为 0 后，数据报会被丢弃。

（7）源地址：长度为 128 位，数据报的源 IPv6 地址，必须是单播地址，单播地址的相关内容在项目 2 进行讲解。

（8）目的地址：长度为 128 位，数据报的目的 IPv6 地址，可以是单播地址或组播地址，组播地址的相关内容在项目 2 进行讲解。

2. IPv6 扩展头

IPv6 扩展头是可选报头，位于 IPv6 基本头后面。其作用是取代 IPv4 报头中的选项字段，这样可以使 IPv6 的基本头采用定长设计，并把 IPv4 报头中的部分字段（如分段字段）独立出来，将其设计为各种 IPv6 扩展头。这样做的好处是大大提高了中间节点对 IPv6 数据报的转发效率。每个 IPv6 数据报都可以有 0 个或者多个扩展头，每个扩展头的长度都是 8 字节的整数倍。

IPv6 的扩展头被当作 IPv6 有效载荷的一部分并一起计算长度值，填充在 IPv6 基本头的有效载荷长度字段内。

IPv6 的报文结构示例如图 1-3 所示。

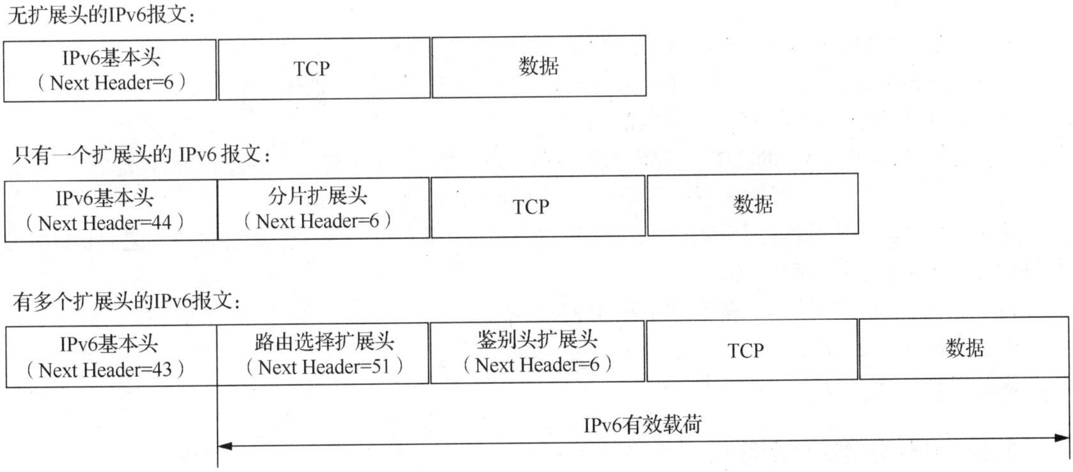

无扩展头的IPv6报文：

IPv6基本头（Next Header=6）	TCP	数据

只有一个扩展头的 IPv6 报文：

IPv6基本头（Next Header=44）	分片扩展头（Next Header=6）	TCP	数据

有多个扩展头的IPv6报文：

IPv6基本头（Next Header=43）	路由选择扩展头（Next Header=51）	鉴别头扩展头（Next Header=6）	TCP	数据

IPv6有效载荷

图 1-3　IPv6 的报文结构示例

目前，RFC2460（IPv6 规范）中定义了 6 种 IPv6 扩展头：逐跳选项扩展头、目的选项扩展头、路由选择扩展头、分片扩展头、鉴别头扩展头、封装安全负载扩展头。其中，路由选择扩展头、分片扩展头、鉴别头扩展头、封装安全负载扩展头都有固定的长度，而逐跳选项扩展头和目的选项扩展头的数据部分则采用了类型-长度-值（Type-Length-Value，TLV）的选项设计，如图 1-4 所示。

图 1-4　扩展头数据部分的选项设计

（1）选项数据类型（Option Data Type）：长度为 8 位，标识类型，最高 2 位表示设备识别此扩展头时的处理方法（00 表示跳过数据报；01 表示丢弃数据报，不通知发送方；10 表示丢弃数据报，无论目的地址是否为组播地址，都向发送方发送 1 个 ICMPv6 的错误信息报文；11 表示丢弃数据报，当目的地址不是组播地址时，向发送方发送 1 个 ICMPv6 的错误信息报文）；第 3 位表示在选路过程中数据部分是否可以被改变（0 表示不能被改变；1 表示可以被改变）。

（2）选项数据长度（Option Data Length）：长度为 8 位，标识选项数据值部分的长度，单位为字节，最大值为 255。

（3）选项数据值（Option Data Value）：长度可变，最大值为 255，该字段内容为选项的具体数据内容。

1.4　IPv6 地址的表达方式

IPv4 地址共 32 位，习惯将其分成 4 块，每块有 8 位，中间用“.”相隔，为了方便书写和记忆，一般换算成十进制表示，例如，11000000.10101000.00000001.00000001 可以表示为 192.168.1.1。这种表达方式被称为点分十进制。

IPv6 地址共 128 位，习惯将其分为 8 块，每块有 16 位，中间用“:”相隔，然后将每块的 16 位数换算成十六进制表示。下面是一个 IPv6 地址的完整表达方式。

2001:0fe4:0001:2c00:0000:0000:0001:0ba1

显然，这样的地址是非常不便于书写和记忆的，所以在此基础上可以对 IPv6 地址的表达方式做一些简化。

（1）简化规则 1：每一个地址块的起始部分的 0 可以省略。如果地址块全部是 0，则可以简化为 1 个 0。

例如，上述地址可以简化表达为【2001:fe4:1:2c00:0:0:1:ba1】。

（2）简化规则 2：由 1 个或连续多个 0 组成的地址块可以用“::”取代。

例如，上述地址可以简化表达为【2001:fe4:1:2c00::1:ba1】。

需要注意的是，在整个地址中，只能出现一次“::”。例如，以下是一个完整的 IPv6 地址。

2001:0000:0000:0001:0000:0000:0000:0001

若错误地将其简化表达为【2001::1::1】，表达方式中出现了 2 次“::”，则会导致无法判断具体哪几块地址被省略，以致引起歧义。

以上 IPv6 地址可以正确地表示为以下两种表达方式。

表达方式 1：【2001::1:0:0:0:1】。

表达方式 2：【2001:0:0:1::1】。

1.5　IPv6 地址结构

IPv6 的地址结构为子网前缀+接口标识，子网前缀相当于 IPv4 中的网络号，接口标识相当于 IPv4

中的主机号。IPv6 中较常用的是 64 位前缀长度的地址。

IPv6 的地址构成如图 1-5 所示。

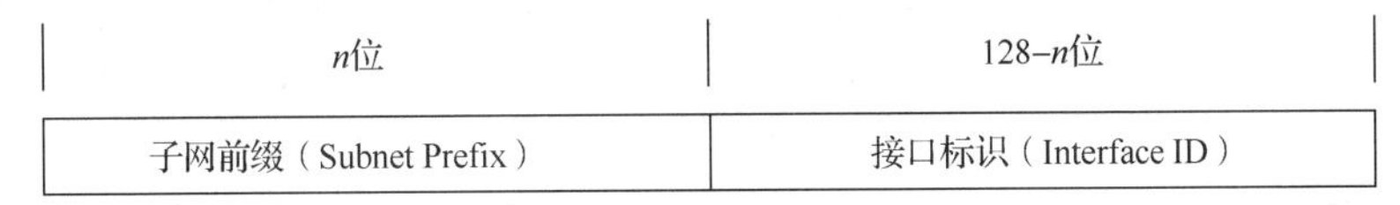

图 1-5　IPv6 的地址构成

为了区分这两部分，可以在 IPv6 地址后面加上“/数字（十进制）”的组合，数字用来确定从头开始的多少位是子网前缀。

例如，2001::1/64。

项目规划设计

项目拓扑

本项目中，使用 2 台 PC 以及 1 台新购置的交换机来搭建项目拓扑，如图 1-6 所示。其中 PC1 与 PC2 是 Jan16 公司员工现有的 PC，SW 为 PC1 与 PC2 之间的交换机。通过为 PC1 和 PC2 配置 IPv6 地址，实现 PC1 与 PC2 能通过 IPv6 地址互相访问。

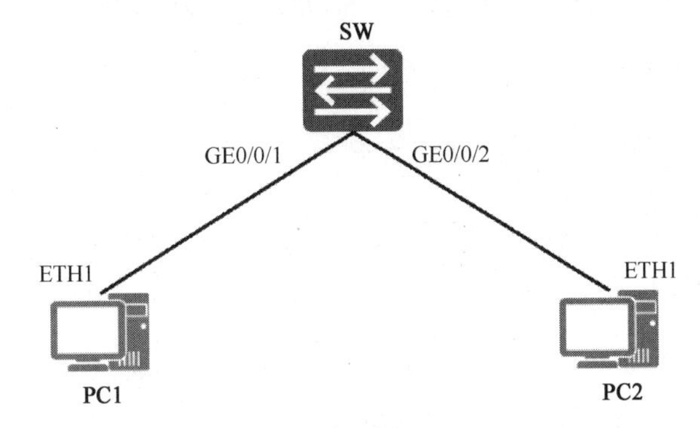

图 1-6　项目拓扑

项目规划

根据图 1-6 所示的项目拓扑进行业务规划，相应的端口互联规划、IP 地址规划如表 1-2 和表 1-3 所示。

表 1-2　端口互联规划

本端设备	本端接口	对端设备	对端接口
PC1	ETH1	SW	GE0/0/1
PC2	ETH1	SW	GE0/0/2
SW	GE0/0/1	PC1	ETH1
SW	GE0/0/2	PC2	ETH1

表 1-3　IP 地址规划

设备名称	接口	IP 地址	用途
PC1	ETH1	2020::1/64	PC1 地址
PC2	ETH1	2020::2/64	PC2 地址

项目实施

任务 1-1　在 PC 上配置 IPv6 地址

任务规划

根据项目规划中的 IP 地址规划，为 PC1、PC2 配置相应的 IPv6 地址。

V1-1　任务 1-1　在 PC 上配置 IPv6 地址

任务实施

1. PC1 配置

（1）如图 1-7 所示，打开【设置】→【网络和 Internet】，在【状态】选项卡的右侧页面中单击【更改适配器选项】，进入【网络连接】配置界面。

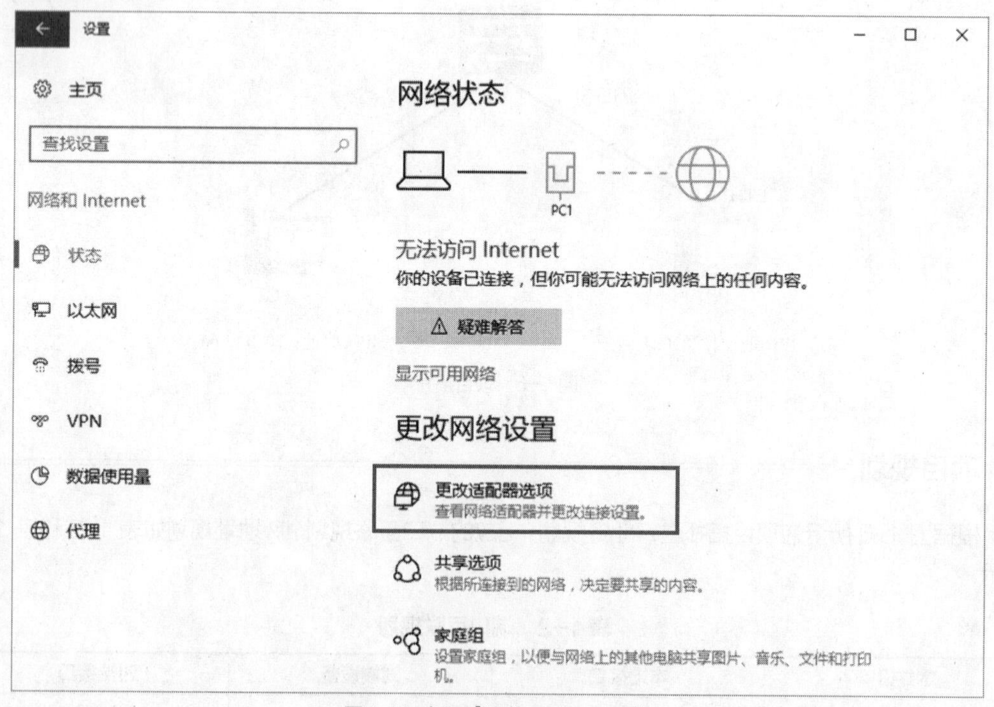

图 1-7　打开【网络和 Internet】

（2）在【网络连接】配置界面中，右击需要配置的网络适配器（网卡），在弹出的快捷菜单中选择【属性】，如图 1-8 所示。

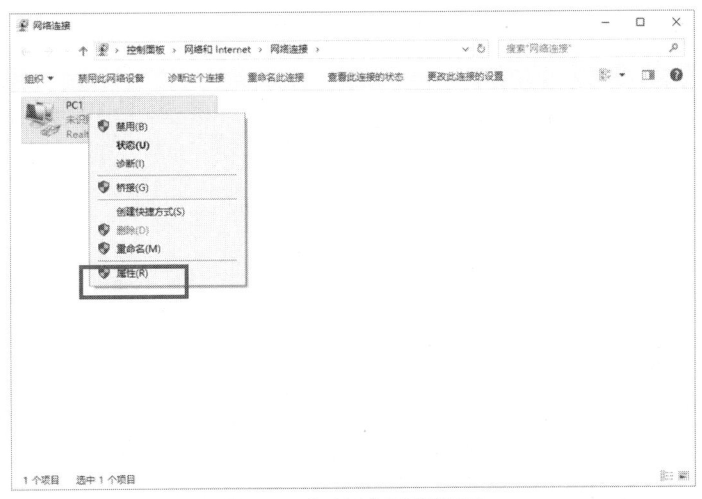

图 1-8　修改网络适配器属性

（3）在【PC1 属性】界面中，选择【Internet 协议版本 6（TCP/IPv6）】，双击该选项，如图 1-9 所示。

（4）如图 1-10 所示，为 PC1 配置【IPv6 地址】为【2020::1】以及【子网前缀长度】为【64】，单击【确定】按钮，IPv6 地址设置完毕。

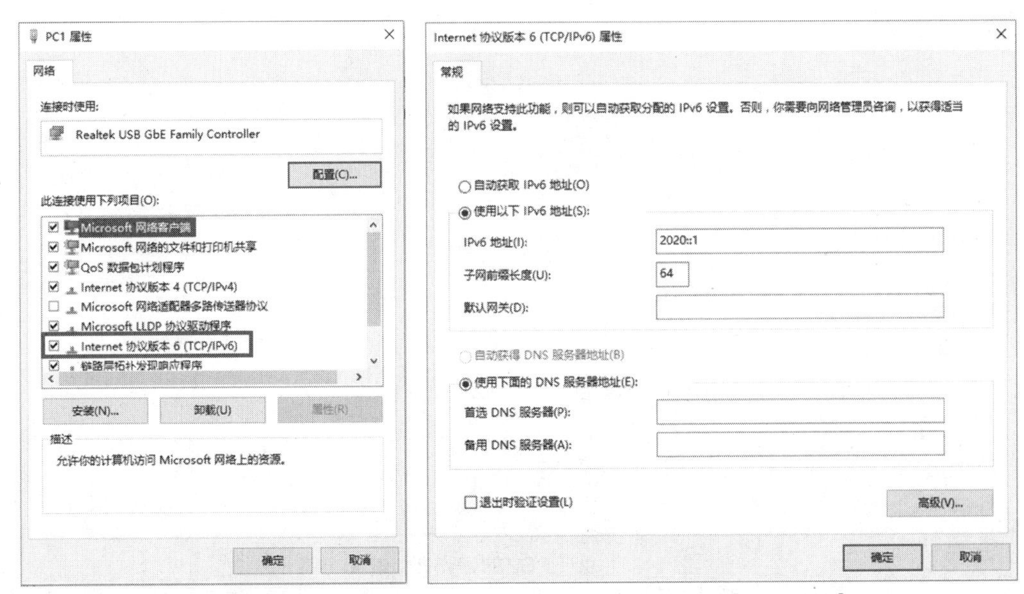

图 1-9　选择【Internet 协议版本 6（TCP/IPv6）】　　图 1-10　配置【IPv6 地址】

2. PC2 配置

PC2 的配置与 PC1 的配置操作类似，PC2 地址配置过程不赘述。需注意 PC2 地址为【2020::2】，谨防地址配置错误导致 IP 地址冲突。

任务验证

（1）在 PC1 中同时按键盘上的【Windows】键和【R】键，在弹出的【运行】对话框中输入【CMD】命令，单击【确定】按钮。在打开的命令提示符窗口中输入【ipconfig】命令查看物理网卡上 IPv6 地址的配置情况，验证已配置的 IPv6 地址是否正确，结果如图 1-11 所示。可以看到，PC1 已经正确显示了 IPv6 地址。

```
C:\Users\admin>ipconfig

Windows IP 配置


以太网适配器 PC1:

   连接特定的 DNS 后缀 . . . . . . . :
   IPv6 地址 . . . . . . . . . . . . . . . . . : 2020::1
   本地链接 IPv6 地址 . . . . . . . . . : fe80::8df1:3700:a071:2ba%21
   IPv4 地址 . . . . . . . . . . . . . . . . . : 192.168.1.1
   子网掩码 . . . . . . . . . . . . . . . . . . : 255.255.255.0
   默认网关 . . . . . . . . . . . . . . . . . . :
```

图 1-11　验证 PC1 的 IPv6 地址配置

（2）在 PC2 上进行相同的操作，结果如图 1-12 所示。可以看到，PC2 同样正确显示了对应的IPv6 地址。

```
C:\Users\admin>ipconfig

Windows IP 配置


以太网适配器 PC2:

   连接特定的 DNS 后缀 . . . . . . . :
   IPv6 地址 . . . . . . . . . . . . . . . . . : 2020::2
   本地链接 IPv6 地址 . . . . . . . . . . : fe80::493a:e06c:3e77:faa9%21
   IPv4 地址 . . . . . . . . . . . . . . . . . . : 192.168.1.2
   子网掩码 . . . . . . . . . . . . . . . . . . . : 255.255.255.0
   默认网关 . . . . . . . . . . . . . . . . . . . . :
```

图 1-12　验证 PC2 的 IPv6 地址配置

项目验证

使用【ping】命令可以进行网络连通性测试。在 PC1 的命令提示符窗口中输入命令【ping 2020::2】，测试 PC1 与 PC2 之间的连通性，结果如图 1-13 所示。可以看到 PC1 发送了 4 个测试数据报给 PC2，PC2 全部接收到并回应了 PC1，平均响应时间为 1ms，据此认为 PC1 和 PC2 基于 IPv6 的通信正常。

V1-2　项目验证

```
C:\Users\admin>ping 2020::2

正在 ping 2020::2 具有 32 字节的数据:
来自 2020::2 的回复: 时间=2ms
来自 2020::2 的回复: 时间=1ms
来自 2020::2 的回复: 时间=2ms
来自 2020::2 的回复: 时间=1ms

2020::2 的 ping 统计信息:
    数据报: 已发送 = 4，已接收 = 4，丢失 = 0 (0% 丢失)，
往返行程的估计时间 (以毫秒为单位)：
    最短 = 1ms，最长 = 2ms，平均 = 1ms
```

图 1-13　PC1 与 PC2 的连通性测试

练习与思考

理论题

（1）对 IPv6 地址 2002:0DB8:0000:0100:0000:0000:0346:8D58 进行简化，以下正确的是（　　）。

A．2002:0DB8::0346:8D58　　B．2002:DB8::100::0346:8D58

C．2002:0DB8:0:1::346:8D58　　D．2002:DB8:0:100::346:8D58

（2）以下关于 IPv6 的描述，正确的是（　　）。

A．庞大的地址空间　　B．兼容 IPv4

C．IPv6 在当前的网络中已广泛应用　　D．IPv6 的报头比 IPv4 的更加精简

（3）IPv6 中 IP 地址的长度为（　　）。

A．32 位　　B．64 位　　C．96 位　　D．128 位

（4）目前来看，IPv4 的主要不足是（　　）。

A．地址已分配完毕　　B．路由表急剧膨胀

C．无法提供多样的 QoS　　D．网络安全不到位

（5）IPv6 基本头的长度是固定的，包括（　　）字节。

A．20　　B．40　　C．60　　D．80

项目实训题

1．项目背景与要求

小明承接了 Jan16 公司的网络维护工作，现需要对 Jan16 公司的核心交换机和 PC 的 IPv6 兼容性进行测试，实践拓扑如图 1-14 所示。具体要求如下。

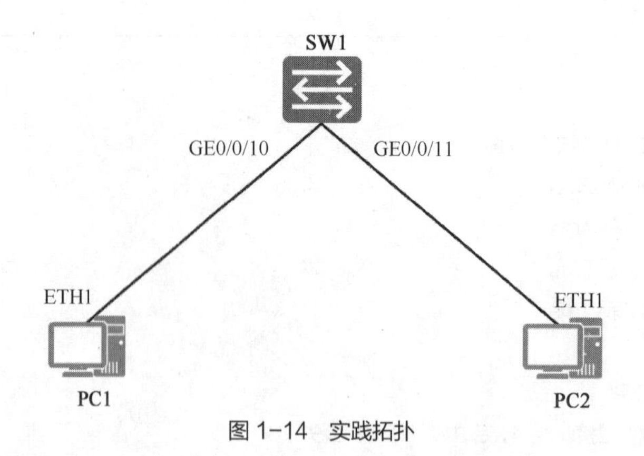

图 1-14　实践拓扑

（1）PC1 的 IP 地址为 2001:x:y::1/64，PC2 的 IP 地址为 2001:x:y::2/64（x 为部门，y 为工号）。
（2）配置 PC 的 IP 地址，实现 PC1 与 PC2 互通。

2. 实践业务规划

根据以上实践拓扑和需求，参考本项目的项目规划完成表 1-4、表 1-5 内容的规划。

表 1-4　端口互联规划

本端设备	本端接口	对端设备	对端接口

表 1-5　IP 地址规划

设备名称	接口	IP 地址	用途

3. 实践要求

完成实验后，请截取以下实验验证结果图。
（1）在 PC1 命令提示符窗口中使用【ipconfig】命令，查看 IPv6 地址配置情况。
（2）在 PC2 命令提示符窗口中使用【ipconfig】命令，查看 IPv6 地址配置情况。
（3）在 PC1 命令提示符窗口中 ping PC2，查看 PC 之间网络的连通性。

项目2 创建基于IPv6的部门VLAN

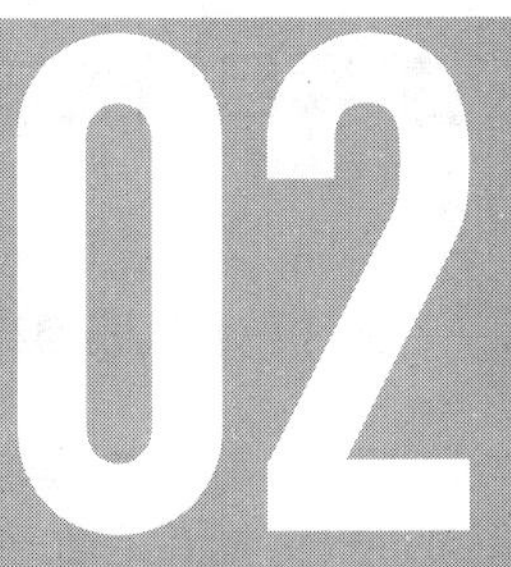

项目描述

Jan16 公司购置了两台支持 IPv6 的交换机用于搭建管理部和网络部的部门网络。网络工程师小蔡负责本项目的实施。公司网络拓扑如图 2-1 所示，项目要求如下。

（1）公司新购置了三层交换机 SW1 和二层交换机 SW2，已按照图 2-1 所示的公司网络拓扑连接了管理部和网络部的 PC。

（2）根据通信业务要求，分别创建管理部和网络部两个部门网络，便于后期进行管理。

（3）所有网络均使用 IPv6 进行组网。

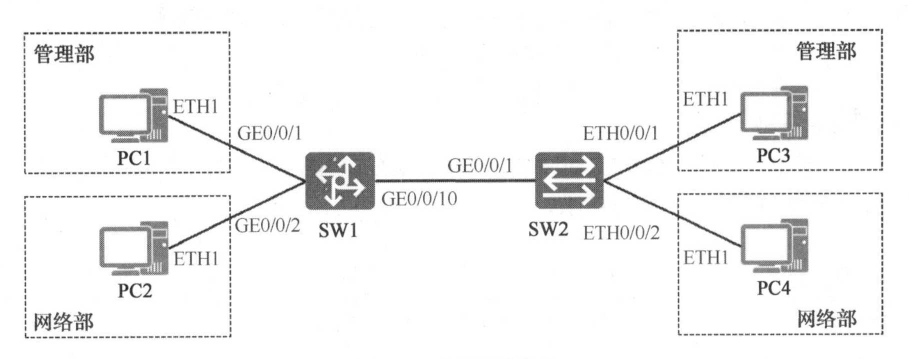

图 2-1　公司网络拓扑

项目需求分析

现在需要为管理部、网络部两个部门创建 IPv6 网络，可以将两个部门划分至不同的虚拟局域网（Virtual Local Area Network，VLAN），实现部门之间交换网络的隔离。

因此，本项目可以通过执行以下工作任务来完成。

（1）创建部门 VLAN，实现各部门网络划分。

（2）配置交换机互联端口，实现 PC 跨交换机通信。

（3）配置交换机及 PC 的 IPv6 地址，完成 IPv6 网络的搭建。

项目相关知识

2.1 IPv6 单播地址

IPv6 单播地址是唯一接口的标识，类似于 IPv4 的单播地址。发送到单播地址的数据报将被传输到此地址所标识的唯一接口。一个单播地址只能标识一个接口，但一个接口可以有多个单播地址。

单播地址可细分为以下几类。

1. 链路本地地址

链路本地地址只在同一链路上的节点之间有效，在设备启动后就自动生成，使用特定的前缀 FE80::/10，接口标识使用 64 位扩展唯一标识符（64-bit Extended Unique Identifier，EUI-64)自动生成（也可以手动配置）。链路本地地址用于实现无状态自动配置、邻居发现等应用。同时，OSPFv3、下一代路由信息协议（Routing Information Protocol next generation，RIPng）等协议都工作在该地址上。外部边界网关协议（External Border Gateway Protocol，EBGP）邻居也可以使用该地址来建立邻居关系。路由表中路由的下一跳或主机的默认网关都是链路本地地址。

使用 EUI-64 自动生成接口标识的方法如下。

48 位介质访问控制（Medium Access Control，MAC）地址的前 24 位为公司标识符，后 24 位为扩展标识。例如，MAC 地址为 A1-B2-C3-D4-E5-F6 的主机，IPv6 地址的生成过程如下。

（1）先将 MAC 地址拆分为两部分：【A1B2C3】和【D4E5F6】。

（2）在 MAC 地址的中间加上【FFFE】变成【A1B2C3FFFED4E5F6】。

（3）将第 7 位求反变成【A3B2C3FFFED4E5F6】。

（4）EUI-64 计算得出的接口标识为【A3B2:C3FF:FED4:E5F6】。

2. 唯一本地地址

唯一本地地址是 IPv6 网络中可以自己随意使用的私有网络地址，使用特定的前缀 FD00::/8 标识，IPv6 唯一本地地址的格式如图 2-2 所示。

Prefix	Global ID	Subnet ID	Interface ID

图 2-2 IPv6 唯一本地地址的格式

（1）固定前缀（Prefix）：长度为 8 位，FD00::/8。

（2）全局标识（Global ID）：长度为 40 位，全球唯一前缀，通过伪随机方式产生。

（3）子网标识（Subnet ID）：长度为 16 位，工程师根据网络规划自定义的子网标识。

（4）接口标识（Interface ID）：长度为 64 位，相当于 IPv4 中的主机位。

唯一本地地址的设计使私有网络地址具备唯一性，即使任意两个使用私有地址的站点互联也不用担心发生 IP 地址冲突。

3. 全球单播地址

全球单播地址相当于 IPv4 中的公网地址，目前已经分配出去的前 3 位固定是 001，所以已分配的地址范围是 2000::/3。全球单播地址的格式如图 2-3 所示。

001	TLA	RES	NLA	SLA	Interface ID

图 2-3 全球单播地址的格式

（1）001：长度为 3 位，目前已分配的固定前缀为 001。

（2）TLA：长度为 13 位，IPv6 的管理机构根据 TLA 分配不同的地址给某些主干网的因特网服务提供方（Internet Service Provider，ISP），最多可以得到 8192 个顶级路由。

（3）RES：长度为 8 位，保留使用，为未来扩充 TLA 或者 NLA 预留。

（4）NLA：长度为 24 位，主干网 ISP 根据 NLA 为各个中小 ISP 分配不同的地址段，中小 ISP 也可以针对 NLA 进一步分割出不同地址段，分配给不同用户。

（5）SLA：长度为 16 位，公司或企业内部根据 SLA 把同一大块地址分成不同的网段，分配给各站点使用，一般用作公司内部网络规划，最多可以有 65536 个子网。

4. 嵌入 IPv4 地址的 IPv6 地址

（1）兼容 IPv4 地址的 IPv6 地址。

这种 IPv6 地址的低 32 位携带了一个 IPv4 单播地址，一般主要用于 IPv4 兼容 IPv6 自动隧道，但因为每个主机都需要一个 IPv4 单播地址，因此扩展性差，基本已经被 6to4 隧道（项目 10）取代，兼容 IPv4 地址的 IPv6 地址如图 2-4 所示。

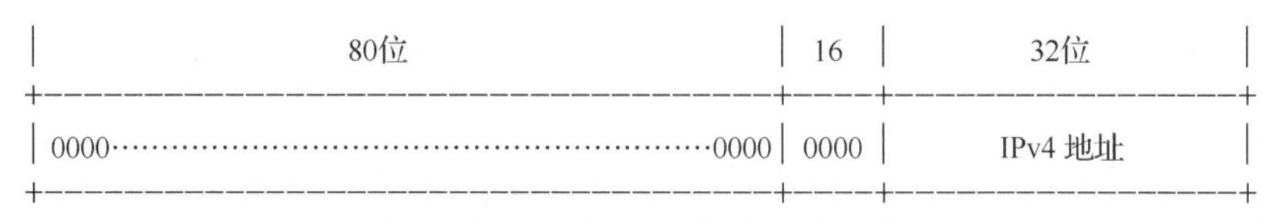

图 2-4　兼容 IPv4 地址的 IPv6 地址

（2）映射 IPv4 地址的 IPv6 地址。

这种地址的前 80 位全为 0，中间 16 位全为 1，后 32 位是 IPv4 地址。这种地址是将 IPv4 地址用 IPv6 地址表示出来。映射 IPv4 地址的 IPv6 地址如图 2-5 所示。

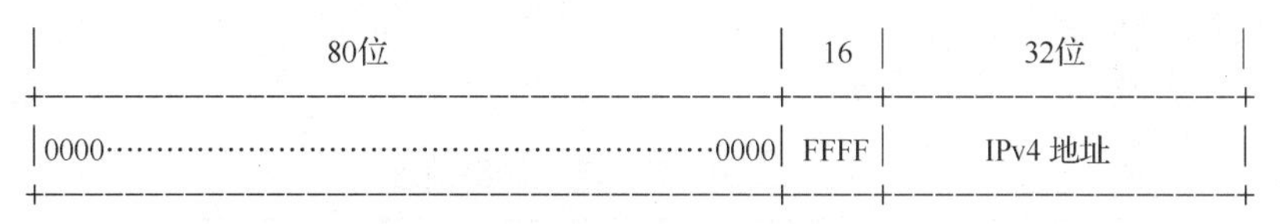

图 2-5　映射 IPv4 地址的 IPv6 地址

（3）6to4 地址。

6to4 地址用在 6to4 隧道中，它使用因特网编号分配机构（Internet Assigned Numbers Authority，IANA）指定的 2002::/16 为前缀，其后是 32 位的 IPv4 地址，6to4 地址中后 80 位由用户自己定义，可对其中前 16 位进行划分，定义多个 IPv6 子网。不同的 6to4 网络使用不同的 48 位前缀，彼此之间使用其中内嵌的 32 位 IPv4 地址的自动隧道来连接。

IPv6 单播地址分类如表 2-1 所示。

表 2-1　IPv6 单播地址分类

地址类型	高位二进制	十六进制
链路本地地址	1111111010	FE80::/10
唯一本地地址	11111101	FD00::/8
全球单播地址（已分配）	001	2…/4 或 3…/4
全球单播地址（未分配）	其余所有地址	

2.2 IPv6 组播地址

在 IPv6 中不存在广播报文，IPv6 的广播要通过组播来实现，广播本身就是组播的一种应用。

组播地址是一组接口的标识，目的地址是组播地址的数据报会被属于该组的所有接口所接收。IPv6 组播地址构成如图 2-6 所示。

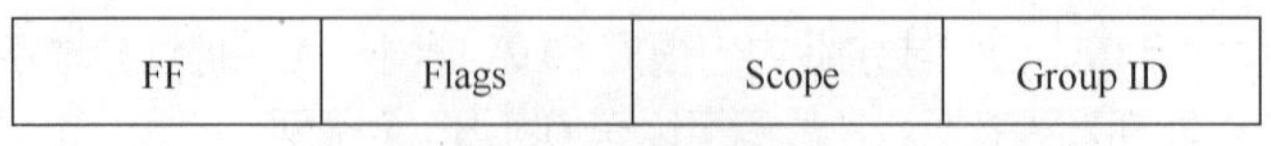

图 2-6 IPv6 组播地址构成

（1）FF：长度为 8 位，IPv6 组播地址前 8 位都是 1，以 FF::/8 开头。

（2）标识（Flags）：长度为 4 位，第 1 位固定为 0，格式为|0|r|p|t|。

r 位：取 0 表示非内嵌汇集点（Rendezvous Point，RP），取 1 表示内嵌 RP。

p 位：取 0 表示非基于单播前缀的组播地址，取 1 表示基于单播前缀的组播地址。p 位取 1，则 t 位必须为 1。

t 位：取 0 表示永久分配组播地址，取 1 表示临时分配组播地址。

（3）范围（Scope）：长度为 4 位，表示传播范围。

0001 表示传播范围为 node（节点）。

0010 表示传播范围为 link（链路）。

0101 表示传播范围为 site（站点）。

1000 表示传播范围为 organization（组织）。

1110 表示传播范围为 global（全球）。

（4）组播组标识（Group ID）：长度为 112 位。

1. IPv6 固定的组播地址

IPv6 固定的组播地址如表 2-2 所示。

表 2-2 IPv6 固定的组播地址

固定组播地址	IPv6 组播地址	对应 IPv4 的地址
所有节点的组播地址	FF02::1	广播地址
所有路由器的组播地址	FF02::2	224.0.0.2
所有 OSPFv3 路由器地址	FF02::5	224.0.0.5
所有 OSPFv3 指定路由器（Designated Router，DR）和备份指定路由器（Backup Designated Router，BDR）地址	FF02::6	224.0.0.6
所有 RP 路由器地址	FF02::9	224.0.0.9
所有协议无关多播（Protocol Independent Multicast，PIM）路由器地址	FF02::D	224.0.0.13

被请求节点组播地址由固定前缀 FF02::1:FF00:0/104 和单播地址的最后 24 位组成。

2. 特殊地址

0:0:0:0:0:0:0:0（可简化为::）未指定地址：它不能被分配给任何节点，表示当前状态下没有地址，如当设备刚接入网络时，本身没有地址，则发送数据报的源地址使用该地址，该地址不能用作目的地址。

0:0:0:0:0:0:0:1（可简化为::1）环回地址：节点用它作为发送后返回给自己的 IPv6 报文的地址，

不能分配给任何物理接口。

2.3　IPv6 任播地址

任播的概念最初是在 RFC1546（Host Anycasting Service）中提出并定义的，主要为域名系统（Domain Name System，DNS）和超文本传送协议（Hypertext Transfer Protocol，HTTP）提供服务。网络中，在许多情况下，主机、应用程序或用户希望找到支持特定服务的服务器，但如果有多个服务器支持该服务，则并不特别关心使用的是哪个服务器。任播就是满足这一需求的一种互联网服务。

IPv6 中没有为任播规定单独的地址空间，任播地址和单播地址使用相同的地址空间。IPv6 任播地址可以同时被分配给多个设备，也就是说多个设备可以有相同的任播地址，以任播地址为目标地址的数据报会通过路由器的路由表被路由到距离源设备最近的拥有该目的 IP 地址的设备。

传播地址示意图如图 2-7 所示，服务器 A、B 和 C 的接口配置的是同一个任播地址，根据路径的开销，用户访问该任播地址选择的是开销为 2 的路径。

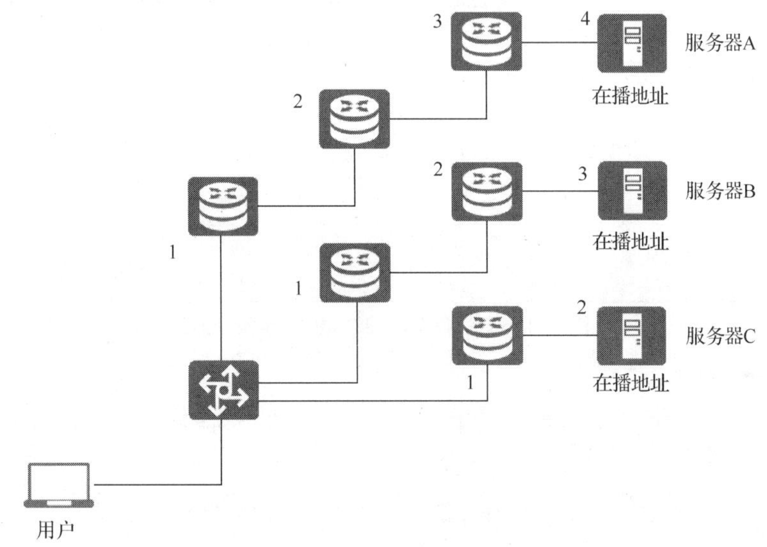

图 2-7　任播地址示意图

（注：为转发节点）

任播技术的优势在于源节点不需要了解为其提供服务的具体节点，而可以接受特定服务，当一个节点无法工作时，带有任播地址的数据报会被发往其他两个服务器节点，从任播成员中选择目的节点取决于路由协议重新收敛后的路由表的情况。

2.4　ICMPv6 协议

在 IPv6 网络中，可以使用 ICMPv6 进行网络连通性测试。因为 IPv6 的特性，ICMPv6 的功能更加强大，涉及技术面更加广泛。

1. ICMPv6 概述

ICMPv6 是 IPv6 的一个重要组成部分，IPv6 网络要求所有节点都能支持 ICMPv6。当 IPv6 网络中任何一个网络节点不能正确处理收到的 IPv6 报文时，便会通过 ICMPv6 协议向源节点发送消息报文或者差错报文，用以通知源节点当前报文的传输情况。该功能与互联网控制报文协议（Internet Control Message Protocol，ICMP）基本一致，可用于传递各种差错和控制信息。需要注意的是，

ICMPv6 只能用于网络的诊断、管理等，并不能用来解决网络中存在的问题。例如某中间节点收到的报文过大，导致不能转发给下一跳，那么此时该节点便会通过 ICMPv6 向源节点反馈报文过大的问题，之后由源节点进行报文长度调整，重新发送。

在 IPv4 网络中，ICMPv4 用于收集各种网络信息，协助完成诊断和排除各种网络故障。而在 IPv6 网络中，ICMPv6 具备以下 5 种网络功能：错误报告、网络诊断、邻居发现、多播实现和重定向，可以完成很多 ICMPv4 无法完成的工作。诸如 IPv4 网络中的地址解析协议（Address Resolution Protocol，ARP）、互联网组管理协议（Internet Group Management Protocol，IGMP）、反向地址解析协议（Reverse Address Resolution Protocol，RARP）等协议，这些协议都是独立存在的，而在 IPv6 网络中，这些协议的功能均由 ICMPv6 替代实现，不需要新增额外的协议支持。另外，ICMPv6 还可用于 IPv6 网络的无状态地址自动配置、重复地址检查、前缀重新编址、路径最大传输单元（Path Maximum Transmission Unit，PMTU）发现等。

2. ICMPv6 报文封装

IPv6 报头较为简短，当需要实现某些功能时，可以添加可选的 IPv6 扩展头，可选扩展头可以有多个，需要在 IPv6 报头的下一个头字段指定扩展头类型。当然，并不是每一个数据报都包括所有的扩展头。在中间路由器或目标设备需要一些特殊处理时，发送主机才会添加相应扩展头。如果数据报中没有扩展头，表示数据报只包括基本头和上层协议单元，基本头的下一个头字段的值指明上层协议类型。ICMPv6 作为上层协议之一，下一个头字段的值为 58。

携带 ICMPv6 报文的 IPv6 报文格式如图 2-8 所示。

图 2-8 携带 ICMPv6 报文的 IPv6 报文格式

3. ICMPv6 报文格式

图 2-9 所示为 ICMPv6 报文格式。所有 ICMPv6 报文的常规首部结构均相同，其中包含类型、代码、校验和 3 个字段，这些字段与 ICMPv4 的类似。

图 2-9 ICMPv6 报文格式

（1）类型：长度为 8 位，定义了报文的类型，该字段决定了其他部分的报文格式。当该字段最高位取值为 0 时，该字段的编码值范围为 0～127，编码值之内的报文均为差错报文；当该字段最高位取值为 1 时，该字段的编码值范围为 128～255，编码值之内的报文均为查询报文。

（2）代码：长度为 8 位，该字段依赖类型字段，在类型字段的基础上，它被用来在基本类型上创建更详细的报文格式，提供更详细的内容。例如，类型字段的最高位取值为 1 时，代表差错报文，此时的含义为目的地址不可达，当类型字段的最高位为 1、代码字段的最高位为 0 时，代表是因为没有到达目的地址的路由导致不可达；当类型字段的最高位为 1、代码字段的最高位为 1 时，代表是因为与目的地址的通信被禁止（可能是受到了策略的限制）导致不可达。

（3）校验和：长度为 16 位，用来校验 ICMPv6 报头和数据的完整性。

（4）报文主体：长度可变，字段内容根据类型及代码字段的不同而代表不同的含义。

4. ICMPv6 报文的类型

表 2-3 所示为常用 ICMPv6 差错报文类型和代码。

表 2-3　ICMPv6 差错报文

类型	类型含义	代码	代码含义
1	目的地址不可达	0	没有路由到达目的地址
		1	与目的地址的通信由于管理被禁止
		2	超过了源地址的范围
		3	地址不可达
		4	端口不可达
		5	源地址的入口/出口策略失败
		6	拒绝路由到达目的地址
2	分组过大	0	数据报太大，发送方将代码字段设为 0，接收方忽略代码字段
3	超时	0	传输过程中“Hop-Limit”超时
		1	分片重组超时
4	参数问题	0	参数错误
		1	错误的首部字段
		2	不可识别的下一个头字段类型
		3	不可识别的 IPv6 选项

表 2-4 所示为常用 ICMPv6 查询报文类型和名称。

表 2-4　ICMPv6 查询报文

类型	代码	报文名称	使用场景
128	0	回显请求	ping 请求
129	0	回显应答	ping 响应
133	x	路由请求	关于网关发现和 IPv6 地址自动配置
134	x	路由通告	
135	x	邻居请求	关于邻居发现及重复地址检测（类似于 IPv4 的 ARP）
136	x	邻居通告	
137	x	重定向	与 IPv4 的重定向类似

项目规划设计

项目拓扑

本项目中，使用 4 台 PC 以及 2 台交换机来搭建项目拓扑，如图 2-10 所示。其中 PC1～PC4 是 Jan16 公司各部门员工的 PC，SW1、SW2 分别为汇聚层（三层）交换机和接入层（二层）交换机，交换机 SW1 作为各部门网关。通过为交换机划分 VLAN，以及配置 IPv6 地址来完成 IPv6 网络的搭建。

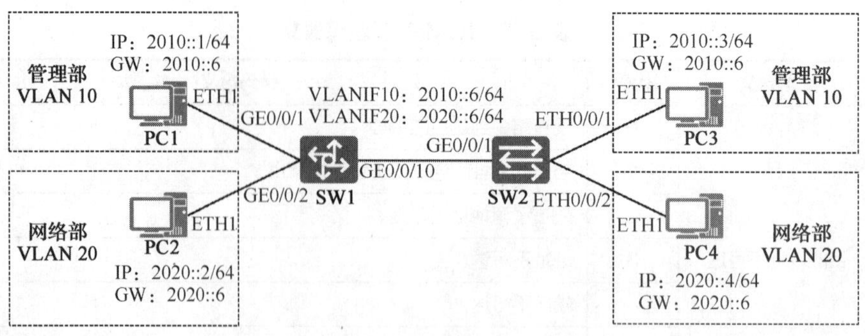

图 2-10　项目拓扑

项目规划

根据图 2-10 所示的项目拓扑进行业务规划，相应的 VLAN 规划、端口互联规划、IP 规划如表 2-5～表 2-7 所示。

表 2-5　VLAN 规划

VLAN	IP 地址段	用途
VLAN 10	2010::/64	管理部
VLAN 20	2020::/64	网络部

表 2-6　端口互联规划

本端设备	本端接口	端口链路类型	对端设备	对端接口
PC1	ETH1	N/A	SW1	GE0/0/1
PC2	ETH1	N/A	SW1	GE0/0/2
PC3	ETH1	N/A	SW2	ETH0/0/1
PC4	ETH1	N/A	SW2	ETH0/0/2
SW1	GE0/0/1	Access	PC1	ETH1
SW1	GE0/0/2	Access	PC2	ETH1
SW1	GE0/0/10	Trunk	SW2	GE0/0/1
SW2	ETH0/0/1	Access	PC3	ETH1
SW2	ETH0/0/2	Access	PC4	ETH1
SW2	GE0/0/1	Trunk	SW1	GE0/0/10

表 2-7　IP 规划

设备名称	接口	IP 地址	用途
PC1	ETH1	2010::1/64	PC1 地址
PC2	ETH1	2020::2/64	PC2 地址
PC3	ETH1	2010::3/64	PC3 地址
PC4	ETH1	2020::4/64	PC4 地址
SW1	VLANIF10	2010::6/64	管理部网关地址
SW1	VLANIF20	2020::6/64	网络部网关地址

项目实施

任务 2-1　创建部门 VLAN

V2-1　任务 2-1
创建部门 VLAN

任务规划

根据端口互联规划（表 2-6）要求，为两台交换机创建部门 VLAN，然后将对应端口划分到部门 VLAN 中。

任务实施

1. 为交换机创建部门 VLAN

（1）为交换机 SW1 创建部门 VLAN。

```
<Huawei>system-view                                  //进入系统视图
[Huawei]sysname SW1                                  //修改设备名称
[SW1]vlan batch 10 20                                //创建 VLAN 10、VLAN 20
```

（2）为交换机 SW2 创建部门 VLAN。

```
<Huawei>system-view                                  //进入系统视图
[Huawei]sysname SW2                                  //修改设备名称
[SW2]vlan batch 10 20                                //创建 VLAN 10、VLAN 20
```

2. 将交换机端口添加到对应 VLAN 中

（1）为交换机 SW1 划分 VLAN，并将对应端口添加到 VLAN 中。

```
[SW1]interface GigabitEthernet 0/0/1                 //进入端口视图
[SW1-GigabitEthernet0/0/1]port link-type access      //配置链路类型为 Access
[SW1-GigabitEthernet0/0/1]port default vlan 10       //划分端口到 VLAN 10
[SW1-GigabitEthernet0/0/1]quit                       //退出端口视图
[SW1]interface GigabitEthernet 0/0/2                 //进入端口视图
[SW1-GigabitEthernet0/0/2]port link-type access      //配置链路类型为 Access
[SW1-GigabitEthernet0/0/2]port default vlan 20       //划分端口到 VLAN 20
[SW1-GigabitEthernet0/0/2]quit                       //退出端口视图
```

（2）为交换机 SW2 划分 VLAN，并将对应端口添加到 VLAN 中。

```
[SW2]interface Ethernet 0/0/1                        //进入端口视图
[SW2-Ethernet0/0/1]port link-type access             //配置链路类型为 Access
[SW2-Ethernet0/0/1]port default vlan 10              //划分端口到 VLAN 10
[SW2-Ethernet0/0/1]quit                              //退出端口视图
[SW2]interface Ethernet 0/0/2                        //进入端口视图
[SW2-Ethernet0/0/2]port link-type access             //配置链路类型为 Access
[SW2-Ethernet0/0/2]port default vlan 20              //划分端口到 VLAN 20
[SW2-Ethernet0/0/2]quit                              //退出端口视图
```

任务验证

（1）在交换机 SW1 上使用【display vlan】命令查看 VLAN 的创建情况，从图 2-11 所示的结果中可以看到 VLAN 10 与 VLAN 20 均已完成创建。

```
[SW1]display vlan
......
VID  Type     Ports
--------------------------------------------------------------------------------
1    common   UT:GE0/0/3(D)    GE0/0/4(D)     GE0/0/5(D)     GE0/0/6(D)
              GE0/0/7(D)       GE0/0/8(D)     GE0/0/9(D)     GE0/0/10(U)
              GE0/0/11(D)      GE0/0/12(D)    GE0/0/13(D)    GE0/0/14(D)
              GE0/0/15(D)      GE0/0/16(D)    GE0/0/17(D)    GE0/0/18(D)
              GE0/0/19(D)      GE0/0/20(D)    GE0/0/21(D)    GE0/0/22(D)
              GE0/0/23(D)      GE0/0/24(D)
10   common   UT:GE0/0/1(U)
              TG:GE0/0/10(U)
20   common   UT:GE0/0/2(U)
              TG:GE0/0/10(U)
--------------------------------------------------------------------------------
```

图 2-11　交换机 SW1 的 VLAN 创建情况

（2）在交换机 SW2 上使用【display vlan】命令查看 VLAN 的创建情况，从图 2-12 所示的结果中可以看到 VLAN 10 与 VLAN 20 均已完成创建。

```
[SW2]display vlan
......
VID  Type     Ports
--------------------------------------------------------------------------------
1    common   UT:ETH0/0/3(D)   ETH0/0/4(D)    ETH0/0/5(D)    ETH0/0/6(D)
              ETH0/0/7(D)      ETH0/0/8(D)    ETH0/0/9(D)    ETH0/0/10(D)
              ETH0/0/11(D)     ETH0/0/12(D)   ETH0/0/13(D)   ETH0/0/14(D)
              ETH0/0/15(D)     ETH0/0/16(D)   ETH0/0/17(D)   ETH0/0/18(D)
              ETH0/0/19(D)     ETH0/0/20(D)   ETH0/0/21(D)   ETH0/0/22(U)
              GE0/0/1(D)       GE0/0/2(D)
10   common   UT: ETH0/0/1(U)
              TG:GE0/0/1(U)
20   common   UT: ETH0/0/2(U)
              TG:GE0/0/1(U)
--------------------------------------------------------------------------------
```

图 2-12　交换机 SW2 的 VLAN 创建情况

（3）在交换机 SW1 上使用【display port vlan】命令查看端口配置情况，正确结果如图 2-13 所示。

```
[SW1]display port vlan
Port                    Link Type    PVID   Trunk   VLAN   List
--------------------------------------------------------------------------------
......
GigabitEthernet0/0/1    access       10     -
GigabitEthernet0/0/2    access       20     -
......
```

图 2-13　交换机 SW1 的端口配置情况

（4）在交换机 SW2 上使用【display port vlan】命令查看端口配置情况，正确结果如图 2-14 所示。

```
[SW2]display port vlan
Port                    Link Type    PVID  Trunk  VLAN  List
......
Ethernet0/0/1           access       10    -
Ethernet0/0/2           access       20    -
......
```

图 2-14　交换机 SW2 的端口配置情况

任务 2-2　配置交换机互联端口

任务规划

根据项目拓扑、规划，交换机 SW1 与交换机 SW2 互联端口之间的链路需要转发 VLAN 10、VLAN 20 的流量，因此需要将该链路配置为 Trunk（干道）链路，并配置 Trunk 链路的 VLAN 允许列表。

V2-2　任务 2-2
配置交换机互联端口

任务实施

1. 配置交换机 SW1 的互联端口

在交换机 SW1 上配置互联端口的链路类型为 Trunk 链路，并为相关 VLAN 配置允许列表。

```
[SW1]interface GigabitEthernet 0/0/10                      //进入端口视图
[SW1-GigabitEthernet0/0/10]port link-type trunk            //配置链路类型为 Trunk
[SW1-GigabitEthernet0/0/10]port trunk allow-pass vlan 10 20  //配置允许列表
[SW1-GigabitEthernet0/0/10]quit                            //退出端口视图
```

2. 配置交换机 SW2 的互联端口

在交换机 SW2 上配置互联端口的链路类型为 Trunk 链路，并为相关 VLAN 配置允许列表。

```
[SW2]interface GigabitEthernet 0/0/1                       //进入端口视图
[SW2-GigabitEthernet0/0/1]port link-type trunk             //配置链路类型为 Trunk
[SW2-GigabitEthernet0/0/1]port trunk allow-pass vlan 10 20   //配置允许列表
[SW2-GigabitEthernet0/0/1]quit                             //退出端口视图
```

任务验证

（1）在交换机 SW1 上使用【display port vlan】命令查看交换机 SW1 的端口配置情况，结果如图 2-15 所示。

```
[SW1]display port vlan
Port                    Link Type    PVID  Trunk  VLAN  List
--------------------------------------------------------------------------------
......
GigabitEthernet0/0/10   trunk        1     1      10    20
......
```

图 2-15　交换机 SW1 端口配置情况

（2）在交换机 SW2 上使用【display port vlan】命令查看交换机 SW2 的端口配置情况，结果如图 2-16 所示。

```
[SW2]display port vlan
Port                    Link Type    PVID  Trunk  VLAN  List
--------------------------------------------------------------------------------
......
GigabitEthernet0/0/1    trunk        1     1      10    20
......
```

图 2-16 交换机 SW2 端口配置情况

任务 2-3 配置交换机及 PC 的 IPv6 地址

任务规划

为各部门的 PC 配置 IPv6 地址和网关。

V2-3 任务2-3 配置交换机及 PC 的 IPv6 地址

任务实施

1. 配置各部门 PC 的 IPv6 地址及网关

根据表 2-8 为各部门 PC 配置 IPv6 地址及网关。

表 2-8 各部门 PC 的 IPv6 地址及网关信息

设备名称	IP 地址	网关
PC1	2010::1/64	2010::6
PC2	2020::2/64	2020::6
PC3	2010::3/64	2010::6
PC4	2020::4/64	2020::6

图 2-17 为管理部 PC1 的 IPv6 地址配置结果，可同理完成网络部 PC2、管理部 PC3 和网络部 PC4 的 IPv6 地址配置。

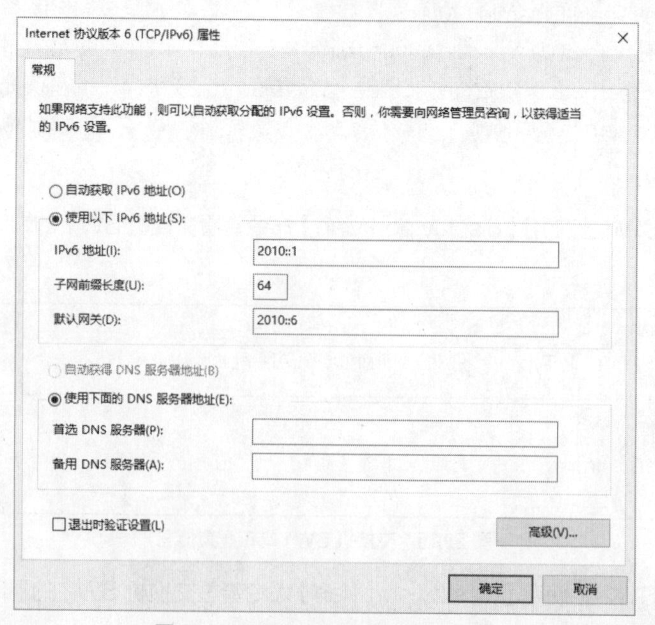

图 2-17 PC1 的 IPv6 地址配置结果

2. 配置交换机 SW1 的 VLANIF 接口 IPv6 地址

在交换机 SW1 上为两个部门 VLAN 创建 VLANIF 接口并配置 IPv6 地址，作为两个部门的网关。

```
[SW1]ipv6                                       //开启全局 IPv6 功能
[SW1]interface vlanif 10                        //进入 VLANIF 接口视图
[SW1-Vlanif10]ipv6 enable                       //开启接口 IPv6 功能
[SW1-Vlanif10]ipv6 address 2010::6 64           //配置 IPv6 地址
[SW1-Vlanif10]quit                              //退出接口视图
[SW1]interface vlanif 20                        //进入 VLANIF 接口视图
[SW1-Vlanif20]ipv6 enable                       //开启接口 IPv6 功能
[SW1-Vlanif20]ipv6 address 2020::6 64           //配置 IPv6 地址
[SW1-Vlanif20]quit                              //退出接口视图
```

任务验证

在交换机 SW1 上使用【display ipv6 interface brief】命令查看 IPv6 地址配置情况，结果如图 2-18 所示。

```
[SW1]display ipv6 interface brief
……
Interface                  Physical            Protocol
Vlanif10                   up                  up
[IPv6 Address] 2010::6
Vlanif20                   up                  up
[IPv6 Address] 2020::6
```

图 2-18　交换机 SW1 的 IPv6 地址配置情况

项目验证

V2-4　项目验证

（1）测试管理部 PC1 与 PC3 之间的通信情况，因为是相同部门下的两台 PC，所以 PC1 与 PC3 之间能够互相 ping 通，如图 2-19 所示。

```
C:\Users\admin>ping 2010::3

正在 ping 2010::3 具有 32 字节的数据:
来自 2010::3 的回复: 时间=1ms
来自 2010::3 的回复: 时间=1ms
来自 2010::3 的回复: 时间=1ms
来自 2010::3 的回复: 时间=2ms

2010::3 的 ping 统计信息:
    数据报: 已发送 = 4，已接收 = 4，丢失 = 0 (0% 丢失),
往返行程的估计时间（以毫秒为单位）:
    最短 = 1ms，最长 = 2ms，平均 = 1ms
```

图 2-19　PC1 与 PC3 的连通性测试

（2）测试管理部PC1与网络部PC2之间的通信情况，两部门之间的PC能通过网关互相通信，测试结果如图2-20所示。

```
C:\Users\admin>ping 2020::2

正在 ping 2020::2 具有 32 字节的数据:
来自 2020::2 的回复: 时间=1ms
来自 2020::2 的回复: 时间=3ms
来自 2020::2 的回复: 时间=1ms
来自 2020::2 的回复: 时间=1ms

2020::2 的 ping 统计信息:
    数据报: 已发送 = 4，已接收 = 4，丢失 = 0 (0% 丢失),
往返行程的估计时间（以毫秒为单位）:
    最短 = 1ms，最长 = 3ms，平均 = 1ms
```

图2-20　PC1与PC2的连通性测试

练习与思考

理论题

（1）ICMPv6的邻居发现协议，定义了路由通告报文、路由器请求报文、邻居请求报文、邻居通告报文和（　　）5种ICMPv6报文。

A. 重定向报文　　B. 组播查询报文　　C. 组播报告报文　　D. 路由通告报文

（2）当ICMPv6报文中的类型字段为128，代码字段为0时，该报文的作用是（　　）。

A. 差错报文，表示没有路由到达目的地址　　B. 差错报文，表示端口不可达

C. 查询报文，是ping响应报文　　D. 查询报文，是ping请求报文

（3）下列IPv6地址中，错误的是（　　）。

A. ::FFFF　　B. ::1　　C. ::1:FFFF　　D. ::1::FFFF

（4）下列IP地址中，IPv6链路本地地址是（　　）。

A. FC80::FFFF　　B. FE80::FFFF　　C. FE88::FFFF　　D. FE80::1234

（5）ICMPv6除了提供ICMPv4原有的功能外，还提供了下面功能中的（　　）。（多选）

A. 邻居发现　　B. 路由选路　　C. 报文分片　　D. 重复地址检查

（6）ICMPv6支持的功能比ICMPv4强大。（　　）（判断）

项目实训题

1. 项目背景与要求

Jan16公司的网络由多个部门网络组成，需要配置VLAN，以隔离各部门间PC的通信，仅允许部门内部互相通信。实践拓扑如图2-21所示。具体要求如下。

（1）为各部门配置 IPv6 地址，网络部 PC 的 IPv6 前缀为 2010:x:y::/64，管理部 PC 的 IPv6 前缀为 2020:x:y::/64（x 为部门，y 为工号）。

（2）为各部门创建部门 VLAN 以及在交换机上划分 VLAN。

（3）配置交换机互联端口之间的链路类型为 Trunk 链路并配置允许列表，允许 VLAN 10、VLAN 20 通过。

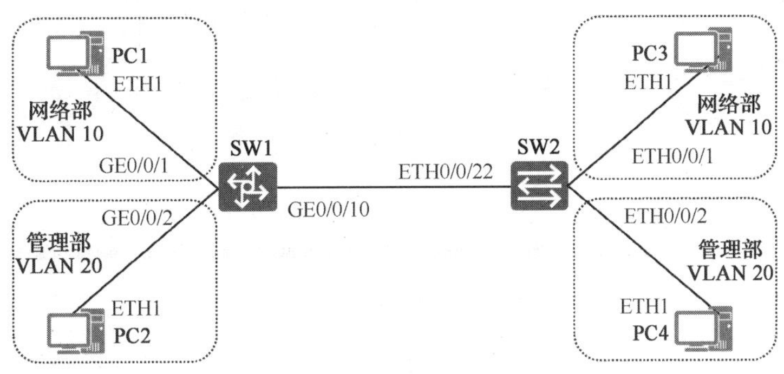

图 2-21　实践拓扑

2. 实践业务规划

根据以上实践拓扑和需求，参考本项目的项目规划完成表 2-9～表 2-11 内容的规划。

表 2-9　VLAN 规划

VLAN	IP 地址段	用途

表 2-10　端口互联规划

本端设备	本端接口	端口链路类型	对端设备	对端接口

表 2-11　IP 地址规划

设备名称	接口	IP 地址	用途

3. 实践要求

完成实验后，请截取以下实验验证结果图。

（1）在交换机 SW1 上使用【display vlan】命令，查看 VLAN 创建情况。

（2）在交换机 SW2 上使用【display vlan】命令，查看 VLAN 创建情况。

（3）在交换机 SW1 上使用【display port vlan】命令，查看交换机端口配置情况。

（4）在交换机 SW2 上使用【display port vlan】命令，查看交换机端口配置情况。

（5）网络部 PC1 ping 网络部 PC3，查看部门内网络的连通性。

（6）管理部 PC2 ping 管理部 PC4，查看部门内网络的连通性。

（7）网络部 PC1 ping 管理部 PC4，查看不同部门间网络的连通性。

项目3 基于IPv6无状态的PC自动获取地址

项目描述

Jan16 公司已对公司信息部的计算机进行测试，均能兼容 IPv6 网络，该公司接下来拟将公司销售部、财务部网络升级为 IPv6 网络。网络工程师小蔡发现这两个部门的 PC 较多，计划采用自动获取地址方式来减少配置 IPv6 地址的工作量。公司网络拓扑如图 3-1 所示，具体要求如下。

（1）公司使用三层交换机 SW1、二层交换机 SW2 和二层交换机 SW3 进行组网，二层交换机各自连接两个部门的 PC。

（2）公司有销售部和财务部两个部门，各部门需动态获取 IPv6 地址，减少网络管理员的工作量。

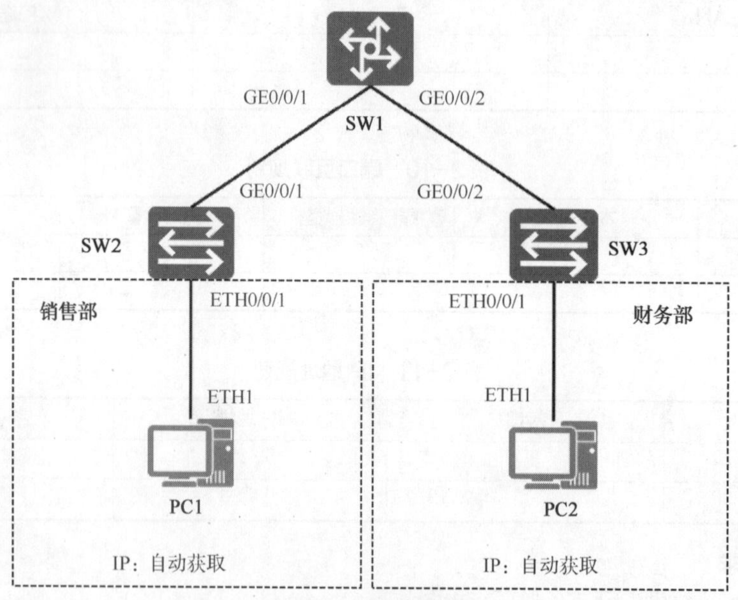

图 3-1 公司网络拓扑

项目需求分析

Jan16 公司现有销售部、财务部两个部门。现在需要将各个部门划分至不同的 VLAN，并实现各部门 PC 通过基于 IPv6 的无状态地址自动配置获取 IPv6 地址。

因此，本项目可以通过执行以下工作任务来完成。

（1）创建部门 VLAN，实现各部门网络划分。

（2）配置交换机互联端口，实现 PC 与网关交换机通信。

（3）配置交换机及 PC 的 IPv6 地址，并开启无状态地址自动配置功能，实现为 PC 自动分配 IPv6 地址。

项目相关知识

3.1 邻居发现协议

邻居发现协议（Neighbor Discover Protocol，NDP）是 IPv6 体系中最重要的基础协议之一，它通过互联网控制报文协议进行通信。IPv6 的很多功能都依赖于 NDP 完成，如邻居表（相当于 IPv4 中的 ARP 缓存表）管理、默认网关自动获取、无状态地址自动配置、重定向等。

NDP 定义了 5 类报文来实现邻居表管理、默认网关自动获取、无状态地址自动配置、重定向等功能。这 5 类报文分别是：路由器请求（Router Solicitor，RS）报文、路由器通告（Router Advertisement，RA）报文、邻居请求（Neighbor Solicitor，NS）报文、邻居通告（Neighbor Advertisement，NA）报文和重定向（Redirect）报文。各类报文均以组播的形式发送，若报文由主机发送给路由器，则报文目的地址使用的 IPv6 组播地址为 FF02::2（代表链路本地内所有路由器）；若报文由路由器发送给主机，则报文目的地址使用的 IPv6 组播地址为 FF02::1（代表链路本地内所有节点）。

1. 路由器请求报文

路由器请求报文类型为 133、代码为 0，用于 IPv6 主机寻找本地链路上存在的路由器，当主机接入 IPv6 网络后会开始周期性发送 RS 报文，收到 RS 报文的路由器会立即回复 RA 报文。在无状态地址配置过程中，通过发送 RS 报文触发路由器发送 RA 报文以获得 IPv6 地址前缀信息，并使用前缀信息结合 EUI-64 规范生成 IPv6 单播地址，以此来快速获得 IPv6 地址，无须等待 RA 报文周期性发送。RS 报文格式如图 3-2 所示。

<table>
<tr><td>类型（133）</td><td>代码（0）</td><td>校验和</td></tr>
<tr><td colspan="3">保留</td></tr>
<tr><td colspan="3">选项</td></tr>
</table>

图 3-2　RS 报文格式

（1）保留：保留字段。

（2）选项：IPv6 主机发送 RS 报文时，将目的地址设置为本地链路内所有路由的组播组地址 FF02::2，源地址为本地接口以 FE80（所有启用 IPv6 功能的网络接口均会以链路本地地址固定前缀 FE80::/10 结合 EUI-64 规范自动生成一个链路本地地址）开头的链路本地地址。当源地址为链路本地地址时，源接口便会将自己的链路层地址放在 RS 报文的选项字段中，那么路由器收到该报文时，便可创建关于该主机 IPv6 地址与链路层地址映射关系的邻居表。

2. 路由器通告报文

路由器通告报文类型为 134、代码为 0，用于向邻居节点通告自己的存在。RA 报文携带路由前缀、链路层地址等参数消息，RA 报文格式如图 3-3 所示。

类型（134）	代码（0）			校验和
跳段限制	M位	O位	保留	路由器生存期
可达时间				
重传时间				
选项				

图 3-3　RA 报文格式

路由器会周期性地发送 RA 报文，也可以在收到 RS 报文时触发 RA 报文发送。若路由器周期性发送 RA 报文，则目的地址设置为本地链路内所有节点的组播组地址 FF02::1；若 RA 报文是因为收到 RS 报文而发送的，则目的地址设置为收到的 RS 报文中的单播源地址。

RA 报文格式中的关键字段解释如下。

（1）跳段限制：用于通知主机后续通信过程中单播报文的默认跳数值。

（2）M 位：若该位置 1，则告知 IPv6 主机将使用 DHCPv6（Dynamic Host Configuration Protocol for IPv6，第 6 版动态主机配置协议）的形式来获取 IPv6 地址参数信息（本项目讨论无状态地址自动配置，DHCPv6 形式用于有状态地址自动配置，项目 4 将进行介绍）。

（3）O 位：若该位置 1，则告知 IPv6 主机将通过 DHCPv6 来获取其他配置信息，例如 DNS 地址信息等。

（4）保留：保留字段。

（5）路由器生存期：用于告知 IPv6 主机本路由器作为默认网关的有效期，单位是秒，默认有效期为 30 分钟，最大时长为 18.2 小时。若该字段置 0，则代表该路由器不能作为默认网关（NDP 协议可以实现网关自动发现，对于未配置默认网关的主机，收到 RA 报文时，可以使用该路由器作为默认网关）。

（6）可达时间：用于设置接收 RA 的主机判断邻居报文可达的时间。

（7）重传时间：用于规定主机延迟发送连续 NDP 报文的时间。

（8）选项：包括路由器接口的链路层地址（主机可根据该链路层地址构建关于路由器 IPv6 地址与链路层地址的邻居表）、最大传输单元（Maximum Transmission Unit，MTU）、路由前缀信息。

华为路由器默认关闭接口 RA 报文发送功能，需在接口下开启 RA 报文发送功能。

3. NS 报文

邻居请求报文类型为 135、代码为 0，用于解析除了路由器之外的其他邻居节点的链路层地址，NS 报文格式如图 3-4 所示。

类型（135）	代码（0）	校验和
保留		
目标地址		
选项		

图 3-4　NS 报文格式

NS 报文格式中的关键字段解释如下。

（1）保留：保留字段。

（2）目标地址：需要解析的 IPv6 地址，因此该处不准出现组播地址。

（3）选项：会放入 NS 报文发送者的链路层地址。

4. NA 报文

邻居通告报文类型为 136、代码为 0，计算机和路由器节点均可以发送 NA 报文。计算机节点和路由器可以通过 NA 报文来通告自己的存在，亦可通过 NA 报文通知邻居更新自己的链路层地址。NA 报文格式如图 3-5 所示。

类型（136）			代码（0）	校验和
R位	S位	O位	保留	
目标地址				
选项				

图 3-5　NA 报文格式

NA 报文格式中的关键字段解释如下。

（1）当 R 位置 1 时，表示发送者为路由器。

（2）当 S 位置 1 时，表示该 NA 报文是 NS 报文的响应。节点使用 NA 报文来回复 NS 报文时，目标地址填充为单播地址。如果是告诉邻居需要更新自己的链路层地址时，用组播地址 FF02::1 作为目标地址来通告给本地链路中的所有节点。

（3）当 O 位置 1 时，表示需要更改原先的邻居表条目。

（4）目标地址。标识所携带的链路层地址对应的 IPv6 地址。

（5）选项。用于携带被请求的链路层地址。

NS 报文与 NA 报文除了用于实现地址解析外，还用于重复地址检测（Duplicate Address Detect，DAD）。

当 IPv6 网络中节点 Host-A 获取到一个新的 IPv6 单播地址时，需要通过 NS 报文解析该 IPv6 单播地址在当前网络中是否存在冲突，此时目标地址字段就会填充为被请求节点的组播地址（例如，Host-A IPv6 地址 2001::1234:5678/64，对应被请求节点组播地址为 FF02::1:FF34:5678/104。被请求组播组地址为固定前缀 FF02::1:FF00:0/104 加该单播地址的最后 24 位）。如果该 IPv6 单播地址已被网络中某个节点 Host-B 使用，那么节点 Host-B 就是该组播组成员，收到 NS 报文时，就会响应 NA 报文，收到 NA 报文的节点 Host-A 判定地址重复，需重新获取 IP 地址；若该 IPv6 单播地址没有被其他节点使用，则不会收到 NA 报文，IPv6 地址配置生效。

5. 重定向报文

重定向报文类型为 137、代码为 0，当网关路由器发现更优的转发路径时，会使用重定向报文告知主机。

跟 ICMPv4 的重定向功能类似，对于某个目标 IPv6 地址，当 IPv6 主机的默认网关（默认路由器）并非到达目的地址的最优下一跳时，默认网关路由器便会发送重定向报文，通知 IPv6 主机修改去往该目的地址的下一跳为其他路由器。主机收到重定向报文后，会在路由表中添加一个主机路由。

重定向报文格式如图 3-6 所示。

类型（137）	代码（0）	校验和
保留		
目标地址（更优的路由器网关地址）		
目的地址（需要到达的目的地址）		
选项		

图 3-6　重定向报文格式

重定向报文格式中的关键字段解释如下。

（1）保留：保留字段。

（2）目标地址：路由器发现的更优的路由器网关地址。

（3）目的地址：需要到达的目的地址。

（4）选项：用于携带更优路由器网关的链路本地地址。

3.2 EUI-64 规范

在 IPv6 网络中，需要根据 EUI-64 规范为每个启用了 IPv6 功能的接口生成链路本地地址，或者为无状态地址自动配置的主机生成 IPv6 单播地址。

1. EUI-64 规范计算方式

链路本地地址及 IPv6 单播地址均属于全球单播地址，全球单播地址规定 IPv6 地址的后 64 位作为接口标识，相当于 IPv4 地址中的主机位。

EUI-64 规范是 IPv6 生成接口标识最常用的方式之一，它采用接口的 MAC 地址生成 IPv6 接口标识。MAC 地址的前 24 位代表厂商 ID，后 24 位代表制造商分配的唯一扩展标识。MAC 地址的第七位是 U/L 位，值为 1 时表示 MAC 地址全局唯一，值为 0 时表示 MAC 地址本地唯一。

EUI-64 规范计算时，先在 MAC 地址的前 24 位和后 24 位之间插入 16 位的一串固定值 1111 1111 1111 1110（FFFE），然后将 U/L 位的值取反，这样就生成了一个 64 位的接口标识，且该接口标识的值全局唯一。EUI-64 规范生成接口标识的过程如图 3-7 所示。

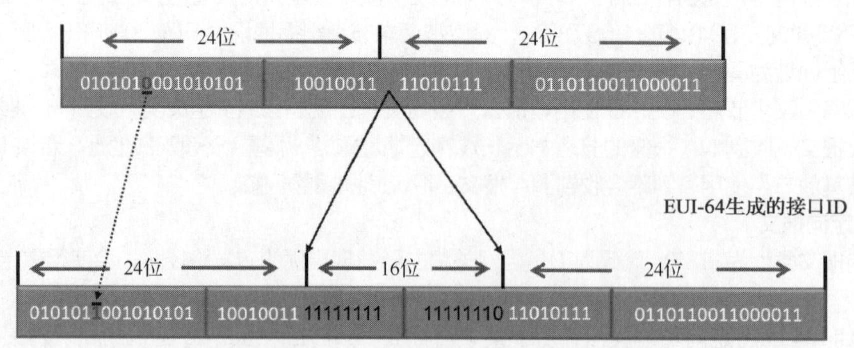

图 3-7　EUI-64 规范生成接口标识的过程

2. 根据 EUI-64 规范生成 IPv6 单播地址

图 3-8 所示为启用无状态地址自动配置的网络拓扑。

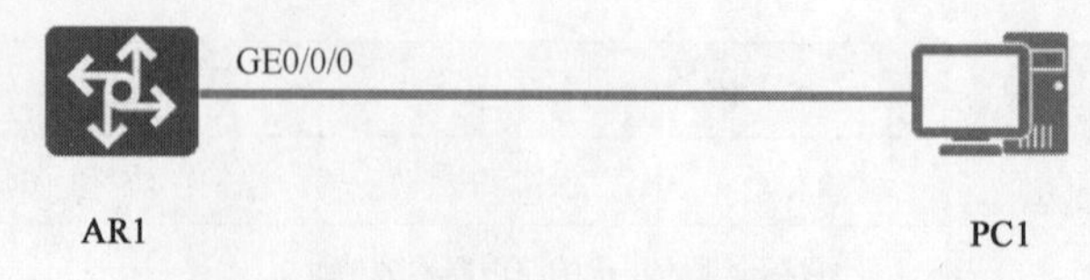

图 3-8　启用无状态地址自动配置的网络拓扑

PC1 网卡的 MAC 地址为【54-89-98-2F-6E-C9】，根据 EUI-64 规范产生的 64 位接口标识为【5689:98ff:fe2f:6ec9】，如图 3-9 所示。

```
PC>ipconfig

Link local IPv6 address...........: fe80::5689:98ff:fe2f:6ec9
IPv6 address..........................: 2020::5689:98ff:fe2f:6ec9 / 64
IPv6 gateway.........................: 2020::1
IPv4 address..........................: 0.0.0.0
Subnet mask..........................: 0.0.0.0
Gateway.................................: 0.0.0.0
Physical address...................: 54-89-98-2F-6E-C9
DNS server............................:
```

图 3-9　PC1 的接口标识

查看路由器 AR1 的 GE0/0/0 接口 IPv6 地址信息，如图 3-10 所示。其中，接口的 IPv6 地址前缀信息为【2020::】，此时 AR1 通告给 PC1 的 RA 报文中就会包含【2020::】前缀信息。

```
[AR1]display ipv6 interface brief
*down: administratively down
(l): loopback
(s): spoofing
Interface                    Physical              Protocol
GigabitEthernet0/0/0         up                    up
[IPv6 Address] 2020:: 1
[AR1]
```

图 3-10　路由器接口 IPv6 地址信息

3. 根据 EUI-64 规范生成链路本地地址

当接口开启 IPv6 功能时，接口会自动根据 EUI-64 规范生成链路本地地址。如图 3-9 所示，此时主机网卡的 MAC 地址为【00-0C-29-61-88-FD】，根据 EUI-64 规范为该 MAC 地址修改 U/L 位以及插入【FFFE】，得到一个 64 位接口标识为【5689:98ff:fe2f:6ec9】。结合链路本地地址固定前缀【FE80::/10】，最终获得链路本地地址为【fe80:: 5689:98ff:fe2f:6ec9】。

3.3　无状态地址自动配置

IPv4 使用动态主机配置协议（Dynamic Host Configuration Protocol，DHCP）实现地址自动配置，包括 IP 地址、默认网关等信息，简化了网络管理。IPv6 地址增长为 128 位，对于自动配置的要求更为迫切，除保留了 DHCP 作为有状态地址自动配置外，还增加了无状态地址自动配置。无状态地址自动配置即主机根据 RA 报文的前缀信息，自动配置全球单播地址，并获得其他相关信息等。

结合 NDP 报文的交互过程，路由器为节点分配 IPv6 单播地址。无状态地址自动配置工作过程如图 3-11 所示。

（1）主机节点 Node A 在接入网络后，组播发送 RS 报文，请求路由器的前缀信息。

（2）路由器收到 RS 报文后，发送单播 RA 报文，携带用于无状态地址自动配置的前缀信息，同时路由器也会周期性地发送组播 RA 报文。

（3）Node A 收到 RA 报文后，根据前缀信息和配置信息生成一个临时的全球单播地址。同时启动 DAD，发送 NS 报文验证临时地址的唯一性，此时该地址处于临时状态。

（4）等待 DAD 响应。

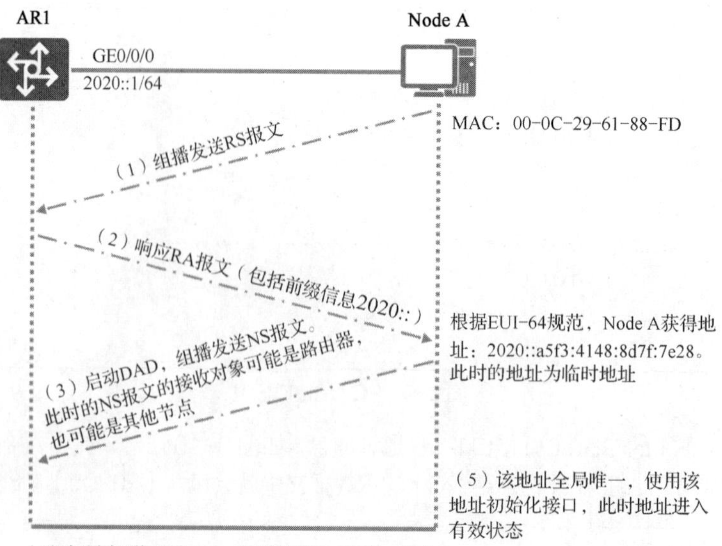

图 3-11　无状态地址自动配置工作过程

（5）Node A 如果没有收到 DAD 的 NA 报文，说明地址是全局唯一的，则用该临时地址初始化接口，此时地址进入有效状态。

项目规划设计

项目拓扑

本项目中，使用 2 台 PC 以及 3 台交换机来搭建项目拓扑，如图 3-12 所示。其中 PC1 是销售部员工 PC，PC2 是财务部员工 PC，SW1 是汇聚层交换机，SW2 与 SW3 是接入层交换机。交换机 SW1 作为各部门网关，为各部门员工主机下发地址前缀信息。通过配置实现各部门 PC 互通。

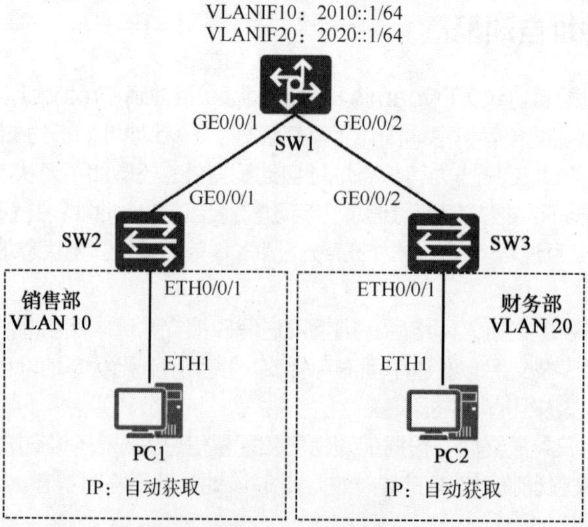

VLANIF10：2010::1/64
VLANIF20：2020::1/64
SW1
GE0/0/1　GE0/0/2
GE0/0/1　GE0/0/2
SW2　SW3
ETH0/0/1　ETH0/0/1
销售部 VLAN 10　财务部 VLAN 20
ETH1　ETH1
PC1　PC2
IP：自动获取　IP：自动获取

图 3-12　项目拓扑

项目规划

根据图 3-12 所示的项目拓扑进行业务规划，相应的 VLAN 规划、端口互联规划、IP 地址规划如表 3-1～表 3-3 所示。

表 3-1　VLAN 规划

VLAN	IP 地址段	用途
VLAN 10	2010::/64	销售部
VLAN 20	2020::/64	财务部

表 3-2　端口互联规划

本端设备	本端接口	端口链路类型	对端设备	对端接口
PC1	ETH1	N/A	SW2	ETH0/0/1
PC2	ETH1	N/A	SW3	ETH0/0/1
SW1	GE0/0/1	Trunk	SW2	GE0/0/1
	GE0/0/2	Trunk	SW3	GE0/0/2
SW2	ETH0/0/1	Access	PC1	ETH1
	GE0/0/1	Trunk	SW1	GE0/0/1
SW3	ETH0/0/1	Access	PC2	ETH1
	GE0/0/2	Trunk	SW1	GE0/0/2

表 3-3　IP 地址规划

设备名称	接口	IP 地址	用途
PC1	ETH1	自动获取	PC1 主机地址
PC2	ETH1	自动获取	PC2 主机地址
SW1	VLANIF10	2010::1/64	VLAN 10 网关地址
	VLANIF20	2020::1/64	VLAN 20 网关地址

项目实施

任务 3-1　配置部门 VLAN

任务规划

根据端口互联规划（表 3-2）要求，为 3 台交换机创建部门 VLAN，然后将对应端口划分到部门 VLAN 中。

V3-1　任务 3-1
配置部门 VLAN

任务实施

1. 为交换机创建 VLAN

（1）为交换机 SW1 创建部门 VLAN。

```
<Huawei>system-view                                  //进入系统视图
[Huawei]sysname SW1                                  //修改设备名称
[SW1]vlan batch 10 20                                //创建 VLAN 10、VLAN 20
```

（2）为交换机 SW2 创建部门 VLAN。

```
<Huawei>system-view                                  //进入系统视图
[Huawei]sysname SW2                                  //修改设备名称
[SW2]vlan 10                                         //创建 VLAN 10
```

（3）为交换机 SW3 创建部门 VLAN。

```
<Huawei>system-view                                  //进入系统视图
[Huawei]sysname SW3                                  //修改设备名称
[SW3]vlan 20                                         //创建 VLAN 20
```

2. 将交换机端口添加到对应 VLAN 中

（1）为交换机 SW2 划分 VLAN，并将对应端口添加到 VLAN 中。

```
[SW2]interface Ethernet 0/0/1                        //进入端口视图
[SW2-Ethernet0/0/1]port link-type access             //配置链路类型为 Access
[SW2-Ethernet0/0/1]port default vlan 10              //划分端口到 VLAN 10
[SW2-Ethernet0/0/1]quit                              //退出
```

（2）为交换机 SW3 划分 VLAN，并将对应端口添加到 VLAN 中。

```
[SW3]interface Ethernet 0/0/1                        //进入端口视图
[SW3-Ethernet0/0/1]port link-type access             //配置链路类型为 Access
[SW3-Ethernet0/0/1]port default vlan 20              //划分端口到 VLAN 20
[SW3-Ethernet0/0/1]quit                              //退出
```

任务验证

（1）在交换机 SW1 上使用【display vlan】命令查看 VLAN 创建情况，如图 3-13 所示，可以看到 VLAN 10 与 VLAN 20 已成功创建。

```
[SW1]display vlan
......
--------------------------------------------------------------------------------
VID  Type     Ports
--------------------------------------------------------------------------------
1    common   UT:GE0/0/1(U)    GE0/0/2(U)     GE0/0/3(D)     GE0/0/4(D)
                 GE0/0/5(D)    GE0/0/6(D)     GE0/0/7(D)     GE0/0/8(D)
                 GE0/0/9(D)    GE0/0/10(D)    GE0/0/11(D)    GE0/0/12(D)
                 GE0/0/13(D)   GE0/0/14(D)    GE0/0/15(D)    GE0/0/16(D)
                 GE0/0/17(D)   GE0/0/18(D)    GE0/0/19(D)    GE0/0/20(D)
                 GE0/0/21(D)   GE0/0/22(D)    GE0/0/23(D)    GE0/0/24(D)
10   common
20   common
--------------------------------------------------------------------------------
```

图 3-13　交换机 SW1 的 VLAN 创建情况

（2）在交换机 SW2 上使用【display vlan】命令查看 VLAN 创建情况，如图 3-14 所示，可以看到 VLAN 10 已经创建。

```
[SW2]display vlan
......
VID  Type     Ports
--------------------------------------------------------------------------------
1    common  UT:ETH0/0/2(D)    ETH0/0/3(D)     ETH0/0/4(D)     ETH0/0/5(D)
                ETH0/0/6(D)    ETH0/0/7(D)     ETH0/0/8(D)     ETH0/0/9(D)
                ETH0/0/10(D)   ETH0/0/11(D)    ETH0/0/12(D)    ETH0/0/13(D)
                ETH0/0/14(D)   ETH0/0/15(D)    ETH0/0/16(D)    ETH0/0/17(D)
                ETH0/0/18(D)   ETH0/0/19(D)    ETH0/0/20(D)    ETH0/0/21(D)
                ETH0/0/22(D)   GE0/0/1(U)      GE0/0/2(D)
10   common  UT: ETH0/0/1(U)
--------------------------------------------------------------------------------
```

图 3-14　交换机 SW2 的 VLAN 创建情况

（3）在交换机 SW3 上使用【display vlan】命令查看 VLAN 创建情况，如图 3-15 所示，可以看到 VLAN 20 已经创建。

```
[SW3]display vlan
......
VID  Type     Ports
--------------------------------------------------------------------------------
1    common  UT:ETH0/0/2(D)    ETH0/0/3(D)     ETH0/0/4(D)     ETH0/0/5(D)
                ETH0/0/6(D)    ETH0/0/7(D)     ETH0/0/8(D)     ETH0/0/9(D)
                ETH0/0/10(D)   ETH0/0/11(D)    ETH0/0/12(D)    ETH0/0/13(D)
                ETH0/0/14(D)   ETH0/0/15(D)    ETH0/0/16(D)    ETH0/0/17(D)
                ETH0/0/18(D)   ETH0/0/19(D)    ETH0/0/20(D)    ETH0/0/21(D)
                ETH0/0/22(D)   GE0/0/1(U)      GE0/0/2(D)
20   common  UT:ETH0/0/1(U)
--------------------------------------------------------------------------------
```

图 3-15　交换机 SW3 的 VLAN 创建情况

（4）在交换机 SW2 上使用【display port vlan】命令查看端口配置情况，如图 3-16 所示。

```
[SW2]display port vlan
Port                  Link Type    PVID  Trunk  VLAN  List
--------------------------------------------------------------------------------
......
Ethernet0/0/1         access        10    -
......
```

图 3-16　交换机 SW2 的端口配置情况

（5）在交换机 SW3 上使用【display port vlan】命令查看端口配置情况，如图 3-17 所示。

```
[SW3]display port vlan
Port                  Link Type    PVID  Trunk  VLAN  List
--------------------------------------------------------------------------------
......
Ethernet0/0/1         access        20    -
......
```

图 3-17　交换机 SW3 的端口配置情况

任务 3-2 配置交换机互联端口

任务规划

V3-2 任务 3-2
配置交换机互联端口

根据项目拓扑、规划，交换机 SW1 与交换机 SW2 互联端口之间的链路需要转发 VLAN 10 的流量，交换机 SW2 与交换机 SW3 互联端口之间的链路需要转发 VLAN 20 的流量，因此需要将这些链路设置为 Trunk 链路，并配置 Trunk 链路的 VLAN 允许列表。

任务实施

1. 为交换机 SW1 配置互联端口

在交换机 SW1 上配置互联端口的链路类型为 Trunk 链路，并为相关 VLAN 配置允许列表。

```
[SW1]interface GigabitEthernet 0/0/1                          //进入端口视图
[SW1-GigabitEthernet0/0/1]port link-type trunk                //配置链路类型为 Trunk
[SW1-GigabitEthernet0/0/1]port trunk allow-pass vlan 10       //配置允许列表
[SW1-GigabitEthernet0/0/1]quit                                //退出端口视图
[SW1]interface GigabitEthernet 0/0/2                          //进入端口视图
[SW1-GigabitEthernet0/0/2]port link-type trunk                //配置链路类型为 Trunk
[SW1-GigabitEthernet0/0/2]port trunk allow-pass vlan 20       //配置允许列表
[SW1-GigabitEthernet0/0/2]quit                                //退出端口视图
```

2. 为交换机 SW2 配置互联端口

在交换机 SW2 上配置互联端口的链路类型为 Trunk 链路，并为相关 VLAN 配置允许列表。

```
[SW2]interface GigabitEthernet 0/0/1                          //进入端口视图
[SW2-GigabitEthernet0/0/1]port link-type trunk                //配置链路类型为 Trunk
[SW2-GigabitEthernet0/0/1]port trunk allow-pass vlan 10       //配置允许列表
[SW2-GigabitEthernet0/0/1]quit                                //退出端口视图
```

3. 为交换机 SW3 配置互联端口

在交换机 SW3 上配置互联端口的链路类型为 Trunk 链路，并为相关 VLAN 配置允许列表。

```
[SW3]interface GigabitEthernet 0/0/2                          //进入端口视图
[SW3-GigabitEthernet 0/0/2]port link-type trunk               //配置链路类型为 Trunk
[SW3-GigabitEthernet 0/0/2]port trunk allow-pass vlan 20      //配置允许列表
[SW3-GigabitEthernet 0/0/2]quit                               //退出端口视图
```

任务验证

（1）在交换机 SW1 上使用【display port vlan】命令查看端口配置情况，如图 3-18 所示。

```
[SW1]display port vlan
Port                    Link Type    PVID  Trunk  VLAN  List
-------------------------------------------------------------------------------
......
GigabitEthernet0/0/1    trunk        1      1     10
GigabitEthernet0/0/2    trunk        1      1     20
......
```

图 3-18 交换机 SW1 的端口配置情况

（2）在交换机 SW2 上使用【display port vlan】命令查看端口配置情况，如图 3-19 所示。

```
[SW2]display port vlan
Port                    Link Type    PVID  Trunk  VLAN  List
--------------------------------------------------------------------------------
......
GigabitEthernet0/0/1    trunk        1     1      10
......
```

图 3-19　交换机 SW2 的端口配置情况

（3）在交换机 SW3 上使用【display port vlan】命令查看端口配置情况，如图 3-20 所示。

```
[SW2]display port vlan
Port                    Link Type    PVID  Trunk  VLAN  List
--------------------------------------------------------------------------------
......
GigabitEthernet0/0/2    trunk        1     1      20
......
```

图 3-20　交换机 SW3 的端口配置情况

任务 3-3　配置交换机及 PC 的 IPv6 地址

任务规划

为各部门 PC 配置 IPv6 地址，配置汇聚层交换机 IPv6 地址及开启无状态地址自动配置功能。

V3-3　任务 3-3 配置交换机及 PC 的 IPv6 地址

任务实施

1. 为各部门 PC 配置自动获取 IPv6 地址功能

图 3-21 所示为销售部 PC1 的 IPv6 地址配置结果，同理完成财务部 PC2 的 IPv6 地址配置。

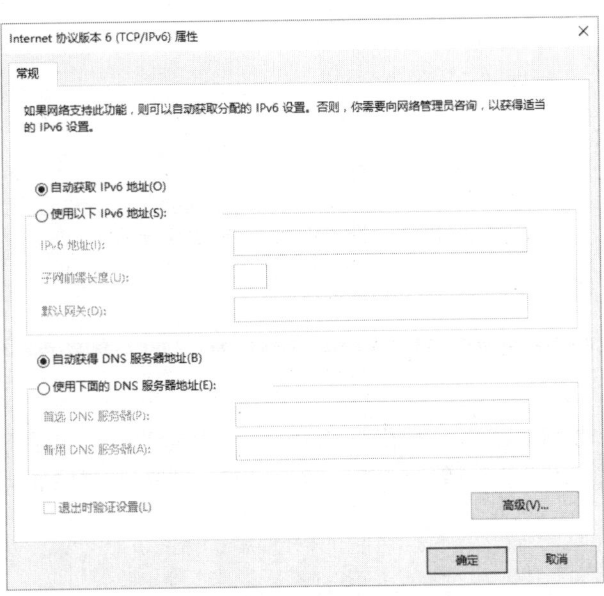

图 3-21　PC1 的 IPv6 地址配置结果

2. 配置交换机 SW1 的 VLANIF 接口地址

在交换机 SW1 上为两个部门 VLAN 创建 VLANIF 接口并配置 IP 地址，作为两个部门的网关。

```
[SW1]ipv6                                    //开启全局 IPv6 功能
[SW1]interface vlanif 10                     //进入 VLANIF 接口视图
[SW1-Vlanif10]ipv6 enable                    //开启接口 IPv6 功能
[SW1-Vlanif10]ipv6 address 2010::1 64        //配置 IPv6 地址
[SW1-Vlanif10]quit                           //退出接口视图
[SW1]interface vlanif 20                     //进入 VLANIF 接口视图
[SW1-Vlanif20]ipv6 enable                    //开启接口 IPv6 功能
[SW1-Vlanif20]ipv6 address 2020::1 64        //配置 IPv6 地址
[SW1-Vlanif20]quit                           //退出接口视图
```

3. 配置交换机 SW1 的无状态地址自动配置功能

在各部门 VLANIF 接口视图开启 RA 报文的通告功能。

```
[SW1]interface vlanif 10                     //进入 VLANIF 接口视图
[SW1-Vlanif10]undo ipv6 nd ra halt           //开启 RA 报文通告功能
[SW1-Vlanif10]quit                           //退出接口视图
[SW1]interface vlanif 20                     //进入 VLANIF 接口视图
[SW1-Vlanif20]undo ipv6 nd ra halt           //开启 RA 报文通告功能
[SW1-Vlanif20]quit                           //退出接口视图
```

任务验证

在交换机 SW1 上使用【display ipv6 interface brief】命令查看交换机 SW1 的 IPv6 地址配置情况，如图 3-22 所示。

```
[SW1]display ipv6 interface brief
Interface                 Physical          Protocol
Vlanif10                  up                up
[IPv6 Address] 2010::1
Vlanif20                  up                up
[IPv6 Address] 2020::1
```

图 3-22　交换机 SW1 的 IPv6 地址配置情况

项目验证

（1）查看 PC1 的地址获取情况，如图 3-23 所示，可以看到 PC1 已经获得 VLANIF10 的地址前缀信息，并且通过 EUI-64 规范生成了 IPv6 单播地址以及链路本地地址。

V3-4　项目验证

```
C:\Users\admin>ipconfig

Windows IP 配置


以太网适配器 以太网:

   连接特定的 DNS 后缀 . . . . . . . :
   IPv6 地址 . . . . . . . . . . . . . . . . . : 2010::8df1:3700:a071:2ba
   临时 IPv6 地址 . . . . . . . . . . . . . : 2010::255b:496:6445:477a
   本地链接 IPv6 地址 . . . . . . . . . : fe80::8df1:3700:a071:2ba%21
   IPv4 地址 . . . . . . . . . . . . . . . . . : 192.168.1.1
   子网掩码 . . . . . . . . . . . . . . . . . . : 255.255.255.0
   默认网关 . . . . . . . . . . . . . . . . . . : fe80::ca1f:beff:fe46:2dcb%21
```

图 3-23　PC1 的 IPv6 地址获取情况

（2）查看 PC2 的地址获取情况。如图 3-24 所示，可以看到 PC2 已经获得 VLANIF20 的地址前缀信息，并且通过 EUI-64 规范生成了 IPv6 单播地址以及链路本地地址。

```
C:\Users\admin>ipconfig

Windows IP 配置


以太网适配器 以太网:

   连接特定的 DNS 后缀 . . . . . . . :
   IPv6 地址 . . . . . . . . . . . . . . . . . : 2020::493a:e06c:3e77:faa9
   临时 IPv6 地址 . . . . . . . . . . . . . : 2020::f9c7:9812:88b1:ad6a
   本地链接 IPv6 地址 . . . . . . . . . : fe80::493a:e06c:3e77:faa9%21
   IPv4 地址 . . . . . . . . . . . . . . . . . : 192.168.1.2
   子网掩码 . . . . . . . . . . . . . . . . . . : 255.255.255.0
   默认网关 . . . . . . . . . . . . . . . . . . : fe80::ca1f:beff:fe46:2dc6%21
```

图 3-24　PC2 的 IPv6 地址获取情况

练习与思考

理论题

（1）以下属于 ICMPv6 的 RA 报文作用的是（　　）。

A．通告地址前缀　　B．请求地址前缀　　C．重复地址检查　　D．重定向

（2）当 PC 获得 IPv6 地址 2001::1234:5678/64，此时 PC 需要进行重复地址检查，需要向被

请求节点组播地址（　　）发送 NS 报文。

A. FF02::34:5678/104　　B. FE80::1:FF34:5678/10
C. FF02::1:FF34:5678/104　　D. FF02::2:FF34:5678/104

（3）以下属于 NDP 报文的是（　　）。（多选）

A. RA 报文　　B. NS 报文　　C. Hello 报文　　D. Open 报文

（4）NDP 进行重复地址检查时，需要交互（　　）。（多选）

A. RA 报文　　B. NS 报文　　C. RS 报文　　D. NA 报文

（5）使用 EUI-64 规范可以生成（　　）。（多选）

A. 单播地址　　B. 链路本地地址
C. 被请求节点组播组地址　　D. ISATAP 地址

（6）无状态地址自动配置可为主机分配 DNS 参数。（　　）（判断）

（7）RA 报文的发送形式可以是组播也可以是单播。（　　）（判断）

项目实训题

1. 项目背景与要求

Jan16 公司网络中的部门和 PC 数量较多，由于手动配置 IPv6 地址工作量大且容易出错，因此希望 PC 通过无状态地址自动配置获取 IPv6 地址。实践拓扑如图 3-25 所示。具体要求如下。

（1）配置各部门 PC 通过 DHCP 获取 IPv6 地址。

（2）为各部门创建部门 VLAN 以及在交换机上划分 VLAN。

（3）配置交换机互联端口的链路类型为 Trunk 链路并配置允许列表。

（4）交换机 SW1 作为各部门网关，为各部门配置网关 IPv6 地址，网络部网关为 2010:x:y::1/64，管理部网关为 2020:x:y::1/64（x 为部门，y 为工号）。

（5）配置交换机 SW1 的 RA 报文通告功能。

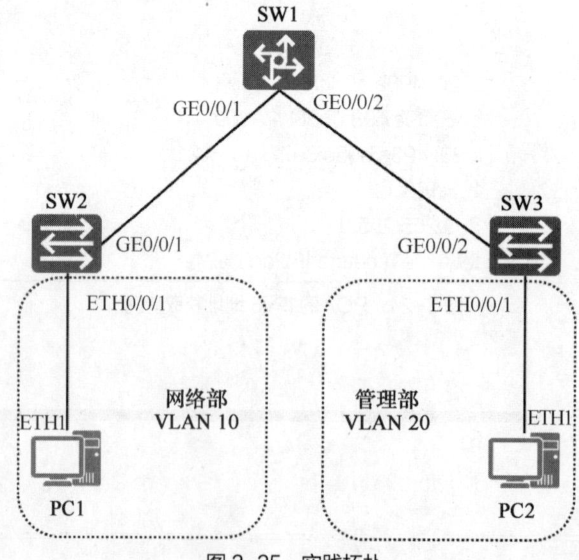

图 3-25　实践拓扑

2. 实践业务规划

根据以上实践拓扑和需求，参考本项目的项目规划完成表 3-4～表 3-6 内容的规划。

表 3-4　VLAN 规划

VLAN	IP 地址段	用途

表 3-5　端口互联规划

本端设备	本端接口	端口链路类型	对端设备	对端接口

表 3-6　IP 地址规划

设备名称	接口	IP 地址	用途

3. 实践要求

完成实验后，请截取以下实验验证结果图。

（1）在 PC1 命令提示符窗口中使用【ipconfig】命令，查看 IPv6 地址获取情况。
（2）在 PC2 命令提示符窗口中使用【ipconfig】命令，查看 IPv6 地址获取情况。
（3）在交换机 SW1 上使用【display vlan】命令，查看 VLAN 创建情况。
（4）在交换机 SW2 上使用【display vlan】命令，查看 VLAN 创建情况。
（5）在交换机 SW3 上使用【display vlan】命令，查看 VLAN 创建情况。
（6）在交换机 SW1 上使用【display port vlan】命令，查看交换机端口配置情况。
（7）在交换机 SW2 上使用【display port vlan】命令，查看交换机端口配置情况。
（8）在交换机 SW3 上使用【display port vlan】命令，查看交换机端口配置情况。
（9）网络部 PC1 ping 管理部 PC2，查看部门间网络的连通性。

项目4 基于DHCPv6的PC自动获取地址

04

项目描述

Jan16 公司已对网络进行了升级，完成了所有部门 PC 的 IPv6 地址的自动配置，各部门之间实现了相互通信。但网络升级后，由于 PC 的网络配置中缺少 DNS 地址参数，导致各部门的 PC 无法基于域名访问公司业务系统。

因此，公司需要在三层交换机上部署 DHCPv6 服务，为所有 PC 分配 IPv6 地址和 DNS 地址。公司网络拓扑如图 4-1 所示，具体要求如下。

（1）公司使用三层交换机 SW1、二层交换机 SW2 进行组网，二层交换机连接销售部和人事部的 PC。

（2）各部门 PC 通过 DHCPv6 动态获取 IPv6 地址及 DNS 服务器地址，以方便各部门 PC 基于域名访问公司业务系统。

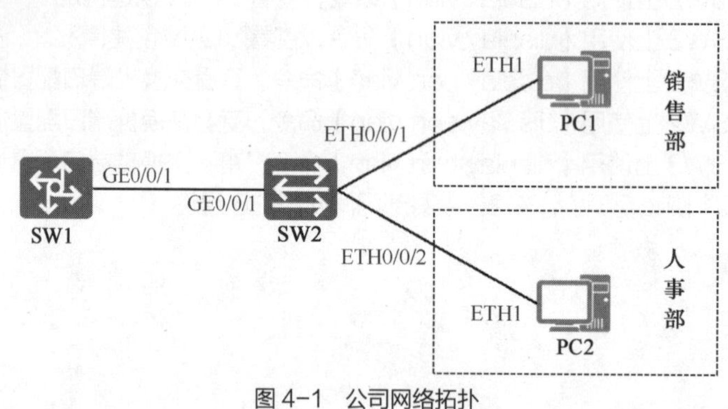

图 4-1 公司网络拓扑

项目需求分析

根据项目描述，需要在公司核心交换机 SW1 部署 DHCPv6 服务，实现公司各部门 PC 自动配置 IPv6 和 DNS 地址。

因此，本项目可以通过执行以下工作任务来完成。

（1）创建部门 VLAN，实现各部门网络划分。

（2）配置交换机互联端口，实现 PC 与交换机的通信。

（3）配置交换机的 IPv6 地址并开启 DHCPv6 功能，实现为 PC 分配 IPv6 及 DNS 地址。

项目相关知识

4.1 DHCPv6 自动分配概述

通过项目 3 的学习我们了解到，无状态地址自动配置就是节点根据路由器向节点通告的前缀信息，按照 EUI-64 规范生成应用于接口的 IPv6 单播地址。无状态地址自动配置也仅能向节点通告前缀信息，无法向节点通告 DNS、域名等参数，无法为特定设备指定 IPv6 地址。

在业务环境中，基于 DNS 访问业务系统是非常重要的，因此 IPv6 网络同样需要部署 DHCPv6 基础信息服务，为客户机分配 IPv6 地址及 DNS 地址。

1. DHCPv6 设备唯一标识

DHCPv6 设备唯一标识（DHCPv6 Unique Identifier，DUID）可以起到标识和验证 DHCPv6 服务器、DHCPv6 客户机身份的作用。

DUID 主要使用基于链路层地址（Link-Layer Address，DUID-LL）和基于链路层地址与时间（Link-Layer Address Plus Time，DUID-LLT）两种方式生成。DUID-LL 结合设备的 MAC 地址来生成 DUID，DUID-LLT 结合设备 MAC 地址和设备上的时间来生成 DUID。华为设备默认使用 DUID-LL 方式来生成 DUID。

2. DHCPv6 有状态与无状态

DHCPv6 自动分配可以分为 DHCPv6 有状态自动分配和 DHCPv6 无状态自动分配。

（1）由 DHCPv6 服务器统一分配并且管理客户机使用的 IP 地址、DNS 等参数。由于 DHCPv6 服务器无法为节点分配网关地址，用户的网关地址只能通过路由器发送的 RA 报文来获取。

（2）DHCPv6 无状态自动分配是结合无状态地址自动配置技术实现的，客户机通过 RA 报文获取 IPv6 单播地址及网关地址，然后通过 DHCPv6 获取其他网络配置参数。

DHCPv6 客户端在向 DHCPv6 服务器发送请求报文之前，会发送 RS 报文，在同一链路范围的路由器接收到此报文后会回复 RA 报文。在 RA 报文中包含管理地址配置标记（M）位和有状态配置标记（O）位。当 M 位取值为 1 时，启用 DHCPv6 有状态地址配置，即 DHCPv6 客户端需要从 DHCPv6 服务器获取 IPv6 地址；当 M 位取值为 0 时，启用 IPv6 无状态地址自动分配。当 O 位取值为 1 时，定义客户端需要通过有状态的 DHCPv6 来获取其他网络配置参数，如 DNS、NIS（Network Information Service，网络信息服务）、SNTP（Simple Network Time Protocol，简单网络时间协议）服务器地址等，取值为 0 则启用 IPv6 无状态地址自动分配。

华为设备上，在接口视图中使用【ipv6 nd autoconfig managed-address-flag】命令可以将管理地址配置标记（M）位取值为 1，使用【ipv6 nd autoconfig other-flag】命令可以将有状态配置标记（O）位取值为 1。

4.2 DHCPv6 报文类型

DHCPv6 服务器与客户端之间使用 UDP 协议来交互 DHCPv6 报文，客户端使用的 UDP 端口号是 546，服务器使用的 UDP 端口号是 547。DHCPv6 报文类型如表 4-1 所示。

表 4-1　DHCPv6 报文类型

报文类型	DHCPv6 报文	说明
1	请求（Solicit）	DHCPv6 客户端使用 Solicit 报文来确定 DHCPv6 服务器的位置
2	通告（Advertise）	DHCPv6 服务器发送 Advertise 报文来对 Solicit 报文进行回应，宣告自己能够提供 DHCPv6 服务
3	请求（Request）	DHCPv6 客户端发送 Request 报文来向 DHCPv6 服务器请求 IPv6 地址和其他配置信息
4	确认（Confirm）	DHCPv6 客户端向任意可达的 DHCPv6 服务器发送 Confirm 报文，检查自己目前获得的 IPv6 地址是否适用于它所连接的链路
5	更新（Renew）	DHCPv6 客户端向给其提供地址和配置信息的 DHCPv6 服务器发送 Renew 报文来延长地址的生存期并更新配置信息
6	重新绑定（Rebind）	如果 Renew 报文没有得到应答，DHCPv6 客户端向任意可达的 DHCPv6 服务器发送 Rebind 报文来延长地址的生存期并更新配置信息
7	回复（Reply）	DHCPv6 服务器用来响应 Request、Confirm、Renew、Rebind、Release 和 Decline 的报文
8	释放（Release）	DHCPv6 客户端向为其分配地址的 DHCPv6 服务器发送 Release 报文，表明自己不再使用一个或多个租用的地址
9	拒绝（Decline）	DHCPv6 客户端向 DHCPv6 服务器发送 Decline 报文，声明 DHCPv6 服务器分配的一个或多个地址在 DHCPv6 客户端所在链路上已经被使用了
10	重新配置（Reconfigure）	DHCPv6 服务器向 DHCPv6 客户端发送 Reconfigure 报文，用于提示 DHCPv6 客户端，DHCPv6 服务器上存在新的网络配置信息
11	请求配置（Information-Request）	DHCPv6 客户端向 DHCPv6 服务器发送 Information-Request 报文来请求除 IPv6 地址以外的网络配置信息
12	中继转发（Relay-Forward）	中继代理通过 Relay-Forward 报文来向 DHCPv6 服务器转发 DHCPv6 客户端 Request 报文
13	中继回复（Relay-Reply）	DHCPv6 服务器向中继代理发送 Relay-Reply 报文，其中携带了转发给 DHCPv6 客户端的报文

4.3　DHCPv6 有状态自动分配工作过程

DHCPv6 有状态自动分配工作过程主要分为 4 步，如图 4-2 所示。

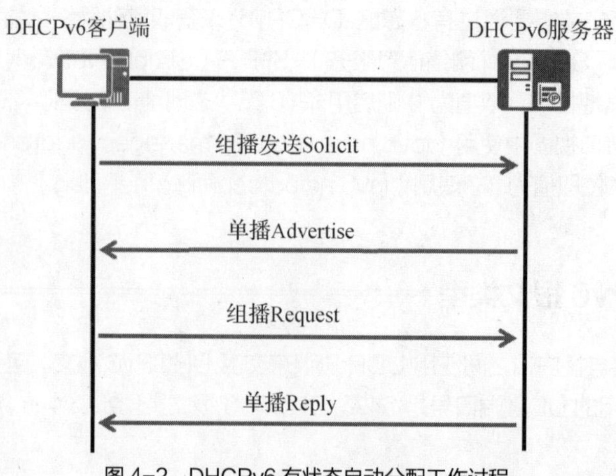

图 4-2　DHCPv6 有状态自动分配工作过程

（1）DHCPv6客户端向组播地址FF02::1:2发送Solicit报文，用于发现DHCPv6服务器。

（2）DHCPv6服务器收到Solicit报文之后，单播回复Advertise报文，该报文中携带了为客户端分配的IPv6地址以及其他网络配置参数。

（3）客户端收到服务器回复的Advertise报文后，将向服务器发送目的地址为FF02::1:2的Request组播报文，该报文中携带DHCPv6服务器的DUID。如果DHCPv6客户端接收到多个服务器回复的Advertise报文，则根据Advertise报文中的服务器优先级等参数，选择优先级最高的一台服务器，并向所有的服务器发送目的地址为FF02::1:2的Request组播报文，该报文中携带已选择的DHCPv6服务器的DUID。

（4）DHCPv6服务器单播回复Reply报文，确认将地址和网络配置参数分配给客户端使用。

4.4 DHCPv6无状态自动分配工作过程

DHCPv6无状态自动分配工作过程主要分为2步，如图4-3所示。

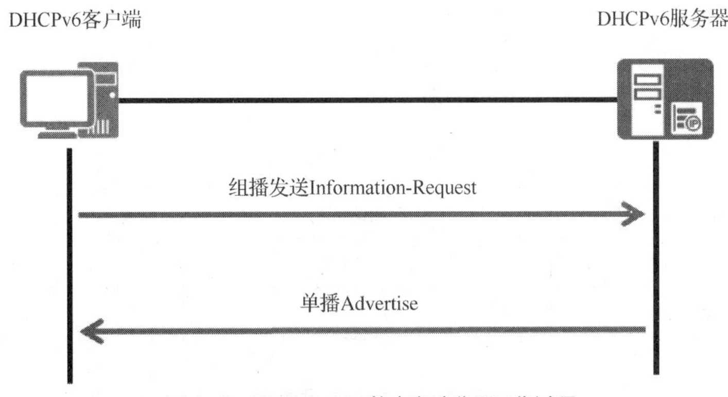

图4-3　DHCPv6无状态自动分配工作过程

（1）DHCPv6客户端以组播方式向DHCPv6服务器发送Information-Request报文，该报文中携带Option Request选项，用来指定DHCPv6客户端需要从DHCPv6服务器获取的配置参数。

（2）DHCPv6服务器收到Information-Request报文后，为DHCPv6客户端分配网络配置参数，并单播发送Reply报文，将网络配置参数返回给DHCPv6客户端。

项目规划设计

项目拓扑

本项目中，使用2台PC和2台交换机来搭建项目拓扑，如图4-4所示。其中PC1是销售部员工的PC，PC2是人事部员工的PC，SW1是三层交换机，SW2是二层交换机。交换机SW1作为各部门网关以及DHCPv6服务器。

项目要求通过配置DHCPv6，实现公司所有PC均能通过DHCPv6有状态自动获取IPv6地址及DNS地址。

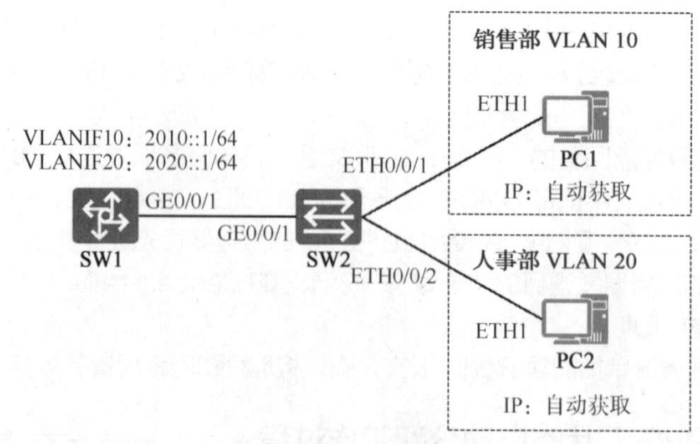

图 4-4　项目拓扑

项目规划

根据图 4-4 所示的项目拓扑进行业务规划，相应的 VLAN 规划、端口互联规划、IP 地址规划、DHCPv6 地址池规划如表 4-2～表 4-5 所示。

表 4-2　VLAN 规划

VLAN	IP 地址段	用途
VLAN 10	2010::/64	销售部
VLAN 20	2020::/64	人事部

表 4-3　端口互联规划

本端设备	本端接口	端口链路类型	对端设备	对端接口
PC1	ETH1	N/A	SW2	ETH0/0/1
PC2	ETH1	N/A	SW2	ETH0/0/2
SW1	GE0/0/1	Trunk	SW2	GE0/0/1
SW2	ETH0/0/1	Access	PC1	ETH1
	ETH0/0/2	Access	PC2	ETH1
	GE0/0/1	Trunk	SW1	GE0/0/1

表 4-4　IP 规划

设备名称	接口	IP 地址	用途
PC1	ETH1	DHCPv6	PC1 地址
PC2	ETH1	DHCPv6	PC2 地址
SW1	VLANIF10	2010::1/64	VLAN 10 网关地址
	VLANIF20	2020::1/64	VLAN 20 网关地址

表 4-5 DHCPv6 地址池规划

名称	VLAN	前缀	DNS 地址
SALE	10	2010::/64	2400:3200::1（阿里巴巴 IPv6 DNS）
HR	20	2020::/64	2400:da00::6666（百度 IPv6 DNS）

项目实施

任务 4-1 创建部门 VLAN

任务规划

根据端口互联规划（表 4-3）要求，为两台交换机创建部门 VLAN，然后将对应端口划分到部门 VLAN 中。

V4-1 任务 4-1 创建部门 VLAN

任务实施

1. 为交换机创建 VLAN

（1）为交换机 SW1 创建部门 VLAN。

```
<Huawei>system-view                                  //进入系统视图
[Huawei]sysname SW1                                  //修改设备名称
[SW1]vlan batch 10 20                                //创建 VLAN 10、VLAN 20
```

（2）为交换机 SW2 创建部门 VLAN。

```
<Huawei>system-view                                  //进入系统视图
[Huawei]sysname SW2                                  //修改设备名称
[SW2]vlan batch 10 20                                //创建 VLAN 10、VLAN 20
```

2. 将交换机端口添加到 VLAN 中

为交换机 SW2 划分 VLAN，并将对应端口添加到 VLAN 中。

```
[SW2]interface Ethernet 0/0/1                        //进入端口视图
[SW2-Ethernet0/0/1]port link-type access             //配置链路类型为 Access
[SW2-Ethernet0/0/1]port default vlan 10              //划分端口到 VLAN 10
[SW2-Ethernet0/0/1]quit                              //退出端口视图
[SW2]interface Ethernet 0/0/2                        //进入端口视图
[SW2-Ethernet0/0/2]port link-type access             //配置链路类型为 Access
[SW2-Ethernet0/0/2]port default vlan 20              //划分端口到 VLAN 20
[SW2-Ethernet0/0/2]quit                              //退出端口视图
```

任务验证

（1）在交换机 SW1 上使用【display vlan】命令查看 VLAN 创建情况，结果如图 4-5 所示，VLAN 10 与 VLAN 20 已经创建。

```
[SW1]display vlan
......
--------------------------------------------------------------------------------
VID  Type     Ports
--------------------------------------------------------------------------------
1    common UT:GE0/0/1(U)     GE0/0/2(U)      GE0/0/3(D)      GE0/0/4(D)
               GE0/0/5(D)     GE0/0/6(D)      GE0/0/7(D)      GE0/0/8(D)
               GE0/0/9(D)     GE0/0/10(D)     GE0/0/11(D)     GE0/0/12(D)
               GE0/0/13(D)    GE0/0/14(D)     GE0/0/15(D)     GE0/0/16(D)
               GE0/0/17(D)    GE0/0/18(D)     GE0/0/19(D)     GE0/0/20(D)
               GE0/0/21(D)    GE0/0/22(D)     GE0/0/23(D)     GE0/0/24(D)
10   common
20   common
--------------------------------------------------------------------------------
```

图4-5　交换机SW1的VLAN创建情况

（2）在交换机SW2上使用【display vlan】命令查看VLAN创建情况，结果如图4-6所示，VLAN 10及VLAN 20已经创建。

```
[SW2]display vlan
......
VID  Type     Ports
--------------------------------------------------------------------------------
1    common UT:ETH0/0/2(D)    ETH0/0/3(D)     ETH0/0/4(D)     ETH0/0/5(D)
               ETH0/0/6(D)    ETH0/0/7(D)     ETH0/0/8(D)     ETH0/0/9(D)
               ETH0/0/10(D)   ETH0/0/11(D)    ETH0/0/12(D)    ETH0/0/13(D)
               ETH0/0/14(D)   ETH0/0/15(D)    ETH0/0/16(D)    ETH0/0/17(D)
               ETH0/0/18(D)   ETH0/0/19(D)    ETH0/0/20(D)    ETH0/0/21(D)
               ETH0/0/22(D)   GE0/0/1(U)      GE0/0/2(D)
10   common UT:ETH0/0/1(U)
20   common UT:ETH0/0/2(U)
--------------------------------------------------------------------------------
......
```

图4-6　交换机SW2的VLAN创建情况

（3）在交换机SW2上使用【display port vlan】命令查看端口配置情况，结果如图4-7所示。

```
[SW2]display port vlan
Port                Link Type    PVID  Trunk  VLAN  List
--------------------------------------------------------------------------------
......
Ethernet0/0/1       access       10    -
Ethernet0/0/2       access       20    -
......
```

图4-7　交换机SW2的端口配置情况

任务 4-2 配置交换机互联端口

任务规划

根据项目拓扑、规划，交换机 SW1 与交换机 SW2 互联端口之间的链路需要转发 VLAN 10、VLAN 20 的流量，因此需要将该链路设置为 Trunk 链路，并配置 Trunk 链路的 VLAN 允许列表。

V4-2 任务 4-2
配置交换机互联端口

任务实施

1. 为交换机 SW1 配置互联端口

在交换机 SW1 上配置互联端口的链路类型为 Trunk 链路，并为相关 VLAN 配置允许列表。

```
[SW1]interface GigabitEthernet 0/0/1                              //进入端口视图
[SW1-GigabitEthernet0/0/1]port link-type trunk                    //配置链路类型为 Trunk
[SW1-GigabitEthernet0/0/1]port trunk allow-pass vlan 10 20        //配置允许列表
[SW1-GigabitEthernet0/0/1]quit                                    //退出端口视图
```

2. 为交换机 SW2 配置互联端口

在交换机 SW2 上配置互联端口的链路类型为 Trunk 链路，并为相关 VLAN 配置允许列表。

```
[SW2]interface GigabitEthernet 0/0/1                              //进入端口视图
[SW2-GigabitEthernet0/0/1]port link-type trunk                    //配置链路类型为 Trunk
[SW2-GigabitEthernet0/0/1]port trunk allow-pass vlan 10 20        //配置允许列表
[SW2-GigabitEthernet0/0/1]quit                                    //退出端口视图
```

任务验证

（1）在交换机 SW1 上使用【display port vlan】命令查看端口配置情况，结果如图 4-8 所示。

```
[SW1]display port vlan
Port                    Link Type    PVID  Trunk  VLAN  List
-------------------------------------------------------------------------------
......
GigabitEthernet0/0/1    trunk        1     1      10    20
......
```

图 4-8 交换机 SW1 的端口配置情况

（2）在交换机 SW2 上使用【display port vlan】命令查看端口配置情况，结果如图 4-9 所示。

```
[SW2]display port vlan
Port                    Link Type    PVID  Trunk  VLAN  List
-------------------------------------------------------------------------------
......
GigabitEthernet0/0/1    trunk        1     1      10    20
......
```

图 4-9 交换机 SW2 的端口配置情况

任务 4-3　配置交换机的 IPv6 地址并开启 DHCPv6 功能

任务规划

配置三层交换机 SW1 的 IPv6 地址和 DHCPv6 功能，并配置各部门 PC 的 IPv6 地址为 DHCPv6 自动获取。

V4-3　任务 4-3　配置交换机的 IPv6 地址并开启 DHCPv6 功能

任务实施

1. 配置交换机 SW1 的 VLANIF 接口地址

在交换机 SW1 上为两个 VLANIF 接口配置 IP 地址，作为两个部门的网关。

```
[SW1]ipv6                                        //开启全局 IPv6 功能
[SW1]interface vlanif 10                         //进入 VLANIF 接口视图
[SW1-Vlanif10]ipv6 enable                        //开启接口 IPv6 功能
[SW1-Vlanif10]ipv6 address 2010::1 64            //配置 IPv6 地址
[SW1-Vlanif10]quit                               //退出接口视图
[SW1]interface vlanif 20                         //进入 VLANIF 接口视图
[SW1-Vlanif20]ipv6 enable                        //开启接口 IPv6 功能
[SW1-Vlanif20]ipv6 address 2020::1 64            //配置 IPv6 地址
[SW1-Vlanif20]quit                               //退出接口视图
```

2. 配置交换机 SW1 的 DHCPv6 功能

在交换机 SW1 上创建 DHCPv6 地址池并配置 DNS 等相关参数。

```
[SW1]dhcp enable                                      //全局下开启 DHCP 功能
[SW1]dhcpv6 pool SALE                                 //为销售部创建地址池名称为 SALE
[SW1-dhcpv6-pool-SALE]address prefix 2010::/64        //配置销售部地址前缀
[SW1-dhcpv6-pool-SALE]dns-server 2400:3200::1         //配置销售部 DNS 服务器地址
[SW1-dhcpv6-pool-SALE]quit                            //退出地址池视图
[SW1]dhcpv6 pool HR                                   //为人事部创建地址池名称为 HR
[SW1-dhcpv6-pool-HR]address prefix 2020::/64          //配置人事部地址前缀
[SW1-dhcpv6-pool-HR]dns-server 2400:da00::6666        //配置人事部 DNS 服务器地址
[SW1-dhcpv6-pool-HR]quit                              //退出地址池视图
```

3. 应用 DHCPv6 地址池

在交换机 SW1 的 VLANIF 接口上应用 DHCPv6 地址池。

```
[SW1]interface vlanif 10                         //进入 VLANIF 接口视图
[SW1-Vlanif10]dhcpv6 server SALE                 //应用地址池 SALE
[SW1-Vlanif10]quit                               //退出接口视图
[SW1]interface vlanif 20                         //进入 VLANIF 接口视图
[SW1-Vlanif20]dhcpv6 server HR                   //应用地址池 HR
[SW1-Vlanif20]quit                               //退出接口视图
```

4. 开启 RA 报文通告功能及启用有状态自动配置地址标志位

在交换机 SW1 的 VLANIF10 和 VLANIF20 接口上开启 RA 报文通告功能，启用有状态自动配置地址标志位。

```
[SW1]interface vlanif 10                                    //进入 VLANIF 接口视图
[SW1-Vlanif10]undo ipv6 nd ra halt                          //开启 RA 报文通告功能
[SW1-Vlanif10]ipv6 nd autoconfig managed-address-flag       //启用有状态自动配置地址标志位
[SW1-Vlanif10]quit                                          //退出接口视图
[SW1]interface vlanif 20                                    //进入 VLANIF 接口视图
[SW1-Vlanif20]undo ipv6 nd ra halt                          //开启 RA 报文通告功能
[SW1-Vlanif20]ipv6 nd autoconfig managed-address-flag       //启用有状态自动配置地址标志位
[SW1-Vlanif20]quit                                          //退出接口视图
```

5. 为各部门 PC 配置自动获取 IPv6 地址和 DNS 地址

图 4-10 所示为销售部 PC1 的 IPv6 地址和 DNS 配置结果，同理完成人事部 PC2 的 IP 地址和 DNS 地址配置。

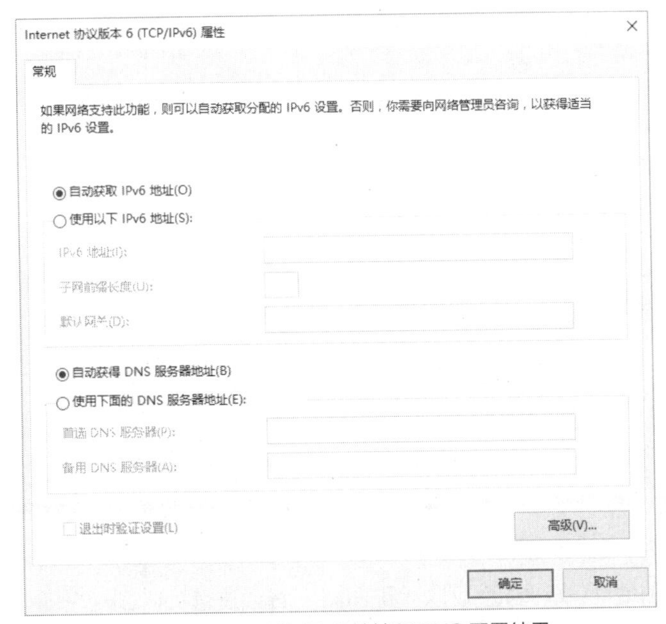

图 4-10 PC1 的 IPv6 地址和 DNS 配置结果

任务验证

（1）在交换机 SW1 上使用【display ipv6 interface brief】命令查看 IPv6 地址配置情况，结果如图 4-11 所示。

```
[SW1]display ipv6 interface brief
*down: administratively down
(l): loopback
(s): spoofing
Interface                   Physical              Protocol
Vlanif10                    up                    up
[IPv6 Address] 2010::1
Vlanif20                    up                    up
[IPv6 Address] 2020::1
[SW1]
```

图 4-11 交换机 SW1 的 IPv6 地址配置情况

（2）在交换机 SW1 上使用【display dhcpv6 pool】命令查看 DHCPv6 地址池配置情况，结果如图 4-12 所示。

```
[SW1]display dhcpv6 pool
DHCPv6 pool: HR
  Address prefix: 2020::/64
    Lifetime valid 172800 seconds, preferred 86400 seconds
    0 in use, 0 conflicts
  Information refresh time: 86400
  DNS server address: 2400:DA00::6666
  Conflict-address expire-time: 172800
  Active normal clients: 0

DHCPv6 pool: SALE
  Address prefix: 2010::/64
    Lifetime valid 172800 seconds, preferred 86400 seconds
    0 in use, 0 conflicts
  Information refresh time: 86400
  DNS server address: 2400:3200::1
  Conflict-address expire-time: 172800
  Active normal clients: 0
```

图 4-12　交换机 SW1 的 DHCPv6 地址池配置

项目验证

V4-4　项目验证

（1）查看 PC1 的地址获取情况，可以看到 PC1 已经通过有状态 DHCPv6 获取到 IPv6 单播地址以及 DNS 地址，通过默认网关自动发现机制自动配置了网关地址，结果如图 4-13 所示。

```
C:\Users\admin>ipconfig /all

Windows IP 配置

   主机名 . . . . . . . . . . . . . . . . . : admin-PC
   主 DNS 后缀 . . . . . . . . . . . :
   节点类型 . . . . . . . . . . . . . . : 混合
   IP 路由已启用 . . . . . . . . . . . : 否
   WINS 代理已启用 . . . . . . . . . : 否

以太网适配器 以太网:
```

图 4-13　PC1 的 IPv6 地址获取情况

```
连接特定的 DNS 后缀 . . . . . . . :
描述. . . . . . . . . . . . . . . . . . . . . . . : Realtek USB GbE Family Controller
物理地址 . . . . . . . . . . . . . . . . . . . : 00-E0-4C-36-69-8E
DHCP 已启用 . . . . . . . . . . . . . . . : 否
自动配置已启用. . . . . . . . . . . . . . : 是
IPv6 地址 . . . . . . . . . . . . . . . . . . : 2010::8df1:3700:a071:2ba（首选）
临时 IPv6 地址. . . . . . . . . . . . . . : 2010::50e5:1d97:77d6:67ce（首选）
本地链接 IPv6 地址. . . . . . . . . . . : fe80::8df1:3700:a071:2ba%21（首选）
IPv4 地址 . . . . . . . . . . . . . . . . . : 192.168.1.1（首选）
子网掩码  . . . . . . . . . . . . . . . . . : 255.255.255.0
默认网关 . . . . . . . . . . . . . . . . . . : fe80::ca1f:beff:fe46:2dcb%21
DHCPv6 IAID . . . . . . . . . . . . . . : 352378956
DHCPv6 客户端 DUID . . . . . . . : 00-01-00-01-26-C2-BB-BF-00-0C-29-90-54-C3
DNS 服务器  . . . . . . . . . . . . . . : fec0:0:0:ffff::1%1
                                         fec0:0:0:ffff::2%1
                                         fec0:0:0:ffff::3%1
TCPIP 上的 NetBIOS . . . . . . . : 已启用
```

图 4-13　PC1 的 IPv6 地址获取情况（续）

（2）查看 PC2 的地址获取情况，可以看到 PC2 已经通过有状态 DHCPv6 获取到了 IPv6 单播地址以及 DNS，通过默认网关自动发现机制自动配置了网关地址，结果如图 4-14 所示。

```
C:\Users\admin>ipconfig /all

Windows IP 配置

   主机名  . . . . . . . . . . . . . . . . : admin-PC
   主 DNS 后缀 . . . . . . . . . . . :
   节点类型 . . . . . . . . . . . . . . . : 混合
   IP 路由已启用 . . . . . . . . . . . : 否
   WINS 代理已启用. . . . . . . . . : 否

以太网适配器 以太网:

   连接特定的 DNS 后缀 . . . . . . . :
   描述. . . . . . . . . . . . . . . . . . . . . . . : Realtek USB GbE Family Controller
   物理地址. . . . . . . . . . . . . . . . . . . : 00-E0-4C-36-69-BE
   DHCP 已启用 . . . . . . . . . . . . . . . : 否
   自动配置已启用. . . . . . . . . . . . . . : 是
   IPv6 地址 . . . . . . . . . . . . . . . . . . : 2020::2（首选）
   获得租约的时间 . . . . . . . . . . . . . : 2020 年 8 月 11 日 8:25:03
   租约过期的时间 . . . . . . . . . . . . . : 2020 年 8 月 13 日 8:25:03
```

图 4-14　PC2 的 IPv6 地址获取情况

```
IPv6 地址 . . . . . . . . . . . . . . : 2020::493a:e06c:3e77:faa9（首选）
临时 IPv6 地址 . . . . . . . . . . : 2020::e9c4:7b8a:95bb:7fee（首选）
本地链接 IPv6 地址 . . . . . . : fe80::493a:e06c:3e77:faa9%21（首选）
IPv4 地址 . . . . . . . . . . . . . : 192.168.1.2（首选）
子网掩码 . . . . . . . . . . . . . . : 255.255.255.0
默认网关. . . . . . . . . . . . . . . : fe80::ca1f:beff:fe46:2dc6%21
DHCPv6 IAID . . . . . . . . . . . : 352378956
DHCPv6 客户端 DUID . . : 00-01-00-01-26-C2-BC-2F-00-0C-29-B9-2B-69
DNS 服务器 . . . . . . . . . . . : 2400:da00::6666
TCPIP 上的 NetBIOS . . . . : 已启用
```

图 4-14　PC2 的 IPv6 地址获取情况（续）

练习与思考

理论题

（1）有状态 DHCPv6 不可以为 PC 分配（　　）参数。（多选）

A. 单播地址　　B. DNS　　C. 默认网关　　D. 域名

（2）以下不属于 ICMPv6 报文的是（　　）。

A. SOLICIT　　B. ADVERTISE　　C. DISCOVER　　D. RENEW

（3）配置无状态 DHCPv6 需要配置 RA 报文中的 M 位、O 位分别为（　　）。

A. M=0，O=0　　B. M=0，O=1　　C. M=1，O=1　　D. M=1，O=0

（4）DUID 的生成方式有（　　）。（多选）

A. DUID-LL　　B. DUID-LLT　　C. DUID-LT　　D. DUID-TL

（5）以下关于有状态 DHCPv6 和无状态 DHCPv6 的描述，正确的是（　　）。（多选）

A. 均能为 PC 下发 DNS 参数

B. 均不能为 PC 下发默认网关参数

C. 有状态 DHCPv6 仅能提供地址前缀信息

D. 无状态 DHCPv6 仅能提供地址前缀信息

（6）IPv6 路由器接口默认关闭 RA 报文通告功能。（　　）（判断）

（7）PC 通过 DHCPv6 获取 IPv6 地址需要进行重复地址检查，而手动配置的 IPv6 地址不需要进行重复地址检查。（　　）（判断）

项目实训题

1. 项目背景与要求

Jan16 公司网络中的部门和 PC 数量较多，由于手动配置 IPv6 地址工作量大且容易出错。因此希望通过 DHCPv6 自动配置获取 IPv6 地址。实践拓扑如图 4-15 所示。具体要求如下。

（1）配置各部门 PC 通过 DHCPv6 获取 IPv6 地址。

（2）为各部门创建部门 VLAN 以及在交换机上划分 VLAN。

（3）配置交换机互联端口的链路类型为 Trunk 链路并配置允许列表。

（4）交换机 SW1 作为各部门网关，为各部门配置网关 IPv6 地址，人事部网关为 2030:x:y::1/64，财务部网关为 2040:x:y::1/64（x 为部门，y 为工号）。

（5）配置交换机 SW1 的 DHCPv6 功能。

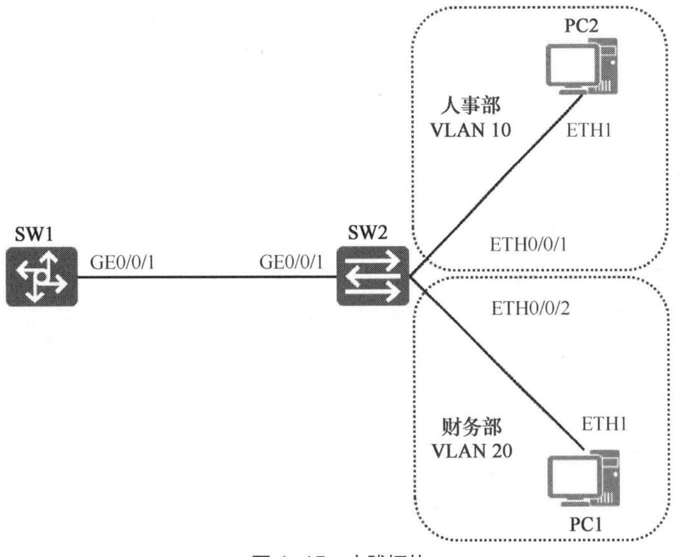

图 4-15　实践拓扑

2. 实践业务规划

根据以上实践拓扑和需求，参考本项目的项目规划完成表 4-6～表 4-9 内容的规划。

表 4-6　VLAN 规划

VLAN	IP 地址段	用途

表 4-7　端口互联规划

本端设备	本端接口	端口链路类型	对端设备	对端接口

表 4-8　IP 地址规划

设备名称	接口	IP 地址	用途

表 4-9　DHCPv6 地址池规划

名称	VLAN	前缀	DNS 地址

3. 实践要求

完成实验后，请截取以下实验验证结果图。

（1）在 PC1 命令提示符窗口中使用【ipconfig】命令，查看 IPv6 地址获取情况。

（2）在 PC2 命令提示符窗口中使用【ipconfig】命令，查看 IPv6 地址获取情况。

（3）在交换机 SW1 上使用【display vlan】命令，查看 VLAN 创建情况。

（4）在交换机 SW2 上使用【display vlan】命令，查看 VLAN 创建情况。

（5）在交换机 SW1 上使用【display port vlan】命令，查看交换机端口配置情况。

（6）在交换机 SW2 上使用【display port vlan】命令，查看交换机端口配置情况。

（7）财务部 PC1 ping 人事部 PC2，查看部门间网络的连通性。

IPv6 园区网应用篇

项目5 基于静态路由的总部与分部互联

项目描述

Jan16公司总部办公室在创意园A座，因业务拓展，在创意园B座租赁了另外一个场地作为Jan16公司的分部A，给设计部使用。园区网络拓扑如图5-1所示，具体要求如下。

（1）公司总部与分部A局域网内各有1台三层交换机，分别连接总部及分部A各部门的PC。

（2）两台交换机均接入创意园园区网路由器R1，现需要配置路由实现总部与分部A互联互通。

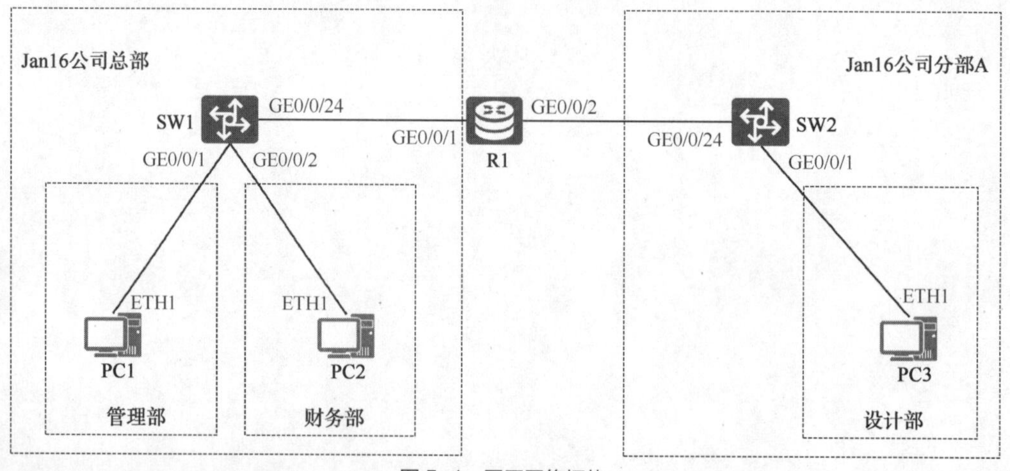

图5-1　园区网络拓扑

项目需求分析

Jan16公司现有管理部、财务部和设计部3个部门。管理部与财务部位于公司总部，设计部位于公司分部A，现需要将各部门PC划分至相应的VLAN，并在总部与分部A之间配置IPv6静态路由（Static Route），实现各部门之间的通信。

因此，本项目可以通过执行以下工作任务来完成。

（1）创建部门VLAN，实现各部门网络划分。

（2）配置PC、交换机、路由器的IPv6地址，实现基础IP地址的配置。

（3）配置交换机、路由器的静态路由，实现公司各部门的互联互通。

项目相关知识

5.1 静态路由概述

静态路由是指通过手动方式为路由器配置路由信息，让路由器获取到达目标网络的路由。

静态路由的优点是配置简单、路由器资源负载小、可控性强等；缺点是不能动态反映网络拓扑，当网络拓扑发生变化时，网络管理员必须手动配置来改变路由表，因此静态路由不适合在大型网络中使用。

5.2 默认路由概述

静态路由中存在一种目的地址/掩码为【::/0】的路由，称为默认路由（Default Route）。计算机或路由器的 IP 路由表中可能存在默认路由，也可能不存在默认路由。如果网络设备的 IP 路由表中存在默认路由，那么当一个待发送或待转发的 IP 报文不能匹配 IP 路由表中的任何非默认路由时，就会根据默认路由来进行发送或转发；如果网络设备的 IP 路由表中不存在默认路由，那么当一个待发送或待转发的 IP 报文不能匹配 IP 路由表中的任何路由时，该 IP 报文就会被直接丢弃。

默认路由经常配置在末梢网络或出口路由器上，因为末梢网络没有必要知道整个网络的具体拓扑，只要将所有流向外部的流量转发到下一跳路由器上即可，此时可以通过配置默认路由来简化路由表中条目。

5.3 静态路由的配置案例

（1）在路由器上配置静态路由，需要指定目的地址的前缀及下一跳地址，配置完成后，静态路由即可成为路由表中条目。

在图 5-2 所示的静态路由拓扑中，为路由器 AR1 配置访问前缀 6666::的静态路由。

```
[AR1]ipv6 route-static 6666:: 64 2012::2
```

其中，【6666::】为目标网络，【64】为目标网络掩码，【2012::2】为下一跳地址。

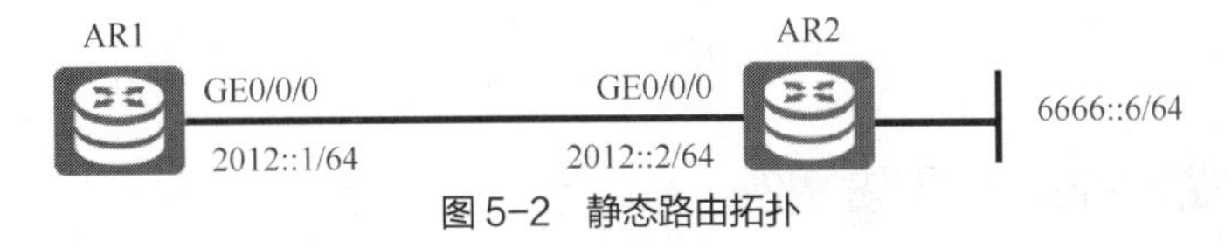

图 5-2 静态路由拓扑

（2）使用【display ipv6 routing-table】命令查看配置静态路由之后的路由表，可以看到路由表中生成了关于前缀 6666::的静态路由条目，结果如图 5-3 所示。

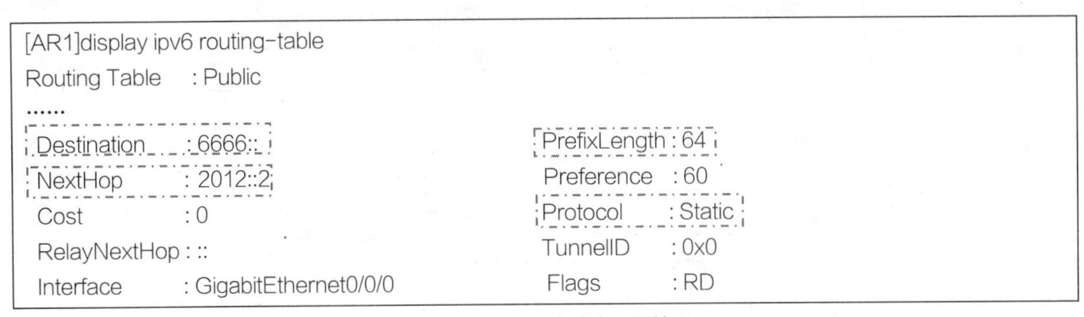

```
[AR1]display ipv6 routing-table
Routing Table   : Public
……
Destination  : 6666::                 PrefixLength : 64
NextHop      : 2012::2                Preference   : 60
Cost         : 0                      Protocol     : Static
RelayNextHop : ::                     TunnelID     : 0x0
Interface    : GigabitEthernet0/0/0   Flags        : RD
```

图 5-3 验证静态路由配置情况

5.4 静态路由的负载分担配置案例

（1）当网络中存在多条通往同一前缀的网络的静态路由时，便会形成路由负载分担的情况。在图 5-4 所示的负载分担拓扑中，为路由器 AR1 配置两条前往前缀 6666::的路由。

```
[AR1]ipv6 route-static 6666:: 64 2012::2
[AR1]ipv6 route-static 6666:: 64 2013::2
```

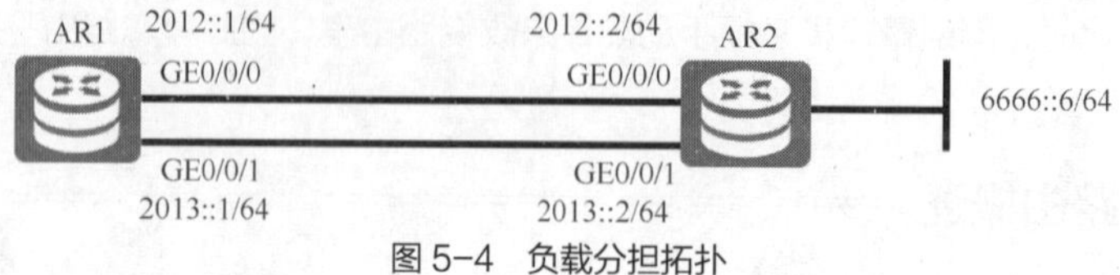

图 5-4 负载分担拓扑

（2）使用【display ipv6 routing-table】命令查看路由表，可以看到路由表中生成了两条关于前缀 6666::的静态路由条目，结果如图 5-5 所示。

```
[AR1]display ipv6  routing-table
Routing Table  : Public
......
 Destination    : 6666::                    PrefixLength : 64
 NextHop        : 2012::2                   Preference   : 60
 Cost           : 0                         Protocol     : Static
 RelayNextHop: ::                           TunnelID     : 0x0
 Interface      : GigabitEthernet0/0/0      Flags        : RD

 Destination    : 6666::                    PrefixLength : 64
 NextHop        : 2013::2                   Preference   : 60
 Cost           : 0                         Protocol     : Static
 RelayNextHop: ::                           TunnelID     : 0x0
 Interface      : GigabitEthernet0/0/1      Flags        : RD
......
```

图 5-5 验证静态路由负载分担配置情况

5.5 静态路由的备份配置案例

（1）当网络中存在多条通往同一前缀的静态路由时，可以通过调整路由的优先级，实现优先级高的路由作为主路由，承担用户数据转发任务；优先级低的路由作为备份路由，在主路由故障时，承担起业务流量转发的任务。（静态路由的优先级默认为 60，数值越小优先级越高。）

在如图 5-6 所示的路由备份拓扑中，为 AR1 配置两条前往前缀 6666::的路由，并调整优先级。

```
[AR1]ipv6 route-static 6666:: 64 2012::2
[AR1]ipv6 route-static 6666:: 64 2013::2 preference 100
```

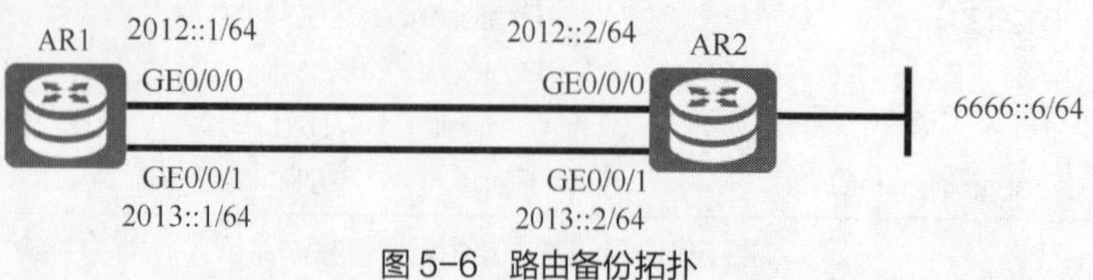

图 5-6 路由备份拓扑

（2）使用【display ipv6 routing-table】命令查看路由表，可以看到路由表中仅有一条去往前缀 6666::的静态路由条目，且下一跳为 2012::2，结果如图 5-7 所示。

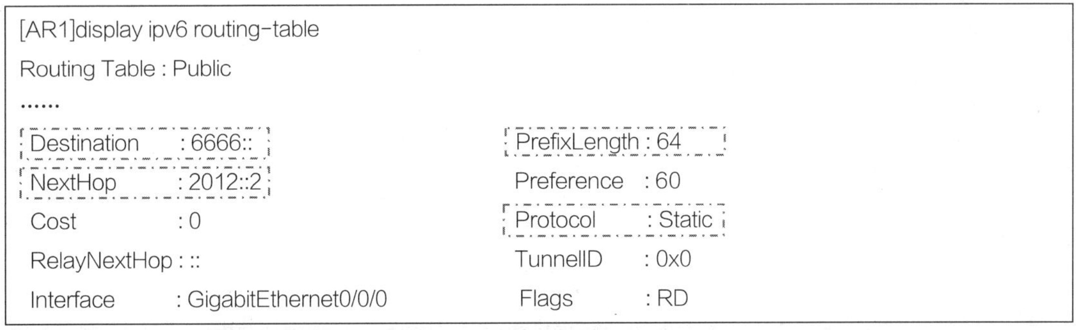

```
[AR1]display ipv6 routing-table
Routing Table : Public
......
 Destination    : 6666::                    PrefixLength : 64
 NextHop        : 2012::2                   Preference   : 60
 Cost           : 0                         Protocol     : Static
 RelayNextHop : ::                          TunnelID     : 0x0
 Interface      : GigabitEthernet0/0/0      Flags        : RD
```

图 5-7　验证静态路由备份配置情况

（3）通过断开 GE0/0/0 接口线缆，可以模拟链路 GE0/0/0 故障，使用【display ipv6 routing-table】命令查看路由表，可以看到路由表中去往前缀 6666::的静态路由条目的下一跳为 2013::2，该路由作为备份路由，结果如图 5-8 所示。

```
[AR1]display ipv6 routing-table
Routing Table : Public
......
 Destination    : 6666::                    PrefixLength : 64
 NextHop        : 2013::2                   Preference   : 60
 Cost           : 0                         Protocol     : Static
 RelayNextHop : ::                          TunnelID     : 0x0
 Interface      : GigabitEthernet0/0/0      Flags        : RD
```

图 5-8　验证静态路由备份路径切换情况

5.6　默认路由的配置案例

（1）当路由器找不到相关前缀的明细路由时，便会根据默认路由进行数据转发。默认路由也可以由动态路由协议自动生成。IPv6 使用“::0”表示默认路由。

在如图 5-9 所示的默认路由拓扑中，为 AR1 配置默认路由。

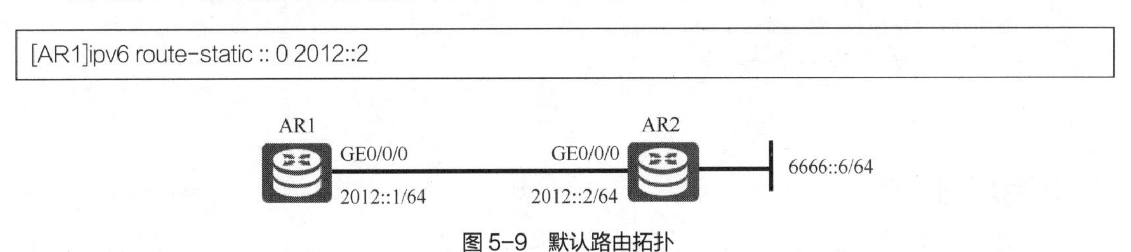

```
[AR1]ipv6 route-static :: 0 2012::2
```


图 5-9　默认路由拓扑

（2）使用【display ipv6 routing-table】命令查看路由表，可以看到路由表已生成默认路由，且下一跳为 2012::2，结果如图 5-10 所示。

```
[AR1]display ipv6  routing-table
Routing Table  :  Public
        Destinations : 5            Routes : 5
 Destination      : ::                            PrefixLength : 0
 NextHop          : 2012::2                       Preference   : 60
 Cost             : 0                             Protocol     : Static
 RelayNextHop : ::                                TunnelID     : 0x0
 Interface        : GigabitEthernet0/0/0          Flags        : RD
```

图 5-10　验证默认路由配置情况

项目规划设计

项目拓扑

本项目中，使用 3 台 PC、2 台交换机和 1 台路由器 R1 搭建项目拓扑，如图 5-11 所示。其中 PC1 是管理部员工的 PC，PC2 是财务部员工的 PC，PC3 是设计部员工的 PC。交换机 SW1 连接管理部、财务部 PC，作为两个部门 PC 的网关；交换机 SW2 连接设计部 PC，作为设计部 PC 的网关。

在总部交换机 SW1、分部 A 交换机 SW2 和园区网路由器 R1 上配置路由，实现各部门 PC 互通。

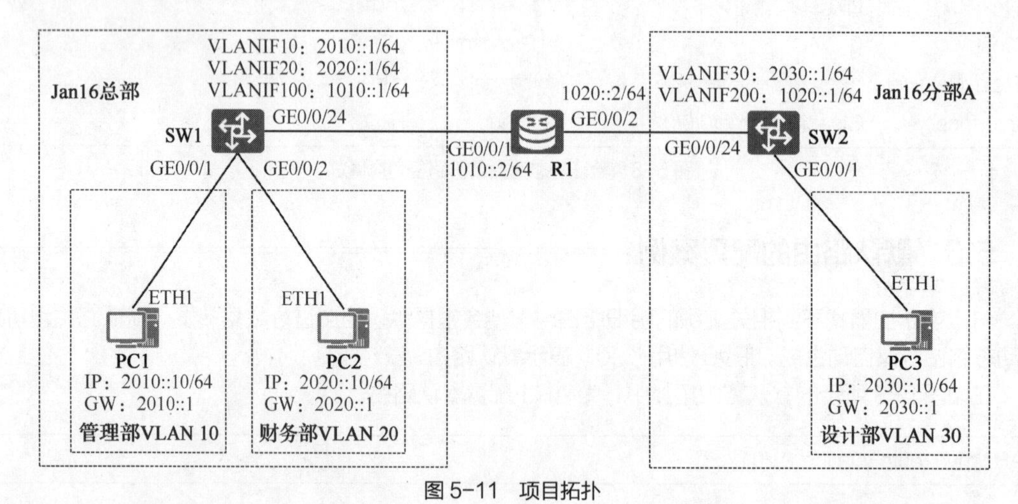

图 5-11　项目拓扑

项目规划

根据图 5-11 所示的项目拓扑进行业务规划，相应的 VLAN 规划、端口互联规划、IP 地址规划如表 5-1～表 5-3 所示。

表 5-1　VLAN 规划

VLAN	IP 地址段	用途
VLAN 10	2010::/64	管理部
VLAN 20	2020::/64	财务部
VLAN 30	2030::/64	设计部
VLAN 100	1010::/64	交换机 SW1 与路由器 R1 互联网段
VLAN 200	1020::/64	交换机 SW2 与路由器 R1 互联网段

表 5-2　端口互联规划

本端设备	本端接口	端口链路类型	对端设备	对端接口
PC1	ETH1	N/A	SW1	GE0/0/1
PC2	ETH1	N/A	SW1	GE0/0/2
SW1	GE0/0/1	Access	PC1	ETH1
	GE0/0/2	Access	PC2	ETH1
	GE0/0/24	Access	R1	GE0/0/1
SW2	GE0/0/1	Access	PC3	ETH1
	GE0/0/24	Access	R1	GE0/0/2
R1	GE0/0/1	N/A	SW1	GE0/0/24
	GE0/0/2	N/A	SW2	GE0/0/24

表 5-3　IP 地址规划

设备名称	接口	IP 地址	用途
PC1	ETH1	2010::10/64	PC1 地址
PC2	ETH1	2020::10/64	PC2 地址
PC3	ETH1	2030::10/64	PC3 地址
SW1	VLANIF10	2010::1/64	VLAN 10 网关地址
	VLANIF20	2020::1/64	VLAN 20 网关地址
	VLANIF100	1010::1/64	与路由器 R1 互联地址
SW2	VLANIF30	2030::1/64	VLAN 30 网关地址
	VLANIF200	1020::1/64	与路由器 R1 互联地址
R1	GE0/0/1	1010::2/64	与交换机 SW1 互联地址
	GE0/0/2	1020::2/64	与交换机 SW2 互联地址

项目实施

任务 5-1　创建部门 VLAN

任务规划

根据端口互联规划（表 5-2）要求，为 SW1 和 SW2 这两台交换机创建部门 VLAN，然后将对应端口划分到对应 VLAN 中。

V5-1　任务 5-1 创建部门 VLAN

任务实施

1. 为交换机创建 VLAN

（1）为交换机 SW1 创建部门 VLAN 10、VLAN 20 及互联 VLAN 100。

```
<Huawei>system-view                    //进入系统视图
[Huawei]sysname SW1                    //修改设备名称
[SW1]vlan batch 10 20 100              //创建 VLAN 10、VLAN 20、VLAN 100
```

（2）为交换机 SW2 创建部门 VLAN 30 及互联 VLAN 200。

```
<Huawei>system-view                    //进入系统视图
[Huawei]sysname SW2                    //修改设备名称
[SW2]vlan batch 30 200                 //创建 VLAN 30、VLAN 200
```

2. 将交换机端口添加到对应 VLAN 中

（1）为交换机 SW1 划分 VLAN，并将相应端口添加到 VLAN 中。

```
[SW1]interface GigabitEthernet 0/0/1                    //进入端口视图
[SW1-GigabitEthernet0/0/1]port link-type access         //配置链路类型为 Access
[SW1-GigabitEthernet0/0/1]port default vlan 10          //划分端口到 VLAN 10
[SW1-GigabitEthernet0/0/1]quit                          //退出端口视图
[SW1]interface GigabitEthernet0/0/2                     //进入端口视图
[SW1-GigabitEthernet0/0/2]port link-type access         //配置链路类型为 Access
[SW1-GigabitEthernet0/0/2]port default vlan 20          //划分端口到 VLAN 20
[SW1-GigabitEthernet0/0/2]quit                          //退出端口视图
[SW1]interface GigabitEthernet0/0/24                    //进入端口视图
[SW1-GigabitEthernet0/0/24]port link-type access        //配置链路类型为 Access
[SW1-GigabitEthernet0/0/24]port default vlan 100        //划分端口到 VLAN 100
[SW1-GigabitEthernet0/0/24]quit                         //退出端口视图
```

（2）为交换机 SW2 划分 VLAN，并将相应端口添加到 VLAN 中。

```
[SW2]interface GigabitEthernet 0/0/1                    //进入端口视图
[SW2-GigabitEthernet0/0/1]port link-type access         //配置链路类型为 Access
[SW2-GigabitEthernet0/0/1]port default vlan 30          //划分端口到 VLAN 30
[SW2-GigabitEthernet0/0/1]quit                          //退出端口视图
[SW2]interface GigabitEthernet0/0/24                    //进入端口视图
[SW2-GigabitEthernet0/0/24]port link-type access        //配置链路类型为 Access
[SW2-GigabitEthernet0/0/24]port default vlan 200        //划分端口到 VLAN 200
[SW2-GigabitEthernet0/0/24]quit                         //退出端口视图
```

任务验证

（1）在交换机 SW1 上使用【display vlan】命令查看 VLAN 的创建情况，如图 5-12 所示，可以看到 VLAN 10、VLAN 20、VLAN 100 已经创建。

```
[SW1]display vlan
……
--------------------------------------------------------------------------------
VID  Type     Ports
--------------------------------------------------------------------------------
1    common   UT:GE0/0/3(D)    GE0/0/4(D)     GE0/0/5(D)     GE0/0/6(D)
                 GE0/0/7(D)    GE0/0/8(D)     GE0/0/9(D)     GE0/0/10(D)
                 GE0/0/11(D)   GE0/0/12(D)    GE0/0/13(D)    GE0/0/14(D)
                 GE0/0/15(D)   GE0/0/16(D)    GE0/0/17(D)    GE0/0/18(D)
                 GE0/0/19(D)   GE0/0/20(D)    GE0/0/21(D)    GE0/0/22(D)
                 GE0/0/23(D)
10   common   UT:GE0/0/1(U)
20   common   UT:GE0/0/2(U)
100  common   UT:GE0/0/24(U)
--------------------------------------------------------------------------------
```

图 5-12　交换机 SW1 的 VLAN 创建情况

（2）在交换机 SW2 上使用【display vlan】命令查看 VLAN 的创建情况，如图 5-13 所示，可以看到 VLAN 30 及 VLAN 200 已经创建。

```
[SW2]display vlan
……
VID  Type     Ports
--------------------------------------------------------------------------------
--------------------------------------------------------------------------------
1    common   UT:GE0/0/2(D)    GE0/0/3(D)     GE0/0/4(D)     GE0/0/5(D)
                 GE0/0/6(D)    GE0/0/7(D)     GE0/0/8(D)     GE0/0/9(D)
                 GE0/0/10(D)   GE0/0/11(D)    GE0/0/12(D)    GE0/0/13(D)
                 GE0/0/14(D)   GE0/0/15(D)    GE0/0/16(D)    GE0/0/17(D)
                 GE0/0/18(D)   GE0/0/19(D)    GE0/0/20(D)    GE0/0/21(D)
                 GE0/0/22(D)   GE0/0/23(D)
30   common   UT:GE0/0/1(U)
200  common   UT:GE0/0/24(U)
--------------------------------------------------------------------------------
```

图 5-13　交换机 SW2 的 VLAN 创建情况

（3）在交换机 SW1 上使用【display port vlan】命令查看端口配置情况，如图 5-14 所示。

```
[SW1]display port vlan
Port                    Link Type    PVID  Trunk  VLAN  List
--------------------------------------------------------------------------------
......
GigabitEthernet0/0/1    access       10    -
GigabitEthernet0/0/2    access       20    -
......
GigabitEthernet0/0/24   access       100   -
......
```

图 5-14　交换机 SW1 的端口配置情况

（4）在交换机 SW2 上使用【display port vlan】命令查看端口配置情况，如图 5-15 所示。

```
[SW2]display port vlan
Port                    Link Type    PVID  Trunk  VLAN  List
--------------------------------------------------------------------------------
......
GigabitEthernet0/0/1    access       30    -
......
GigabitEthernet0/0/24   access       200   -
......
```

图 5-15　交换机 SW2 的端口配置情况

任务 5-2　配置 PC、交换机、路由器的 IPv6 地址

任务规划

根据 IP 地址规划，为路由器、交换机、PC 配置 IPv6 地址。

V5-2　任务 5-2 配置 PC、交换机、路由器的 IPv6 地址

任务实施

1. 配置各部门 PC 的 IPv6 地址及网关

根据表 5-4 为各部门 PC 配置 IPv6 地址及网关。

表 5-4　各部门 PC 的 IPv6 地址及网关信息

设备名称	IP 地址	网关
PC1	2010::10/64	2010::1
PC2	2020::10/64	2020::1
PC3	2030::10/64	2030::1

图 5-16 所示为管理部 PC1 的 IPv6 地址配置结果，同理完成财务部 PC2 和设计部 PC3 的 IPv6 地址配置。

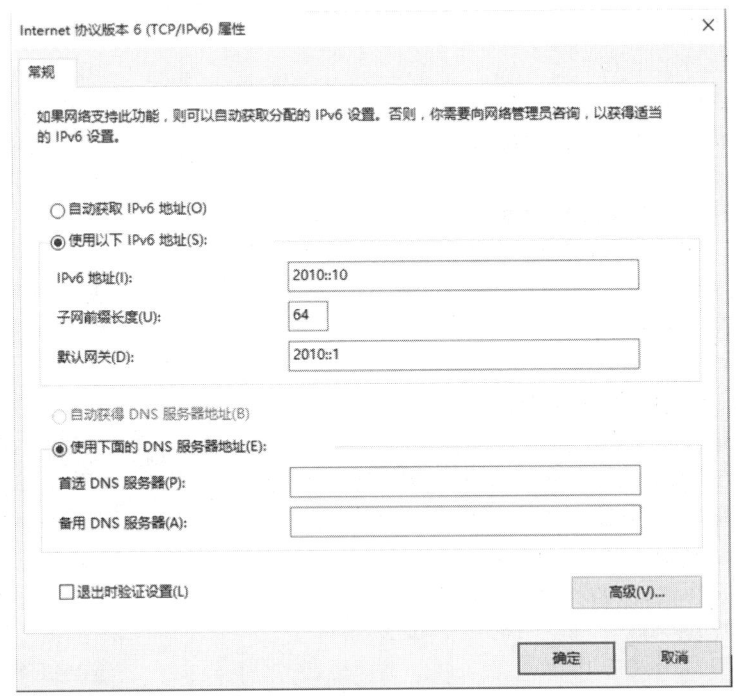

图 5-16　PC1 的 IPv6 地址配置结果

2. 配置交换机 SW1 的 VLANIF 接口 IP 地址

在交换机 SW1 上为两个部门 VLAN 创建 VLANIF 接口并配置 IP 地址，作为两个部门的网关；为互联 VLAN 创建 VLANIF 接口并配置 IP 地址，作为与路由器 R1 互联的地址。

```
[SW1]ipv6                                    //开启全局 IPv6 功能
[SW1]interface vlanif 10                     //创建 VLANIF 接口
[SW1-Vlanif10]ipv6 enable                    //开启接口 IPv6 功能
[SW1-Vlanif10]ipv6 address 2010::1 64        //配置 IPv6 地址
[SW1-Vlanif10]quit                           //退出接口视图
[SW1]interface vlanif 20                     //创建 VLANIF 接口
[SW1-Vlanif20]ipv6 enable                    //开启接口 IPv6 功能
[SW1-Vlanif20]ipv6 address 2020::1 64        //配置 IPv6 地址
[SW1-Vlanif20]quit                           //退出接口视图
[SW1]interface vlanif 100                    //创建 VLANIF 接口
[SW1-Vlanif100]ipv6 enable                   //开启接口 IPv6 功能
[SW1-Vlanif100]ipv6 address 1010::1 64       //配置 IPv6 地址
[SW1-Vlanif100]quit                          //退出接口视图
```

3. 配置交换机 SW2 的 VLANIF 接口 IP 地址

在交换机SW2上为部门VLAN创建VLANIF接口并配置IP地址，作为部门的网关；为互联VLAN创建 VLANIF 接口并配置 IP 地址，作为与路由器 R1 互联的地址。

```
[SW2]ipv6                                    //开启全局 IPv6 功能
[SW2]interface vlanif 30                     //创建 VLANIF 接口
[SW2-Vlanif30]ipv6 enable                    //开启接口 IPv6 功能
[SW2-Vlanif30]ipv6 address 2030::1 64        //配置 IPv6 地址
```

```
[SW2-Vlanif30]quit                                   //退出接口视图
[SW2]interface vlanif 200                            //创建 VLANIF 接口
[SW2-Vlanif200]ipv6 enable                           //开启接口 IPv6 功能
[SW2-Vlanif200]ipv6 address 1020::1 64               //配置 IPv6 地址
[SW2-Vlanif200]quit                                  //退出接口视图
```

4. 配置路由器 R1 的接口 IP 地址

在路由器 R1 上为两个接口配置 IP 地址，作为与交换机 SW1、交换机 SW2 互联的地址。

```
<Huawei>system-view                                  //进入系统视图
[Huawei]sysname R1                                   //修改设备名称
[R1]ipv6                                             //开启全局 IPv6 功能
[R1]interface GigabitEthernet 0/0/1                  //进入接口视图
[R1-GigabitEthernet0/0/1]ipv6 enable                 //开启接口 IPv6 功能
[R1-GigabitEthernet0/0/1]ipv6 address 1010::2 64     //配置 IPv6 地址
[R1-GigabitEthernet0/0/1]quit                        //退出接口视图
[R1]interface GigabitEthernet 0/0/2                  //进入接口视图
[R1-GigabitEthernet0/0/2]ipv6 enable                 //开启接口 IPv6 功能
[R1-GigabitEthernet0/0/2]ipv6 address 1020::2 64     //配置 IPv6 地址
[R1-GigabitEthernet0/0/1]quit                        //退出接口视图
```

任务验证

（1）在交换机 SW1 上使用【display ipv6 interface brief】命令查看 IPv6 地址配置情况，如图 5-17 所示。

```
[SW1]display ipv6  interface brief
......
Interface                 Physical          Protocol
Vlanif10                  up                up
[IPv6 Address] 2010::1
Vlanif20                  up                up
[IPv6 Address] 2020::1
Vlanif100                 up                up
[IPv6 Address] 1010::1
......
```

图 5-17 交换机 SW1 的 IPv6 地址配置情况

（2）在交换机 SW2 上使用【display ipv6 interface brief】命令查看 IPv6 地址配置情况，如图 5-18 所示。

```
[SW2]display ipv6 interface brief
......
Interface                 Physical          Protocol
Vlanif30                  up                up
[IPv6 Address] 2030::1
Vlanif200                 up                up
[IPv6 Address] 1020::1
......
```

图 5-18 交换机 SW2 的 IPv6 地址配置情况

（3）在路由器 R1 上使用【display ipv6 interface brief】命令查看 IPv6 地址配置情况，如图 5-19 所示。

```
[R1]display ipv6 interface brief
……
Interface                 Physical          Protocol
GigabitEthernet0/0/1      up                up
[IPv6 Address] 1010::2
GigabitEthernet0/0/2      up                up
[IPv6 Address] 1020::2
……
```

图 5-19　路由器 R1 的 IPv6 地址配置情况

任务 5-3　配置交换机和路由器的静态路由

任务规划

在总部交换机 SW1 上配置通往园区及分部 A 的默认路由。在分部 A 交换机 SW2 上配置通往园区及总部的默认路由。在园区网路由器上配置到达 Jan16 公司的明细静态路由。

V5-3　任务 5-3 配置交换机和路由器的静态路由

任务实施

1. 配置交换机 SW1 的默认路由

为总部交换机 SW1 配置默认路由，目标前缀为“:: 0”，下一跳为园区网路由“1010::2”。

```
[SW1]ipv6 route-static :: 0 1010::2                    //配置默认路由
```

2. 配置交换机 SW2 的默认路由

为分部 A 交换机 SW2 配置默认路由，目标前缀为“:: 0”，下一跳为园区网路由“1020::2”。

```
[SW2]ipv6 route-static :: 0 1020::2                    //配置默认路由
```

3. 配置路由器 R1 的静态路由

（1）为园区网路由器 R1 配置静态路由，目标前缀为 Jan16 公司管理部网段“2010::64”，下一跳为园区网路由“1010::1”。

```
[R1]ipv6 route-static 2010:: 64 1010::1                //配置静态路由
```

（2）为园区网路由器 R1 配置静态路由，目标前缀为 Jan16 公司财务部网段“2020::64”，下一跳为园区网路由“1010::1”。

```
[R1]ipv6 route-static 2020:: 64 1010::1                //配置静态路由
```

（3）为园区网路由器 R1 配置静态路由，目标前缀为 Jan16 公司设计部网段“2030::64”，下一跳为园区网路由“1020::1”。

```
[R1]ipv6 route-static 2030:: 64 1020::1                //配置静态路由
```

任务验证

（1）在交换机 SW1 上使用【display ipv6 routing-table】命令查看静态路由配置情况，如图 5-20 所示。

```
[SW1]display ipv6 routing-table
......
Destination    : ::                    PrefixLength  : 0
 NextHop       : 1010::2               Preference    : 60
 Cost          : 0                     Protocol      : Static
 RelayNextHop  : ::                    TunnelID      : 0x0
 Interface     : Vlanif100             Flags         : RD
......
```

图 5-20　交换机 SW1 的静态路由配置情况

（2）在交换机 SW2 上使用【display ipv6 routing-table】命令查看默认路由配置情况，如图 5-21 所示。

```
[SW2]display ipv6 routing-table
......
 Destination   : ::                    PrefixLength  : 0
 NextHop       : 1020::2               Preference    : 60
 Cost          : 0                     Protocol      : Static
 RelayNextHop  : ::                    TunnelID      : 0x0
 Interface     : Vlanif200             Flags         : RD
......
```

图 5-21　交换机 SW2 的静态路由配置情况

（3）在路由器 R1 上使用【display ipv6 routing-table】命令查看静态路由配置情况，如图 5-22 所示。

```
[R1]display ipv6 routing-table
......
 Destination   : 2010::                PrefixLength : 64
 NextHop       : 1010::1               Preference   : 60
 Cost          : 0                     Protocol     : Static
 RelayNextHop  : ::                    TunnelID     : 0x0
 Interface     : GigabitEthernet0/0/1  Flags        : RD

 Destination   : 2020::                PrefixLength : 64
 NextHop       : 1010::1               Preference   : 60
 Cost          : 0                     Protocol     : Static
 RelayNextHop  : ::                    TunnelID     : 0x0
 Interface     : GigabitEthernet0/0/1  Flags        : RD

 Destination   : 2030::                PrefixLength : 64
 NextHop       : 1020::1               Preference   : 60
 Cost          : 0                     Protocol     : Static
 RelayNextHop  : ::                    TunnelID     : 0x0
 Interface     : GigabitEthernet0/0/2  Flags        : RD
......
```

图 5-22　路由器 R1 的静态路由配置情况

项目验证

V5-4 项目验证

（1）使用【ping】命令可以进行网络连通性测试。在 PC1 的命令提示符窗口中输入命令【ping 2020::10】测试 PC1 与 PC2 之间 IPv6 网络的连通性，如图 5-23 所示。PC1 和 PC2 可以正常通信。

```
C:\Users\admin>ping 2020::10

正在 ping 2020::10 具有 32 字节的数据:
来自 2020::10 的回复: 时间<1ms
来自 2020::10 的回复: 时间=2ms
来自 2020::10 的回复: 时间=1ms
来自 2020::10 的回复: 时间=1ms

2020::10 的 ping 统计信息:
    数据报: 已发送 = 4，已接收 = 4，丢失 = 0 (0% 丢失)，
往返行程的估计时间（以毫秒为单位）:
    最短 = 0ms，最长 = 2ms，平均 = 1ms
```

图 5-23 PC1 与 PC2 的连通性测试

（2）使用【ping】命令可以进行网络连通性测试。在 PC1 的命令提示符窗口中输入命令【ping 2030::10】测试 PC1 与 PC3 之间 IPv6 网络的连通性，如图 5-24 所示。PC1 和 PC3 可以正常通信。

```
C:\Users\admin>ping 2030::10

正在 ping 2030::10 具有 32 字节的数据:
来自 2030::10 的回复: 时间=5ms
来自 2030::10 的回复: 时间=1ms
来自 2030::10 的回复: 时间=1ms
来自 2030::10 的回复: 时间=1ms

2030::10 的 ping 统计信息:
    数据报: 已发送 = 4，已接收 = 4，丢失 = 0 (0% 丢失)，
往返行程的估计时间（以毫秒为单位）:
    最短 = 1ms，最长 = 5ms，平均 = 2ms
```

图 5-24 PC1 与 PC3 的连通性测试

练习与思考

理论题

（1）以下选项中，属于配置静态路由时的非必须配置参数的是（　　）。

A．目的地址　　B．前缀　　C．下一跳　　D．优先级

（2）以下关于静态路由命令【ipv6 route-static 2010:: 64 2020::1】的描述，错误的是（　　）。

A．2010::是目标网段的前缀

B．2020::1 是目标 IPv6 地址

C．目标网段的前缀长度为 64

D．配置该静态路由，可提供对目标地址 2010::1 的访问

（3）以下选项中，属于静态路由支持的功能的有（　　）。（多选）

A．负载分担　　B．路由策略　　C．路由备份　　D．策略路由

（4）以下对静态路由的描述，正确的有（　　）。（多选）

A．一旦网络发生变化，静态路由表不会更新

B．静态路由需由网络管理员手动配置

C．静态路由出厂时已经配置好了

D．静态路由可根据链路带宽计算开销

（5）静态路由的路由备份功能是通过调整路由优先级来实现的。（　　）（判断）

项目实训题

1. 项目背景与要求

Jan16 公司网络由 Jan16 总部和 Jan16 分部 A 组成，现需要配置静态路由使总部与分部 A 之间能够互相通信。实践拓扑如图 5-25 所示。具体要求如下。

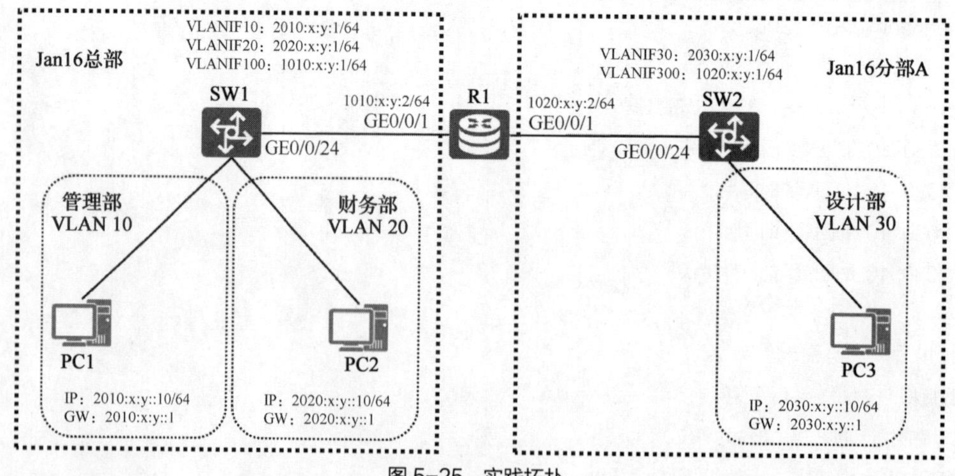

图 5-25　实践拓扑

（1）为总部与分部 A 的交换机创建部门 VLAN 和通信 VLAN 并在交换机上划分 VLAN。

（2）根据实践拓扑，为网络设备配置 IPv6 地址（x 为部门，y 为工号）。

（3）在交换机 SW1 上配置指向设计部的明细静态路由，下一跳为路由器 R1。

（4）在交换机 SW2 上配置默认静态路由，下一跳为路由器 R1。
（5）在路由器 R1 上配置通往总部与分部 A 的明细路由。

2. 实践业务规划

根据以上实践拓扑和需求，参考本项目的项目规划完成表 5-5～表 5-7 内容的规划。

表 5-5　VLAN 规划

VLAN	IP 地址段	用途

表 5-6　端口互联规划

本端设备	本端接口	端口链路类型	对端设备	对端接口

表 5-7　IP 地址规划

设备名称	接口	IP 地址	用途

3. 实践要求

完成实验后，请截取以下实验验证结果图。
（1）在交换机 SW1 上使用【display ipv6 routing-table】命令，查看路由表。
（2）在交换机 SW2 上使用【display ipv6 routing-table】命令，查看路由表。
（3）在路由器 R1 上使用【display ipv6 routing-table】命令，查看路由表。
（4）管理部 PC1 ping 财务部 PC2，查看部门间网络的连通性。
（5）管理部 PC1 ping 设计部 PC3，查看部门间网络的连通性。

项目6 基于RIPng的园区网络互联

06

项目描述

Jan16 公司计划对公司网络进行升级，使用动态路由 RIPng 实现公司网络的互通互联，公司网络拓扑如图 6-1 所示，具体要求如下。

（1）公司网络中有 2 台三层交换机、2 台二层交换机、1 台核心路由器和 1 台 FTP 服务器。三层交换机作为汇聚层交换机、二层交换机作为接入层交换机，用于连接各部门 PC；核心路由器作为公司网络的核心，FTP（File Transfer Protocol，文件传输协议）服务器直接连接在核心路由器上。

（2）配置动态路由 RIPng 实现全网互联互通。

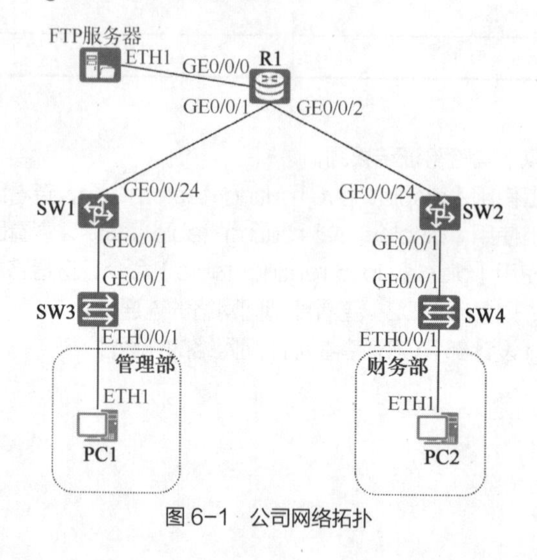

图 6-1　公司网络拓扑

项目需求分析

Jan16 公司现有管理部、财务部 2 个部门。需要将各部门划分至相应的 VLAN，并在公司的汇聚层交换机与核心路由器上配置动态路由协议 RIPng，实现各部门之间网络的互联互通，并能正常访问公司 FTP 服务器。

因此，本项目可以通过执行以下工作任务来完成。

（1）创建部门 VLAN，实现各部门网络划分。

（2）配置交换机互联端口，实现 PC 与网关交换机的通信。
（3）配置 PC、FTP 服务器、交换机、路由器的 IPv6 地址，实现基础 IP 地址的配置。
（4）配置动态路由 RIPng，实现全网互联互通。

项目相关知识

6.1 RIPng 概述

静态路由虽然配置简单，可以解决网络通信过程中的路由问题，但是不使用任何算法、不交互协议报文，当网络拓扑发生变更的时候，静态路由无法通过自动感知路由的变化来更新路由表，需要网络管理员手动进行修改。尤其当网络中存在较多路由时，使用静态路由会使网络的配置与管理非常困难。

RIPng 是为 IPv6 网络设计的下一代距离矢量路由协议，是一种动态路由协议，其工作机制与 IPv4 的 RIPv2（Routing Information Protocol version 2，路由信息协议第 2 版）基本一致。

6.2 RIPng 工作机制

RIPng 是一种距离矢量路由协议，使用跳数作为路由的开销计算方式，RIPng 工作机制如图 6-2 所示，在路由传输过程中，每经过一台路由器，路由的跳数增加 1，跳数越多，路径就越长，路由算法会优先选择跳数少的路径。最大跳数为 15，跳数为 16 的网络消息被认为不可达。

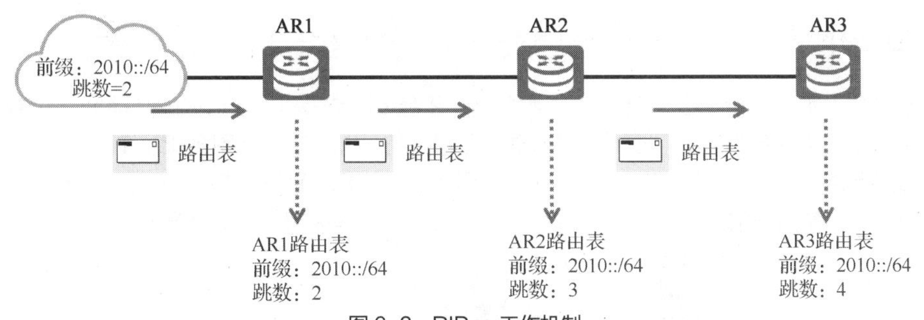

图 6-2　RIPng 工作机制

（1）RIPng 路由器加入网络之后首先向网络中发送路由更新请求，收到路由更新请求的路由器会发送自己的路由表作为响应。

（2）RIPng 稳定之后，路由器会周期性发送路由更新请求，默认间隔 30 秒。

6.3 RIPng 与 RIP 的最主要区别

（1）如图 6-3 所示，RIPng 使用了 IPv6 组播地址 FF02::9 作为目的地址来传送路由更新报文，而 RIPv2 使用的是组播地址 224.0.0.9。

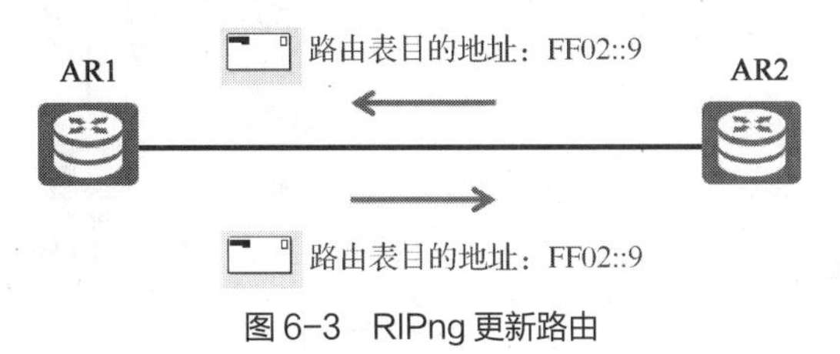

图 6-3　RIPng 更新路由

（2）IPv4 路由协议一般采用公网或私网单播地址作为路由条目的下一跳地址；而 IPv6 路由协议通常采用链路本地地址作为路由条目的下一跳地址（IPv6 允许同一接口下配置多个 IPv6 地址，如果使用单播地址作为下一跳地址，可能会出现同一链路上一个 IPv6 前缀对应多个下一跳地址的问题，使用链路本地地址作为下一跳地址可以避免这一问题）。如图 6-4 所示，路由器 AR2 从路由器 AR1 学习到了关于前缀 2020::/64 的路由，当 AR2 ping 目的地址 2020::100 时，查找路由表，下一跳为路由器 AR1 接口的链路本地地址 fe80::fe03:e24f。

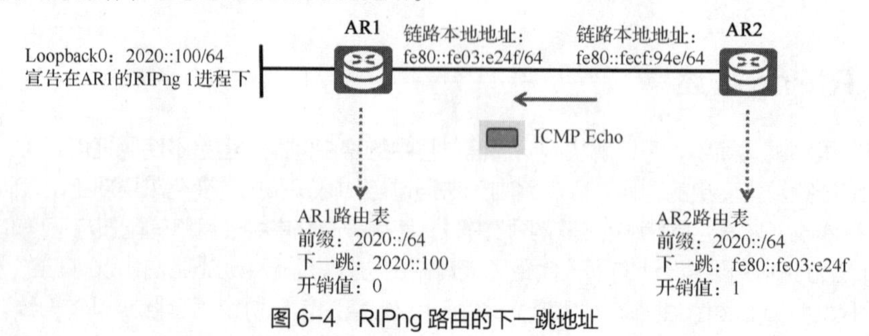

图 6-4 RIPng 路由的下一跳地址

（3）RIPng 与 RIPv2 均是基于传输层协议 UDP 的，RIPng 使用 UDP 端口号 521，RIPv2 使用 UDP 端口号 520。

项目规划设计

项目拓扑

本项目中，使用 2 台 PC、1 台 FTP 服务器、2 台二层交换机、2 台三层交换机、1 台路由器来搭建项目拓扑，如图 6-5 所示。其中 PC1 是管理部员工 PC，PC2 是财务部员工 PC，FTP 服务器为公司员工提供共享资料，SW3、SW4 作为部门接入交换机分别连接各部门 PC，SW1、SW2 是汇聚层交换机，作为各部门的网关；R1 作为核心层路由器，连接 FTP 服务器。

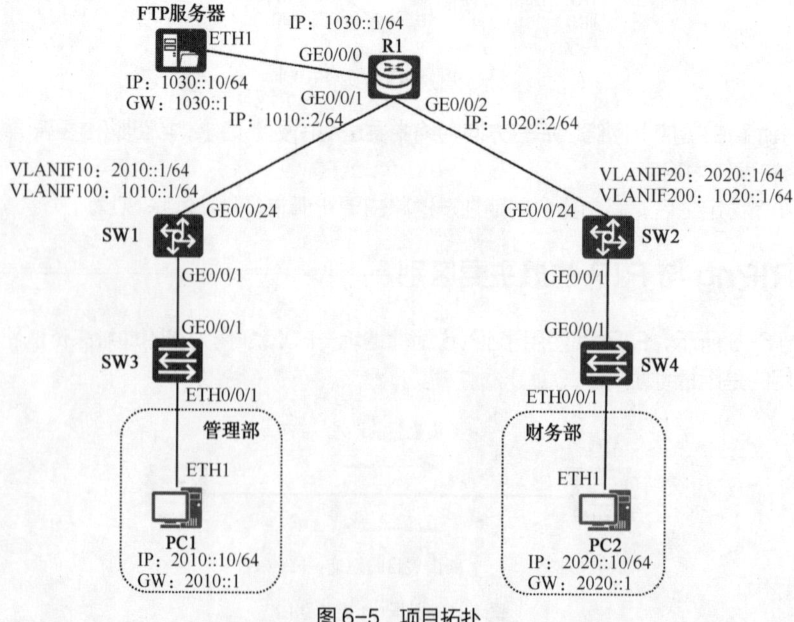

图 6-5 项目拓扑

项目规划

根据图 6-5 所示的项目拓扑进行业务规划，相应的 VLAN 规划、端口互联规划、IP 地址规划如表 6-1～表 6-3 所示。

表 6-1 VLAN 规划

VLAN	IP 地址段	用途
VLAN 10	2010::/64	管理部
VLAN 20	2020::/64	财务部
VLAN 100	1010::/64	交换机 SW1 与路由器 R1 互联网段
VLAN 200	1020::/64	交换机 SW2 与路由器 R1 互联网段

表 6-2 端口互联规划

本端设备	本端接口	端口链路类型	对端设备	对端接口
PC1	ETH1	N/A	SW3	ETH0/0/1
PC2	ETH1	N/A	SW4	ETH0/0/1
FTP 服务器	ETH1	N/A	R1	GE0/0/0
SW1	GE0/0/1	Trunk	SW3	GE0/0/1
	GE0/0/24	Access	R1	GE0/0/1
SW2	GE0/0/1	Trunk	SW4	GE0/0/1
	GE0/0/24	Access	R1	GE0/0/2
SW3	GE0/0/1	Trunk	SW1	GE0/0/1
	ETH0/0/1	Access	PC1	ETH1
SW4	GE0/0/1	Trunk	SW2	GE0/0/1
	ETH0/0/1	Access	PC2	ETH1
R1	GE0/0/0	N/A	FTP 服务器	ETH1
	GE0/0/1	N/A	SW2	GE0/0/24
	GE0/0/2	N/A	SW2	GE0/0/24

表 6-3 IP 地址规划

设备名称	接口	IP 地址	用途
PC1	ETH1	2010::10/64	PC1 地址
PC2	ETH1	2020::10/64	PC2 地址
FTP 服务器	ETH1	1030::10/64	FTP 服务器
SW1	VLANIF10	2010::1/64	VLAN 10 网关地址
	VLANIF100	1010::1/64	与路由器 R1 互联地址
SW2	VLANIF20	2020::1/64	VLAN 20 网关地址
	VLANIF200	1020::1/64	与路由器 R1 互联地址
R1	GE0/0/0	1030::1/64	FTP 服务器网关
	GE0/0/1	1010::2/64	与交换机 SW1 互联地址
	GE0/0/2	1020::2/64	与交换机 SW2 互联地址

项目实施

任务 6-1 配置部门 VLAN

任务规划

根据端口互联规划（表 6-2）要求，为 4 台交换机创建部门 VLAN，然后将对应端口划分到 VLAN 中。

V6-1 任务 6-1 配置部门 VLAN

任务实施

1. 为交换机创建 VLAN

（1）为交换机 SW1 创建部门 VLAN 10 及互联 VLAN 100。

```
<Huawei>system-view                                  //进入系统视图
[Huawei]sysname SW1                                  //修改设备名称
[SW1]vlan batch 10 100                               //创建 VLAN 10、VLAN 100
```

（2）为交换机 SW2 创建部门 VLAN 20 及互联 VLAN 200。

```
<Huawei>system-view                                  //进入系统视图
[Huawei]sysname SW2                                  //修改设备名称
[SW2]vlan batch 20 200                               //创建 VLAN 20、VLAN 200
```

（3）为交换机 SW3 创建部门 VLAN 10。

```
<Huawei>system-view                                  //进入系统视图
[Huawei]sysname SW3                                  //修改设备名称
[SW3]vlan 10                                         //创建 VLAN 10
```

（4）为交换机 SW4 创建部门 VLAN 20。

```
<Huawei>system-view                                  //进入系统视图
[Huawei]sysname SW4                                  //修改设备名称
[SW4]vlan 20                                         //创建 VLAN 20
```

2. 将交换机端口添加到对应 VLAN 中

（1）为交换机 SW1 划分 VLAN，并将对应端口添加到 VLAN 中。

```
[SW1]interface GigabitEthernet0/0/24                 //进入端口视图
[SW1-GigabitEthernet0/0/24]port link-type access     //配置链路类型为 Access
[SW1-GigabitEthernet0/0/24]port default vlan 100     //划分端口到 VLAN 100
[SW1-GigabitEthernet0/0/24]quit                      //退出端口视图
```

（2）为交换机 SW2 划分 VLAN，并将对应端口添加到 VLAN 中。

```
[SW2]interface GigabitEthernet 0/0/24                //进入端口视图
[SW2-GigabitEthernet0/0/24]port link-type access     //配置链路类型为 Access
[SW2-GigabitEthernet0/0/24]port default vlan 200     //划分端口到 VLAN 200
[SW2-GigabitEthernet0/0/24]quit                      //退出端口视图
```

（3）为交换机 SW3 划分 VLAN，并将对应端口添加到 VLAN 中。

```
[SW3]interface Ethernet0/0/1                         //进入端口视图
[SW3-interface Ethernet0/0/1]port link-type access   //配置链路类型为 Access
[SW3-interface Ethernet0/0/1]port default vlan 10    //划分端口到 VLAN 10
```

```
[SW3-interface Ethernet0/0/1]quit                        //退出端口视图
```

（4）为交换机 SW4 划分 VLAN，并将对应端口添加到 VLAN 中。

```
[SW4]interface Ethernet0/0/1                             //进入端口视图
[SW4-interface Ethernet0/0/1]port link-type access       //配置链路类型为 Access
[SW4-interface Ethernet0/0/1]port default vlan 20        //划分端口到 VLAN 20
[SW4-interface Ethernet0/0/1]quit                        //退出端口视图
```

任务验证

（1）在交换机 SW1 上使用【display vlan】命令查看 VLAN 创建情况，如图 6-6 所示，可以看到 VLAN 10、VLAN 100 已经创建。

```
[SW1]display vlan
--------------------------------------------------------------------------------
VID  Type     Ports
--------------------------------------------------------------------------------
1    common   UT:GE0/0/1(U)    GE0/0/2(D)     GE0/0/3(D)     GE0/0/4(D)
                 GE0/0/5(D)    GE0/0/6(D)     GE0/0/7(D)     GE0/0/8(D)
                 GE0/0/9(D)    GE0/0/10(D)    GE0/0/11(D)    GE0/0/12(D)
                 GE0/0/13(D)   GE0/0/14(D)    GE0/0/15(D)    GE0/0/16(D)
                 GE0/0/17(D)   GE0/0/18(D)    GE0/0/19(D)    GE0/0/20(D)
                 GE0/0/21(D)   GE0/0/22(D)    GE0/0/23(D)
10   common
100  common   UT:GE0/0/24(U)
--------------------------------------------------------------------------------
```

图 6-6　交换机 SW1 的 VLAN 创建情况

（2）在交换机 SW2 上使用【display vlan】命令查看 VLAN 创建情况，如图 6-7 所示，可以看到 VLAN 20、VLAN 200 已经创建。

```
[SW2]display vlan
......
--------------------------------------------------------------------------------
VID  Type     Ports
--------------------------------------------------------------------------------
1    common   UT:GE0/0/1(U)    GE0/0/2(D)     GE0/0/3(D)     GE0/0/4(D)
                 GE0/0/5(D)    GE0/0/6(D)     GE0/0/7(D)     GE0/0/8(D)
                 GE0/0/9(D)    GE0/0/10(D)    GE0/0/11(D)    GE0/0/12(D)
                 GE0/0/13(D)   GE0/0/14(D)    GE0/0/15(D)    GE0/0/16(D)
                 GE0/0/17(D)   GE0/0/18(D)    GE0/0/19(D)    GE0/0/20(D)
                 GE0/0/21(D)   GE0/0/22(D)    GE0/0/23(D)
20   common
200  common   UT:GE0/0/24(U)
......
--------------------------------------------------------------------------------
```

图 6-7　交换机 SW2 的 VLAN 创建情况

（3）在交换机 SW3 上使用【display vlan】命令查看 VLAN 创建情况，如图 6-8 所示，可以看到 VLAN 10 已经创建。

```
[SW3]display vlan
......
1     common   UT:ETH0/0/2(D)     ETH0/0/3(D)     ETH0/0/4(D)     ETH0/0/5(D)
                  ETH0/0/6(D)     ETH0/0/7(D)     ETH0/0/8(D)     ETH0/0/9(D)
                  ETH0/0/10(D)    ETH0/0/11(D)    ETH0/0/12(D)    ETH0/0/13(D)
                  ETH0/0/14(D)    ETH0/0/15(D)    ETH0/0/16(D)    ETH0/0/17(D)
                  ETH0/0/18(D)    ETH0/0/19(D)    ETH0/0/20(D)    ETH0/0/21(D)
                  ETH0/0/22(D)    GE0/0/1(U)      GE0/0/2(D)
10    common   UT:ETH 0/0/1(U)
......
--------------------------------------------------------------------------------
```

图 6-8 交换机 SW3 的 VLAN 创建情况

（4）在交换机 SW4 上使用【display vlan】命令查看 VLAN 创建情况，如图 6-9 所示，可以看到 VLAN 20 已经创建。

```
[SW4]display vlan
1     common   UT:ETH0/0/2(D)     ETH0/0/3(D)     ETH0/0/4(D)     ETH0/0/5(D)
                  ETH0/0/6(D)     ETH0/0/7(D)     ETH0/0/8(D)     ETH0/0/9(D)
                  ETH0/0/10(D)    ETH0/0/11(D)    ETH0/0/12(D)    ETH0/0/13(D)
                  ETH0/0/14(D)    ETH0/0/15(D)    ETH0/0/16(D)    ETH0/0/17(D)
                  ETH0/0/18(D)    ETH0/0/19(D)    ETH0/0/20(D)    ETH0/0/21(D)
                  ETH0/0/22(D)    GE0/0/1(U)      GE0/0/2(D)
20    common   UT:ETH0/0/1(U)
--------------------------------------------------------------------------------
```

图 6-9 交换机 SW4 的 VLAN 创建情况

（5）在交换机 SW1 上使用【display port vlan】命令查看交换机 SW1 的端口配置情况，如图 6-10 所示。

```
[SW1]display port vlan
Port                      Link Type    PVID   Trunk VLAN List
--------------------------------------------------------------------------------
......
GigabitEthernet0/0/24     access       100    -
--------------------------------------------------------------------------------
```

图 6-10 交换机 SW1 的端口配置情况

（6）在交换机 SW2 上使用【display port vlan】命令查看交换机 SW2 的端口配置情况，如图 6-11 所示。

```
[SW2]display port vlan
Port                      Link Type    PVID   Trunk VLAN List
--------------------------------------------------------------------------------
GigabitEthernet0/0/24     access       200    -
--------------------------------------------------------------------------------
```

图 6-11 交换机 SW2 的端口配置情况

（7）在交换机 SW3 上使用【display port vlan】命令查看交换机 SW3 的端口配置情况，如图 6-12 所示。

```
[SW3]display port vlan
Port                 Link Type    PVID  Trunk VLAN List
---------------------------------------------------------------------------
Ethernet0/0/1        access       10    -
......
---------------------------------------------------------------------------
```

图 6-12 交换机 SW3 端口配置情况

（8）在交换机 SW4 上使用【display port vlan】命令查看交换机 SW4 的端口配置情况，如图 6-13 所示。

```
[SW4]display port vlan
Port                 Link Type    PVID  Trunk VLAN List
---------------------------------------------------------------------------
Ethernet0/0/1        access       20    -
......
---------------------------------------------------------------------------
```

图 6-13 交换机 SW4 端口配置情况

任务 6-2 配置交换机互联端口

任务规划

根据项目拓扑、规划，交换机 SW1 与交换机 SW3 互联端口之间的链路需要转发 VLAN 10 的流量，交换机 SW2 与交换机 SW4 互联端口之间的链路需要转发 VLAN 20 的流量，因此需要将这些链路配置为 Trunk 链路，并配置 Trunk 链路的 VLAN 允许列表。

V6-2 任务 6-2 配置交换机互联端口

任务实施

1. 为交换机 SW1 配置互联端口

在交换机 SW1 上配置互联端口的链路类型为 Trunk 链路，并为相关 VLAN 配置允许列表。

```
[SW1]interface GigabitEthernet 0/0/1                       //进入端口视图
[SW1-GigabitEthernet0/0/1]port link-type trunk             //配置链路类型为 Trunk
[SW1-GigabitEthernet0/0/1]port trunk allow-pass vlan 10    //配置允许列表，允许 VLAN 10 通过
[SW1-GigabitEthernet0/0/1]quit                             //退出端口视图
```

2. 为交换机 SW2 配置互联端口

在交换机 SW2 上配置互联端口的链路类型为 Trunk 链路，并为相关 VLAN 配置允许列表。

```
[SW2]interface GigabitEthernet 0/0/1                       //进入端口视图
[SW2-GigabitEthernet0/0/1]port link-type trunk             //配置链路类型为 Trunk
[SW2-GigabitEthernet0/0/1]port trunk allow-pass vlan 20    //配置允许列表，允许 VLAN 20 通过
[SW2-GigabitEthernet0/0/1]quit                             //退出端口视图
```

3. 为交换机 SW3 配置互联端口

在交换机 SW3 上配置互联端口的链路类型为 Trunk 链路，并为相关 VLAN 配置允许列表。

```
[SW3]interface GigabitEthernet 0/0/1                          //进入端口视图
[SW3-GigabitEthernet0/0/1]port link-type trunk                //配置链路类型为 Trunk
[SW3-GigabitEthernet0/0/1]port trunk allow-pass vlan 10       //配置允许列表，允许 VLAN 10 通过
[SW3-GigabitEthernet0/0/1]quit                                //退出端口视图
```

4. 为交换机 SW4 配置互联端口

在交换机 SW4 上配置互联端口的链路类型为 Trunk 链路，并为相关 VLAN 配置允许列表。

```
[SW4]interface GigabitEthernet 0/0/1                          //进入端口视图
[SW4-GigabitEthernet0/0/1]port link-type trunk                //配置链路类型为 Trunk
[SW4-GigabitEthernet0/0/1]port trunk allow-pass vlan 20       //配置允许列表，允许 VLAN 20 通过
[SW4-GigabitEthernet0/0/1]quit                                //退出端口视图
```

任务验证

（1）在交换机 SW1 上使用【display port vlan】命令查看端口配置情况，如图 6-14 所示。

```
[SW1]display port vlan
Port                    Link Type    PVID  Trunk VLAN List
-------------------------------------------------------------------------------
GigabitEthernet0/0/1    trunk        1     1   10
-------------------------------------------------------------------------------
```

图 6-14　交换机 SW1 的端口配置情况

（2）在交换机 SW2 上使用【display port vlan】命令查看端口配置情况，如图 6-15 所示。

```
[SW2]display port vlan
Port                    Link Type    PVID  Trunk VLAN List
-------------------------------------------------------------------------------
GigabitEthernet0/0/1    trunk        1     1   20
-------------------------------------------------------------------------------
```

图 6-15　交换机 SW2 的端口配置情况

（3）在交换机 SW3 上使用【display port vlan】命令查看端口配置情况，如图 6-16 所示。

```
[SW3]display port vlan
Port                    Link Type    PVID  Trunk VLAN List
-------------------------------------------------------------------------------
......
GigabitEthernet0/0/1    trunk        1     1   10
-------------------------------------------------------------------------------
```

图 6-16　交换机 SW3 的端口配置情况

（4）在交换机 SW4 上使用【display port vlan】命令查看端口配置情况，如图 6-17 所示。

```
[SW4]display port vlan
Port                    Link Type    PVID  Trunk VLAN List
-------------------------------------------------------------------------------
......
GigabitEthernet0/0/1    trunk        1     1   20
-------------------------------------------------------------------------------
```

图 6-17　交换机 SW4 的端口配置情况

任务 6-3 配置 IPv6 地址

V6-3 任务 6-3
配置 IPv6 地址

任务规划

根据 IP 地址规划，为路由器、交换机、PC、FTP 服务器配置 IPv6 地址。

任务实施

1. 配置各部门 PC 和 FTP 服务器的 IPv6 地址及网关

根据表 6-4 为各部门 PC 和 FTP 服务器配置 IPv6 地址及网关。

表 6-4 各部门 PC 和 FTP 服务器的 IPv6 地址及网关信息

设备名称	IP 地址	网关
PC1	2010::10/64	2010::1
PC2	2020::10/64	2020::1
FTP 服务器	1030::10/64	1030::1

图 6-18 所示为管理部 PC1 的 IPv6 地址配置结果，同理完成财务部 PC2 与 FTP 服务器的 IPv6 地址配置。

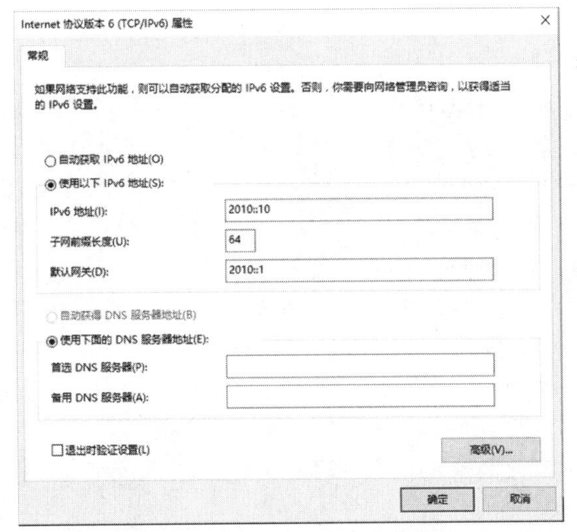

图 6-18 PC1 的 IPv6 地址配置结果

2. 配置交换机 SW1 的 VLANIF 接口 IP 地址

在交换机 SW1 上为部门 VLAN 创建 VLANIF 接口并配置 IP 地址，作为部门的网关；为互联 VLAN 创建 VLANIF 接口并配置 IP 地址，作为与路由器 R1 互联的地址。

```
[SW1]ipv6                                   //全局下开启 IPv6 功能
[SW1]interface vlanif 10                    //创建 VLANIF 接口
[SW1-Vlanif10]ipv6 enable                   //接口下开启 IPv6 功能
[SW1-Vlanif10]ipv6 address 2010::1 64       //配置 IPv6 地址
[SW1-Vlanif10]quit                          //退出接口视图
[SW1]interface vlanif 100                   //创建 VLANIF 接口
[SW1-Vlanif100]ipv6 enable                  //接口下开启 IPv6 功能
```

```
[SW1-Vlanif100]ipv6 address 1010::1 64                    //配置 IPv6 地址
[SW1-Vlanif100]quit                                       //退出接口视图
```

3．配置交换机 SW2 的 VLANIF 接口 IP 地址

在交换机SW2上为部门VLAN创建VLANIF接口并配置IP地址，作为部门的网关；为互联VLAN创建 VLANIF 接口并配置 IP 地址，作为与路由器 R1 互联的地址。

```
[SW2]ipv6                                                 //全局下开启 IPv6 功能
[SW2]interface vlanif 20                                  //创建 VLANIF 接口
[SW2-Vlanif20]ipv6 enable                                 //接口下开启 IPv6 功能
[SW2-Vlanif20]ipv6 address 2020::1 64                     //配置 IPv6 地址
[SW2-Vlanif20]quit                                        //退出接口视图
[SW2]interface vlanif 200                                 //创建 VLANIF 接口
[SW2-Vlanif200]ipv6 enable                                //接口下开启 IPv6 功能
[SW2-Vlanif200]ipv6 address 1020::1 64                    //配置 IPv6 地址
[SW2-Vlanif200]quit                                       //退出接口视图
```

4．配置路由器 R1 的 VLANIF 接口 IP 地址

在路由器 R1 上为 3 个接口配置 IP 地址，作为与 FTP 服务器的网关，以及与交换机 SW1、交换机 SW2 互联的地址。

```
[R1]ipv6                                                  //全局下开启 IPv6 功能
[R1]interface GigabitEthernet 0/0/0                       //进入接口视图
[R1-GigabitEthernet0/0/0]ipv6 enable                      //接口下开启 IPv6 功能
[R1-GigabitEthernet0/0/0]ipv6 address 1030::1 64          //配置 IPv6 地址
[R1-GigabitEthernet0/0/0]quit                             //退出接口视图
[R1]interface GigabitEthernet 0/0/1                       //进入接口视图
[R1-GigabitEthernet0/0/1]ipv6 enable                      //接口下开启 IPv6 功能
[R1-GigabitEthernet0/0/1]ipv6 address 1010::2 64          //配置 IPv6 地址
[R1-GigabitEthernet0/0/1]quit                             //退出接口视图
[R1]interface GigabitEthernet 0/0/2                       //进入接口视图
[R1-GigabitEthernet0/0/2]ipv6 enable                      //接口下开启 IPv6 功能
[R1-GigabitEthernet0/0/2]ipv6 address 1020::2 64          //配置 IPv6 地址
[R1-GigabitEthernet0/0/2]quit                             //退出接口视图
```

任务验证

（1）在交换机 SW1 上使用【display ipv6 interface brief】命令查看交换机 SW1 的 IPv6 地址配置情况，如图 6-19 所示。

```
[SW1]display ipv6  interface brief
......
Interface                Physical          Protocol
Vlanif10                 up                up
[IPv6 Address] 2010::1
Vlanif100                up                up
[IPv6 Address] 1010::1
......
```

图 6-19　交换机 SW1 的 IPv6 地址配置情况

（2）在交换机 SW2 上使用【display ipv6 interface brief】命令查看交换机 SW2 的 IPv6 地址配置情况，如图 6-20 所示。

```
[SW2]display ipv6 interface brief
......
Interface                    Physical              Protocol
Vlanif20                     up                    up
[IPv6 Address] 2020::1
Vlanif200                    up                    up
[IPv6 Address] 1020::1
......
```

图 6-20　交换机 SW2 的 IPv6 地址配置情况

（3）在路由器 R1 上使用【display ipv6 interface brief】命令查看路由器 R1 的 IPv6 地址配置情况，如图 6-21 所示。

```
[R1]display ipv6 interface brief
......
Interface                    Physical              Protocol
GigabitEthernet0/0/0         up                    up
[IPv6 Address] 1030::1
GigabitEthernet0/0/1         up                    up
[IPv6 Address] 1010::2
GigabitEthernet0/0/2         up                    up
[IPv6 Address] 1020::2
......
```

图 6-21　路由器 R1 的 IPv6 地址配置情况

任务 6-4　配置动态路由 RIPng

任务规划

在路由器 R1、交换机 SW1、交换机 SW2 上配置动态路由 RIPng，使全网路由互通，全网终端设备互通。

V6-4　任务 6-4 配置动态路由 RIPng

任务实施

1. 在交换机 SW1 上配置 RIPng

为汇聚层交换机 SW1 配置 RIPng，并宣告对应接口到 RIPng 中。

```
[SW1]ripng 1                              //创建 RIPng 进程 1
[SW1-ripng-1]quit                         //退出
[SW1]interface vlanif 10                  //进入接口视图
[SW1-Vlanif10]ripng 1 enable              //宣告接口到 RIPng 进程 1
[SW1-Vlanif10]quit                        //退出接口视图
[SW1]interface vlanif 100                 //进入接口视图
[SW1-Vlanif100]ripng 1 enable             //宣告接口到 RIPng 进程 1
[SW1-Vlanif100]quit                       //退出接口视图
```

2. 在交换机 SW2 上配置 RIPng

为汇聚层交换机 SW2 配置 RIPng，并宣告对应接口到 RIPng 中。

```
[SW2]ripng 1                                  //创建 RIPng 进程 1
[SW2-ripng-1]quit                             //退出
[SW2]interface vlanif 20                      //进入接口视图
[SW2-Vlanif20]ripng 1 enable                  //宣告接口到 RIPng 进程 1
[SW2-Vlanif20]quit                            //退出接口视图
[SW2]interface vlanif 200                     //进入接口视图
[SW2-Vlanif200]ripng 1 enable                 //宣告接口到 RIPng 进程 1
[SW2-Vlanif200]quit                           //退出接口视图
```

3. 在路由器 R1 上配置 RIPng

为核心层路由器 R1 配置 RIPng，并宣告对应接口到 RIPng 中。

```
<Huawei>system-view                           //进入系统视图
[Huawei]sysname R1                            //修改设备名称
[R1]ipv6                                      //全局下开启 IPv6 功能
[R1]ripng 1                                   //创建 RIPng 进程 1
[R1-ripng-1]quit                              //退出
[R1]interface GigabitEthernet 0/0/0           //进入接口视图
[R1-GigabitEthernet0/0/0]ripng 1 enable       //宣告接口到 RIPng 进程 1
[R1-GigabitEthernet0/0/0]quit                 //退出接口视图
[R1]interface GigabitEthernet 0/0/1           //进入接口视图
[R1-GigabitEthernet0/0/1]ripng 1 enable       //宣告接口到 RIPng 进程 1
[R1-GigabitEthernet0/0/1]quit                 //退出接口视图
[R1]interface GigabitEthernet 0/0/2           //进入接口视图
[R1-GigabitEthernet0/0/2]ripng 1 enable       //宣告接口到 RIPng 进程 1
[R1-GigabitEthernet0/0/2]quit                 //退出接口视图
```

任务验证

（1）在路由器 R1 上使用【display ipv6 routing-table】命令查看 RIPng 路由学习情况，如图 6-22 所示，可以观察到路由器 R1 已经通过 RIPng 学习到了管理部及财务部的路由信息。

```
[R1]display ipv6 routing-table
Routing Table : Public
        Destinations : 10          Routes : 10
......
 Destination    : 2010::                        PrefixLength  : 64
 NextHop        : FE80::4E1F:CCFF:FEC1:5A37     Preference    : 100
 Cost           : 1                             Protocol      : RIPng
 RelayNextHop : ::                              TunnelID      : 0x0
Interface       : GigabitEthernet0/0/1          Flags         : D
 Destination    : 2020::                        PrefixLength : 64
 NextHop        : FE80::4E1F:CCFF:FE03:4879     Preference    : 100
Cost            : 1                             Protocol      : RIPng
```

图 6-22 路由器 R1 的 RIPng 路由学习情况

```
RelayNextHop : ::                                TunnelID      : 0x0
 Interface       : GigabitEthernet0/0/2          Flags          : D
......
```

图 6-22 路由器 R1 的 RIPng 路由学习情况（续）

（2）在交换机 SW1 上使用【display ipv6 routing-table】命令查看 RIPng 路由学习情况，如图 6-23 所示，可以观察到交换机 SW1 已经通过 RIPng 学习到了 FTP 服务器及财务部相关路由信息。

```
[SW1]display ipv6 routing-table
Routing Table : Public
         Destinations : 9          Routes : 9
Destination      : 1030::                        PrefixLength : 64
 NextHop         : FE80::2E0:FCFF:FEF6:381E      Preference   : 100
 Cost            : 1                             Protocol     : RIPng
 RelayNextHop : ::                               TunnelID     : 0x0
 Interface       : VLANIF100                     Flags        : D
......
Destination      : 2020::                        PrefixLength : 64
 NextHop         : FE80::2E0:FCFF:FEF6:381E      Preference   : 100
 Cost            : 2                             Protocol     : RIPng
 RelayNextHop : ::                               TunnelID     : 0x0
 Interface       : VLANIF100                     Flags        : D
......
```

图 6-23 交换机 SW1 的 RIPng 路由学习情况

（3）在交换机 SW2 上使用【display ipv6 routing-table】命令查看 RIPng 路由学习情况，如图 6-24 所示，可以观察到交换机 SW2 已经通过 RIPng 学习到了 FTP 服务器及管理部相关路由信息。

```
[SW2]display ipv6 routing-table
Routing Table : Public
         Destinations : 9          Routes : 9
......
 Destination     : 1030::                        PrefixLength : 64
 NextHop         : FE80::2E0:FCFF:FEF6:381F      Preference   : 100
 Cost            : 1                             Protocol     : RIPng
 RelayNextHop : ::                               TunnelID     : 0x0
 Interface       : VLANIF200                     Flags        : D

 Destination     : 2010::                        PrefixLength : 64
 NextHop         : FE80::2E0:FCFF:FEF6:381F      Preference   : 100
 Cost            : 2                             Protocol     : RIPng
 RelayNextHop : ::                               TunnelID     : 0x0
 Interface       : VLANIF200                     Flags        : D
......
```

图 6-24 交换机 SW2 的 RIPng 路由学习情况

项目验证

（1）使用管理部 PC1 ping 财务部 PC2，发现可以 ping 通，如图 6-25 所示。

```
C:\Users\admin>ping 2020::10

正在 ping 2020::10 具有 32 字节的数据:
来自 2020::10 的回复: 时间=1ms
来自 2020::10 的回复: 时间=1ms
来自 2020::10 的回复: 时间=1ms
来自 2020::10 的回复: 时间=1ms

2020::10 的 ping 统计信息:
    数据报: 已发送 = 4，已接收 = 4，丢失 = 0 (0% 丢失)，
往返行程的估计时间（以毫秒为单位）:
    最短 = 1ms，最长 = 1ms，平均 = 1ms
```

图 6-25 PC1 与 PC2 的连通性测试

（2）使用管理部 PC1 ping FTP 服务器，发现可以 ping 通，如图 6-26 所示。

```
C:\Users\admin>ping 1030::10

正在 ping 1030::10 具有 32 字节的数据:
来自 1030::10 的回复: 时间=1ms
来自 1030::10 的回复: 时间=2ms
来自 1030::10 的回复: 时间=1ms
来自 1030::10 的回复: 时间=1ms

1030::10 的 ping 统计信息:
    数据报: 已发送 = 4，已接收 = 4，丢失 = 0 (0% 丢失)，
往返行程的估计时间（以毫秒为单位）:
    最短 = 1ms，最长 = 2ms，平均 = 1ms
```

图 6-26 PC1 与 FTP 服务器的连通性测试

（3）使用财务部 PC2 ping FTP 服务器，发现可以 ping 通，如图 6-27 所示。

```
C:\Users\admin>ping 1030::10

正在 ping 1030::10 具有 32 字节的数据:
来自 1030::10 的回复: 时间=1ms
```

图 6-27 PC2 与 FTP 服务器的连通性测试

```
来自 1030::10 的回复: 时间=1ms
来自 1030::10 的回复: 时间=1ms
来自 1030::10 的回复: 时间=1ms

1030::10 的 ping 统计信息:
    数据报: 已发送 = 4，已接收 = 4，丢失 = 0 (0% 丢失)，
往返行程的估计时间（以毫秒为单位）:
    最短 = 1ms，最长 = 1ms，平均 = 1ms
```

图 6-27　PC2 与 FTP 服务器的连通性测试（续）

练习与思考

理论题

（1）RIPng 使用组播形式发送协议报文，目的组播地址为（　　）。

A. FE80::9　　B. FF02::9

C. 224.0.0.9　　D. 2002::9

（2）RIPng 支持的路由有效最大跳数为（　　）。

A. 1　　B. 16　　C. 15　　D. 14

（3）运行 RIPng 的路由器，会周期性更新路由表，默认更新时间为（　　）s。

A. 10　　B. 15　　C. 30　　D. 32

（4）RIPng 协议报文是 UDP 报文，交互报文时，RIPng 路由器监听的 UDP 端口号为（　　）。

A. 89　　B. 79　　C. 520　　D. 521

（5）以下关于 RIPng 的描述，正确的有（　　）。（多选）

A. RIPng 学习的路由的下一跳地址是邻居的链路本地地址

B. RIPng 是基于链路带宽计算开销的

C. RIPng 是基于路由跳数计算开销的

D. RIPng 可应用于大型网络

（6）配置 RIPng 的路由器可根据网络变化更新路由表内容。（　　）（判断）

项目实训题

1. 项目背景与要求

为方便 Jan16 公司网络的管理以及实现各部门之间、部门与 FTP 服务器之间的通信，需配置动态路由 RIPng。实践拓扑如图 6-28 所示。具体要求如下。

（1）为交换机创建部门 VLAN 和通信 VLAN 并在交换机上划分 VLAN。

（2）根据实践拓扑，为网络设备配置 IPv6 地址（x 为部门，y 为工号）。

（3）在路由器 R1、交换机 SW1、交换机 SW2 上配置 RIPng。

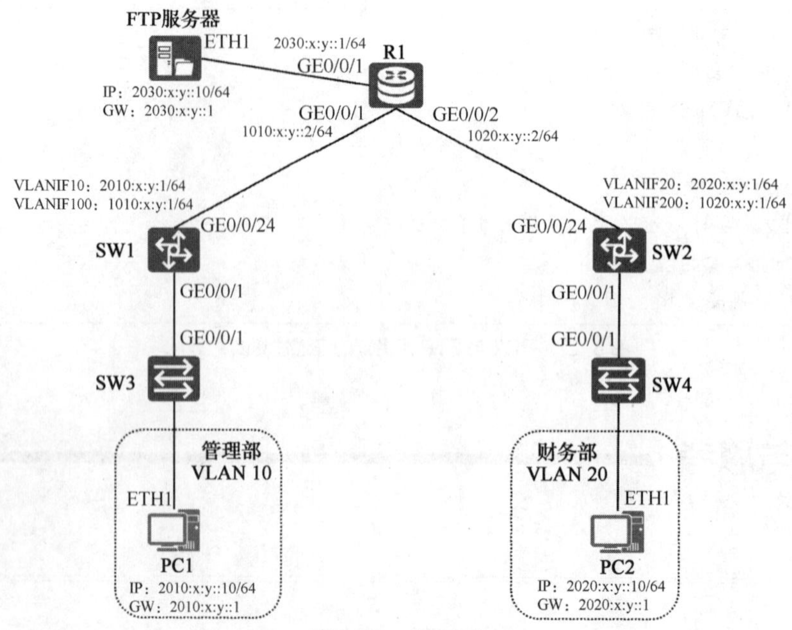

图 6-28 实践拓扑

2. 实践业务规划

根据以上实践拓扑和需求，参考本项目的项目规划完成表 6-5～表 6-7 内容的规划。

表 6-5 VLAN 规划

VLAN	IP 地址段	用途

表 6-6 端口互联规划

本端设备	本端接口	端口链路类型	对端设备	对端接口

表 6-7 IP 地址规划

设备名称	接口	IP 地址	用途

3. 实践要求

完成实验后，请截取以下实验验证结果图。

（1）在交换机 SW1 上使用【display port vlan】命令，查看交换机的端口配置情况。

（2）在交换机 SW2 上使用【display port vlan】命令，查看交换机的端口配置情况。

（3）在交换机 SW3 上使用【display port vlan】命令，查看交换机的端口配置情况。
（4）在交换机 SW4 上使用【display port vlan】命令，查看交换机的端口配置情况。
（5）在路由器 R1 上使用【display ipv6 routing-table】命令，查看路由表。
（6）在交换机 SW1 上使用【display ipv6 routing-table】命令，查看路由表。
（7）在交换机 SW2 上使用【display ipv6 routing-table】命令，查看路由表。
（8）管理部 PC1 ping 财务部 PC2，查看部门间网络的连通性。
（9）管理部 PC1 ping FTP 服务器，查看部门与 FTP 服务器之间网络的连通性。
（10）财务部 PC2 ping FTP 服务器，查看部门与 FTP 服务器之间网络的连通性。

项目7 基于OSPFv3的总部与多个分部互联

07

项目描述

Jan16 公司因业务升级，已在多个地区建立分部，计划使用动态路由协议 OSPFv3 来维护公司网络的路由，且要求各部门之间的通信线路存在备份链路。公司网络拓扑如图 7-1 所示，具体要求如下。

（1）Jan16 公司网络现有总部主机 PC1、分部 A 主机 PC2、分部 B 主机 PC3，均使用 DHCPv6 动态配置 IPv6 地址。

（2）各部门出口路由器 R1、R2、R3 采用环形拓扑结构互联，并运行动态路由协议维护各部门路由，以保证各部门之间有备份通信链路。

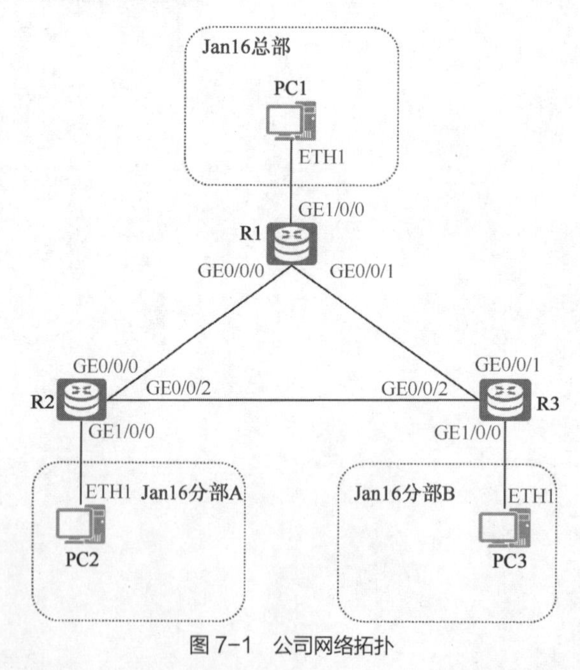

图 7-1 公司网络拓扑

项目需求分析

Jan16 公司由总部、分部 A 和分部 B 组成。现需要为网络中所有的 PC 实现自动获取 IPv6 地址，并在公司出口路由器之间运行动态路由协议 OSPFv3，用于维护公司网络路由，实现全公司网络互通。

因此，本项目可以通过执行以下工作任务来完成。

（1）配置路由器及 PC 的 IPv6 地址。

（2）配置 DHCPv6 自动分配，实现各部门 PC 自动获取 IP 地址。

（3）配置 OSPFv3 路由协议，实现各部门网络互联互通。

项目相关知识

7.1 OSPFv3 概述

OSPFv3 是 IPv6 组网中的一个主流链路状态路由协议。OSPFv3 与 OSPFv2 的工作机制基本相同，但 OSPFv3 与 OSPFv2 不能兼容，因为 OSPFv3 与 OSPFv2 是分别为 IPv6 网络和 IPv4 网络开发的。

OSPFv3 的报文类型与 OSPFv2 一致，有 5 种报文，如表 7-1 所示。

表 7-1 OSPFv3 报文类型

类型	报文名称	报文功能
1	Hello	发现和维护邻居关系
2	数据库描述（Database Description，DD）	交互链路状态数据库摘要
3	链路状态请求（Link State Request，LSR）	请求特定的链路状态信息
4	链路状态更新（Link State Update，LSU）	发送详细的链路状态信息
5	链路状态确认（Link State Acknowledgment，LSAck)	发送确认报文

7.2 OSPFv3 与 OSPFv2 的比较

1. 相同点

（1）路由器类型相同，包括内部路由器（Internal Router，IR）、骨干路由器（Backbone Router，BR）、区域边界路由器（Area Border Router，ABR）和自治系统边界路由器（Autonomous System Boundary Router，ASBR）。

（2）邻居发现和建立机制相同。

（3）链路状态公告（Link State Announcement，LSA）的泛洪和老化机制相同。

（4）采用最短通路优先（Shortest Path First，SPF）算法，作为路由计算算法。

（5）支持的区域类型相同，包括骨干区域、标准区域、末节（Stub）区域、NSSA（Not-So-Stubby Area）、完全末节（Totally Stub）区域和完全 NSSA。

（6）DR 和 BDR 的选举过程相同。

（7）支持的接口类型相同，包括点到点（Point-To-Point，P2P）链路、点到多点（Point-To-Multiple-Point，P2MP）链路、广播（Broadcast Multiple Access，BMA）链路、非广播多路访问（Non-Broadcast Multiple Access，NBMA）链路。

（8）基本报文类型相同，包括 Hello 报文、DD 报文、LSR 报文、LSU 报文、LSAck 报文。

（9）度量值计算方法相同，都是用链路开销。

（10）均使用组播的方式交互协议报文。

2. 不同点

（1）在广播链路上，OSPFv2 建立邻居关系的路由器接口地址必须属于同一个网段，基于子网运行。OSPFv3 建立邻居关系的路由器接口地址可以不属于同一个网段，因为 OSPFv3 是基于链路运行的，使用链路本地地址建立邻居关系，OSPFv3 路由器学习到的路由下一跳地址为邻居的链路本地地址，即使它们的 IPv6 前缀不同，也能够通过该链路建立邻居关系。

（2）OSPFv3 支持运行多个 OSPF 实例，可以实现同一链路配置两个实例，让一条链路运行在两个区域之内。

（3）Router ID 与 OSPFv2 的格式相同，格式均为 32 位 IPv4 地址。但 OSPFv3 不具备 Router ID 选举能力，需手动配置。

（4）认证方式不同，OSPFv2 报文本身携带认证信息，OSPFv3 报文不携带认证信息，而是通过 IPv6 扩展头来实现认证的。

（5）协议报文的组播地址不同，OSPFv2 使用的组播地址为 224.0.0.5 和 224.0.0.6，其中 224.0.0.5 用于 DR 向其他路由器发送协议报文，224.0.0.6 用于非指定路由器（DRother）向 DR 发送协议报文（Hello 报文继续使用 224.0.0.5）。OSPFv3 使用的组播地址为 FF02::5 和 FF02::6，其中 FF02::5 用于 DR 向其他路由器发送协议报文，FF02::6 用于非指定路由器向 DR 发送协议报文（Hello 报文继续使用 FF02::5）。

7.3 OSPFv3 工作机制

OSPFv3 是运行在 IPv6 网络的动态路由协议。OSPFv3 路由器使用物理接口的链路本地地址作为源地址来发送 OSPFv3 报文。在同一条链路上，路由器会互相学习其他路由器的链路本地地址，并在报文转发的过程中将这些地址当成下一跳地址使用。

1. 邻居建立

OSPFv3 报文的目的地址如图 7-2 所示，OSPFv3 网络初始化情况下，所有路由器都是组播组 ff02::5 的成员，路由器向 ff02::5 发送协议报文，用于建立 OSPFv3 邻居。

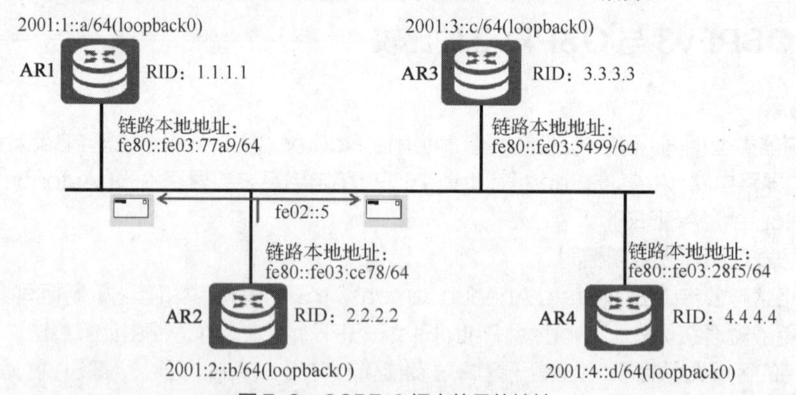

图 7-2　OSPFv3 报文的目的地址

2. 选举指定路由器和备份指定路由器

如图 7-3 所示，OSPFv3 邻居建立完成之后便开始进行指定路由器和备份指定路由器的选举。首先根据路由器接口优先级数值进行选举，默认数值为 1，可取值范围为 0～255，数值越大越优先，当取值为 0 时，设备不参与选举。若优先级数值相同，则根据路由器的 Router ID 数值大小进行选举，数值大的优先，需要注意的是，OSPFv3 的 Router ID 格式与 OSPFv2 的相同，但是 OSPFv3 的 Router ID 必须手动设置。落选设备被称为 DRother，DRother 会继续使用 ff02::5 发送 Hello 报文，其他需要通过组播形式发送的协议报文则使用组播地址 ff02::6 来发送。

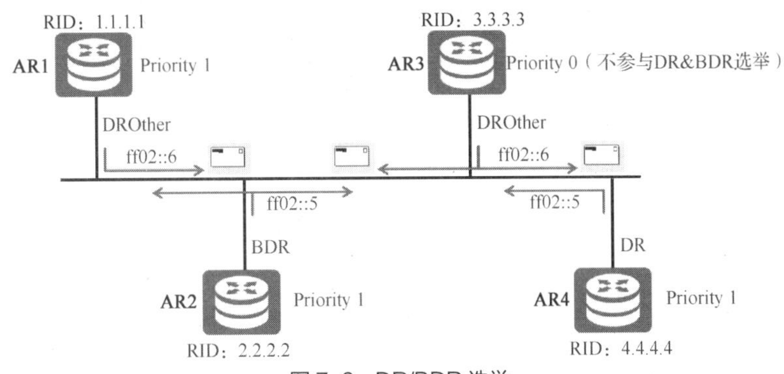

图 7-3　DR/BDR 选举

3. 同步链路状态数据库并计算最优路由

当设备完成 DR 与 BDR 的选举之后，OSPFv3 路由器之间首先会进行链路状态数据库同步，之后运行 SPF 算法计算最短路径树以及路由。

项目规划设计

项目拓扑

本项目中，使用 3 台 PC、3 台路由器来搭建项目拓扑，如图 7-4 所示。其中 PC1 是 Jan16 总部员工 PC，PC2 是 Jan16 分部 A 员工 PC，PC3 是 Jan16 分部 B 员工 PC，R1、R2、R3 作为出口路由器，连接总部与分部网络。通过在路由器 R1、R2、R3 上运行 OSPFv3，路由器之间互联链路在 OSPFv3 区域 0 中，Jan16 总部在 OSPFv3 区域 1 中，Jan16 分部 A 在 OSPFv3 区域 2 中，Jan16 分部 B 在 OSPFv3 区域 3 中，实现全公司网络互通。

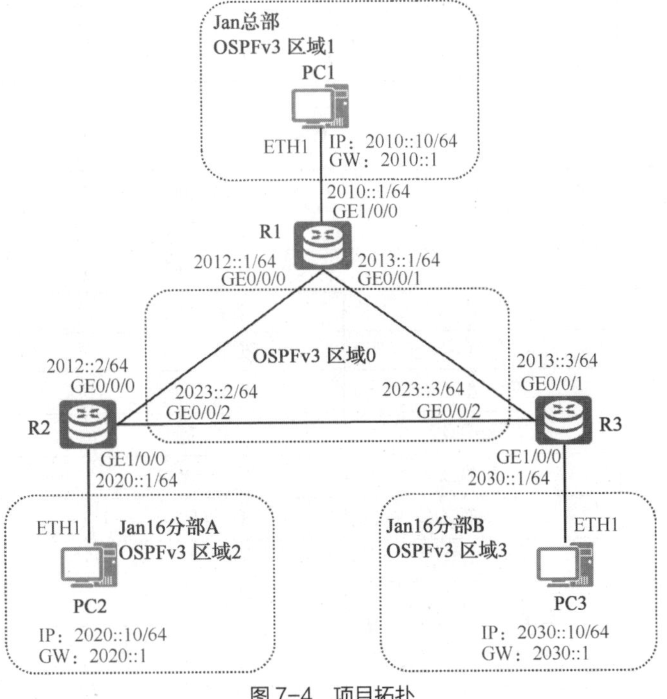

图 7-4　项目拓扑

项目规划

根据图 7-4 所示的项目拓扑进行业务规划，相应的 Router ID 规划、接口互联规划、IP 地址规划、地址池规划如表 7-2～表 7-5 所示。

表 7-2　Router ID 规划

设备名称	Router ID	用途
R1	1.1.1.1	路由器 R1 的 Router ID
R2	2.2.2.2	路由器 R2 的 Router ID
R3	3.3.3.3	路由器 R3 的 Router ID

表 7-3　接口互联规划

本端设备	本端接口	对端设备	对端接口
PC1	ETH1	R1	GE1/0/0
PC2	ETH1	R2	GE1/0/0
PC3	ETH1	R3	GE1/0/0
R1	GE0/0/0	R2	GE0/0/0
	GE0/0/1	R3	GE0/0/1
	GE1/0/0	PC1	ETH1
R2	GE0/0/0	R1	GE0/0/0
	GE0/0/2	R3	GE0/0/2
	GE1/0/0	PC2	ETH1
R3	GE0/0/1	R1	GE0/0/1
	GE0/0/2	R2	GE0/0/2
	GE1/0/0	PC3	ETH1

表 7-4　IP 地址规划

设备名称	接口	IP 地址	用途
PC1	ETH1	自动获取	PC1 地址
PC2	ETH1	自动获取	PC2 地址
PC3	ETH1	自动获取	PC3 地址
R1	GE0/0/0	2012::1/64	路由器接口地址
	GE0/0/1	2013::1/64	路由器接口地址
	GE1/0/0	2010::1/64	PC1 网关
R2	GE0/0/0	2012::2/64	路由器接口地址
	GE0/0/2	2023::2/64	路由器接口地址
	GE1/0/0	2020::1/64	PC2 网关
R3	GE0/0/1	2013::3/64	路由器接口地址
	GE0/0/2	2023::3/64	路由器接口地址
	GE1/0/0	2030::1/64	PC3 网关

表 7-5　地址池规划

名称	前缀	DNS 地址	用途
MAIN	2010::/64	2400:3200::1	总部地址池
PAR1	2020::/64	2400:3200::1	分部 A 地址池
PAR2	2030::/64	2400:3200::1	分部 B 地址池

项目实施

任务 7-1　配置路由器及 PC 的 IPv6 地址

V7-1　任务 7-1 配置路由器及 PC 的 IPv6 地址

任务规划

配置 PC 的 IPv6 地址为自动获取，根据 IP 地址规划为 PC、路由器配置 IPv6 地址。

任务实施

1. 配置 PC 的 IPv6 地址

图 7-5 所示为总部 PC1 的 IPv6 地址配置结果，同理完成分部 PC2 和 PC3 的 IPv6 地址配置。

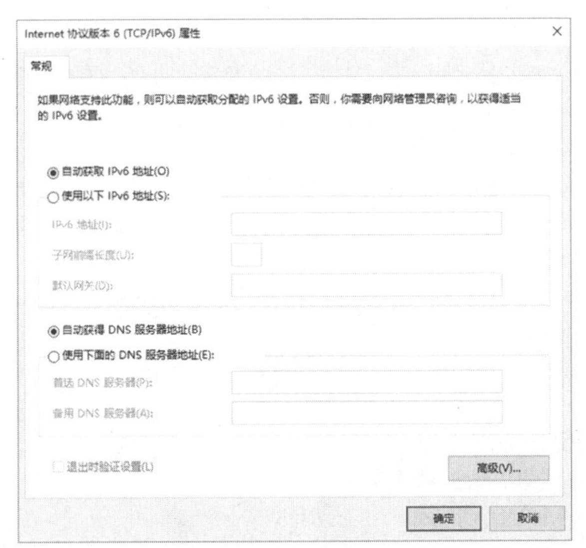

图 7-5　PC1 的 IPv6 地址配置结果

2. 配置路由器 R1 的接口 IP 地址

在路由器 R1 上为接口配置 IP 地址作为部门网关，以及与其他路由器互联的地址。

```
<Huawei>system-view                              //进入系统视图
[Huawei]sysname R1                               //修改设备名称
[R1]ipv6                                         //启用全局 IPv6 功能
[R1]interface GigabitEthernet 0/0/0              //进入接口视图
[R1-GigabitEthernet0/0/0]ipv6 enable             //启用接口 IPv6 功能
```

```
[R1-GigabitEthernet0/0/0]ipv6 address 2012::1 64        //配置 IPv6 地址
[R1-GigabitEthernet0/0/0]quit                          //退出接口视图
[R1]interface GigabitEthernet 0/0/1                    //进入接口视图
[R1-GigabitEthernet0/0/1]ipv6 enable                   //启用接口 IPv6 功能
[R1-GigabitEthernet0/0/1]ipv6 address 2013::1 64        //配置 IPv6 地址
[R1-GigabitEthernet0/0/1]quit                          //退出接口视图
[R1]interface GigabitEthernet 1/0/0                    //进入接口视图
[R1-GigabitEthernet1/0/0]ipv6 enable                   //启用接口 IPv6 功能
[R1-GigabitEthernet1/0/0]ipv6 address 2010::1 64        //配置 IPv6 地址
[R1-GigabitEthernet1/0/0]quit                          //退出接口视图
```

3. 配置路由器 R2 的接口 IP 地址

在路由器 R2 上为接口配置 IP 地址作为部门网关，以及与其他路由器互联的地址。

```
<Huawei>system-view                                    //进入系统视图
[Huawei]sysname R2                                     //修改设备名称
[R2]ipv6                                               //启用全局 IPv6 功能
[R2]interface GigabitEthernet 0/0/0                    //进入接口视图
[R2-GigabitEthernet0/0/0]ipv6 enable                   //启用接口 IPv6 功能
[R2-GigabitEthernet0/0/0]ipv6 address 2012::2 64        //配置 IPv6 地址
[R2-GigabitEthernet0/0/0]quit                          //退出接口视图
[R2]interface GigabitEthernet 0/0/2                    //进入接口视图
[R2-GigabitEthernet0/0/2]ipv6 enable                   //启用接口 IPv6 功能
[R2-GigabitEthernet0/0/2]ipv6 address 2023::2 64        //配置 IPv6 地址
[R2-GigabitEthernet0/0/2]quit                          //退出接口视图
[R2]interface GigabitEthernet 1/0/0                    //进入接口视图
[R2-GigabitEthernet1/0/0]ipv6 enable                   //启用接口 IPv6 功能
[R2-GigabitEthernet1/0/0]ipv6 address 2020::1 64        //配置 IPv6 地址
[R2-GigabitEthernet1/0/0]quit                          //退出接口视图
```

4. 配置路由器 R3 的接口 IP 地址

在路由器 R3 上为接口配置 IP 地址作为部门网关，以及与其他路由器互联的地址。

```
<Huawei>system-view                                    //进入系统视图
[Huawei]sysname R3                                     //修改设备名称
[R3]ipv6                                               //启用全局 IPv6 功能
[R3]interface GigabitEthernet 0/0/1                    //进入接口视图
[R3-GigabitEthernet0/0/1]ipv6 enable                   //启用接口 IPv6 功能
[R3-GigabitEthernet0/0/1]ipv6 address 2013::3 64        //配置 IPv6 地址
[R3-GigabitEthernet0/0/1]quit                          //退出接口视图
[R3]interface GigabitEthernet 0/0/2                    //进入接口视图
[R3-GigabitEthernet0/0/2]ipv6 enable                   //启用接口 IPv6 功能
[R3-GigabitEthernet0/0/2]ipv6 address 2023::3 64        //配置 IPv6 地址
[R3-GigabitEthernet0/0/2]quit                          //退出接口视图
[R3]interface GigabitEthernet 1/0/0                    //进入接口视图
[R3-GigabitEthernet1/0/0]ipv6 enable                   //启用接口 IPv6 功能
[R3-GigabitEthernet1/0/0]ipv6 address 2030::1 64        //配置 IPv6 地址
[R3-GigabitEthernet1/0/0]quit                          //退出接口视图
```

任务验证

（1）在路由器 R1 上使用【display ipv6 interface brief】命令查看 IPv6 地址配置情况，如图 7-6 所示。

```
[R1]display ipv6 interface brief
*down: administratively down
(l): loopback
(s): spoofing
Interface                    Physical            Protocol
GigabitEthernet0/0/0         up                  up
[IPv6 Address] 2012::1
GigabitEthernet0/0/1         up                  up
[IPv6 Address] 2013::1
GigabitEthernet1/0/0         up                  up
[IPv6 Address] 2010::1
```

图 7-6　路由器 R1 的 IPv6 地址配置情况

（2）在路由器 R2 上使用【display ipv6 interface brief】命令查看 IPv6 地址配置情况，如图 7-7 所示。

```
[R2]display ipv6 interface brief
*down: administratively down
(l): loopback
(s): spoofing
Interface                    Physical            Protocol
GigabitEthernet0/0/0         up                  up
[IPv6 Address] 2012::2
GigabitEthernet0/0/2         up                  up
[IPv6 Address] 2023::2
GigabitEthernet1/0/0         up                  up
[IPv6 Address] 2020::1
```

图 7-7　路由器 R2 的 IPv6 地址配置情况

（3）在路由器 R3 上使用【display ipv6 interface brief】命令查看 IPv6 地址配置情况，如图 7-8 所示。

```
[R3]display ipv6 interface brief
*down: administratively down
(l): loopback
(s): spoofing
Interface                    Physical            Protocol
GigabitEthernet0/0/1         up                  up
[IPv6 Address] 2013::3
GigabitEthernet0/0/2         up                  up
[IPv6 Address] 2023::3
GigabitEthernet1/0/0         up                  up
[IPv6 Address] 2030::1
```

图 7-8　路由器 R3 的 IPv6 地址配置情况

任务 7-2 配置 DHCPv6 自动分配

任务规划

配置各路由器的 DHCPv6 功能，创建地址池并为各部门自动分配 IPv6 地址。

V7-2 任务 7-2 配置 DHCPv6 自动分配

任务实施

1. 为路由器 R1 配置 DHCPv6 功能

在路由器 R1 上创建 DHCPv6 地址池并配置地址池参数。

```
[R1]dhcp enable                                        //开启全局 DHCP 功能
[R1]dhcpv6 pool MAIN                                   //为总部创建地址池名称为 MAIN
[R1-dhcpv6-pool-MAIN]address prefix 2010::/64          //配置总部地址前缀
[R1-dhcpv6-pool-MAIN]dns-server 2400:3200::1           //配置 DNS 服务器地址
[R1-dhcpv6-pool-MAIN]quit                              //退出协议视图
[R1]interface GigabitEthernet 1/0/0                    //进入接口视图
[R1-GigabitEthernet1/0/0]dhcpv6 server MAIN            //应用 DHCPv6 地址池
[R1-GigabitEthernet1/0/0]undo ipv6 nd ra halt          //开启 RA 报文通告功能
[R1-GigabitEthernet1/0/0]ipv6 nd autoconfig            //开启有状态自动配置地址标志位
managed-address-flag
[R1-GigabitEthernet1/0/0]quit                          //退出接口视图
```

2. 为路由器 R2 配置 DHCPv6 功能

在路由器 R2 上创建 DHCPv6 地址池并配置地址池参数。

```
[R2]dhcp enable                                        //开启全局 DHCP 功能
[R2]dhcpv6 pool PAR1                                   //为分部 A 创建地址池名称为 PAR1
[R2-dhcpv6-pool-PAR1]address prefix 2020::/64          //配置分部 A 地址前缀
[R2-dhcpv6-pool-PAR1]dns-server 2400:3200::1           //配置 DNS 服务器地址
[R2-dhcpv6-pool-PAR1]quit                              //退出协议视图
[R2]interface GigabitEthernet 1/0/0                    //进入接口视图
[R2-GigabitEthernet1/0/0]dhcpv6 server PAR1            //应用 DHCPv6 地址池
[R2-GigabitEthernet1/0/0]undo ipv6 nd ra halt          //开启 RA 报文通告功能
[R2-GigabitEthernet1/0/0]ipv6 nd autoconfig            //开启有状态自动配置地址标志位
managed-address-flag
[R2-GigabitEthernet1/0/0]quit                          //退出接口视图
```

3. 为路由器 R3 配置 DHCPv6 功能

在路由器 R3 上创建 DHCPv6 地址池并配置地址池参数。

```
[R3]dhcp enable                                        //开启全局 DHCP 功能
[R3]dhcpv6 pool PAR2                                   //为分部 B 创建地址池名称为 PAR2
[R3-dhcpv6-pool-PAR2]address prefix 2030::/64          //配置总部地址前缀
[R3-dhcpv6-pool-PAR2]dns-server 2400:3200::1           //配置 DNS 服务器地址
[R3-dhcpv6-pool-PAR2]quit                              //退出协议视图
```

```
[R3]interface GigabitEthernet 1/0/0                    //进入接口视图
[R3-GigabitEthernet1/0/0]dhcpv6 server PAR2            //应用 DHCPv6 地址池
[R3-GigabitEthernet1/0/0]undo ipv6 nd ra halt          //开启 RA 报文通告功能
[R3-GigabitEthernet1/0/0]ipv6 nd autoconfig            //开启有状态自动配置地址标志位
managed-address-flag
[R3-GigabitEthernet1/0/0]quit                          //退出接口视图
```

任务验证

（1）在路由器 R1 上使用【display dhcpv6 pool】命令查看地址池配置情况，如图 7-9 所示。

```
[R1]display dhcpv6 pool
DHCPv6 pool: MAIN
  Address prefix: 2010::/64
    Lifetime valid 172800 seconds, preferred 86400 seconds
    0 in use, 0 conflicts
  Information refresh time: 86400
  DNS server address: 2400:3200::1
  Conflict-address expire-time: 172800
  Active normal clients: 0
```

图 7-9 路由器 R1 的 DHCPv6 地址池配置情况

（2）在路由器 R2 上使用【display dhcpv6 pool】命令查看地址池配置情况，如图 7-10 所示。

```
[R2]display dhcpv6 pool
DHCPv6 pool: PAR1
  Address prefix: 2020::/64
    Lifetime valid 172800 seconds, preferred 86400 seconds
    0 in use, 0 conflicts
  Information refresh time: 86400
  DNS server address: 2400:3200::1
  Conflict-address expire-time: 172800
  Active normal clients: 0
```

图 7-10 路由器 R2 的 DHCPv6 地址池配置情况

（3）在路由器 R3 上使用【display dhcpv6 pool】命令查看地址池配置情况，如图 7-11 所示。

```
[R3]display dhcpv6 pool
DHCPv6 pool: PAR2
  Address prefix: 2030::/64
    Lifetime valid 172800 seconds, preferred 86400 seconds
    0 in use, 0 conflicts
  Information refresh time: 86400
  DNS server address: 2400:3200::1
  Conflict-address expire-time: 172800
  Active normal clients: 0
```

图 7-11 路由器 R3 的 DHCPv6 地址池配置情况

任务 7-3　配置 OSPFv3 路由协议

任务规划

根据项目拓扑及规划，在出口路由器 R1、R2、R3 上配置 OSPFv3 路由协议。

V7-3　任务 7-3 配置 OSPFv3 路由协议

任务实施

1. 为路由器 R1 配置 OSPFv3 路由协议

在路由器 R1 上创建 OSPFv3 进程，并宣告接口到 OSPFv3 的对应区域中。

```
[R1]ospfv3 1                                  //创建 OSPFv3 进程 1
[R1-ospfv3-1]router-id 1.1.1.1                //配置 Router ID
[R1-ospfv3-1]quit                             //退出协议视图
[R1]interface GigabitEthernet 0/0/0           //进入接口视图
[R1-GigabitEthernet0/0/0]ospfv3 1 area 0      //宣告接口到 OSPFv3 进程 1 的区域 0 中
[R1-GigabitEthernet0/0/0]quit                 //退出接口视图
[R1]interface GigabitEthernet 0/0/1           //进入接口视图
[R1-GigabitEthernet0/0/1]ospfv3 1 area 0      //宣告接口到 OSPFv3 进程 1 的区域 0 中
[R1-GigabitEthernet0/0/1]quit                 //退出接口视图
[R1]interface GigabitEthernet 1/0/0           //进入接口视图
[R1-GigabitEthernet1/0/0]ospfv3 1 area 1      //宣告接口到 OSPFv3 进程 1 的区域 1 中
[R1-GigabitEthernet1/0/0]quit                 //进入接口视图
```

2. 为路由器 R2 配置 OSPFv3 路由协议

在路由器 R2 上创建 OSPFv3 进程，并宣告接口到 OSPFv3 的对应区域中。

```
[R2]ospfv3 1                                  //创建 OSPFv3 进程 1
[R2-ospfv3-1]router-id 2.2.2.2                //配置 Router ID
[R2-ospfv3-1]quit                             //退出协议视图
[R2]interface GigabitEthernet 0/0/0           //进入接口视图
[R2-GigabitEthernet0/0/0]ospfv3 1 area 0      //宣告接口到 OSPFv3 进程 1 的区域 0 中
[R2-GigabitEthernet0/0/0]quit                 //退出接口视图
[R2]interface GigabitEthernet 0/0/2           //进入接口视图
[R2-GigabitEthernet0/0/2]ospfv3 1 area 0      //宣告接口到 OSPFv3 进程 1 的区域 0 中
[R2-GigabitEthernet0/0/2]quit                 //退出接口视图
[R2]interface GigabitEthernet 1/0/0           //进入接口视图
[R2-GigabitEthernet1/0/0]ospfv3 1 area 2      //宣告接口到 OSPFv3 进程 1 的区域 2 中
[R2-GigabitEthernet1/0/0]quit                 //退出接口视图
```

3. 为路由器 R3 配置 OSPFv3 路由协议

在路由器 R3 上创建 OSPFv3 进程，并宣告接口到 OSPFv3 的对应区域中。

```
[R3]ospfv3 1                                  //创建 OSPFv3 进程 1
[R3-ospfv3-1]router-id 3.3.3.3                //配置 Router ID
[R3-ospfv3-1]quit                             //退出协议视图
```

```
[R3]interface GigabitEthernet 0/0/1                   //进入接口视图
[R3-GigabitEthernet0/0/1]ospfv3 1 area 0              //宣告接口到 OSPFv3 进程 1 的区域 0 中
[R3-GigabitEthernet0/0/1]quit                         //退出接口视图
[R3]interface GigabitEthernet 0/0/2                   //进入接口视图
[R3-GigabitEthernet0/0/2]ospfv3 1 area 0              //宣告接口到 OSPFv3 进程 1 的区域 0 中
[R3-GigabitEthernet0/0/2]quit                         //退出接口视图
[R3]interface GigabitEthernet 1/0/0                   //进入接口视图
[R3-GigabitEthernet1/0/0]ospfv3 1 area 3              //宣告接口到 OSPFv3 进程 1 的区域 3 中
[R3-GigabitEthernet1/0/0]quit                         //进入接口视图
```

任务验证

（1）在路由器 R1 上使用【display ospfv3 peer】命令查看 OSPFv3 邻居建立情况，如图 7-12 所示，路由器 R1 已经和路由器 R2、R3 建立了邻居关系。

```
[R1]display ospfv3 peer
OSPFv3 Process (1)
OSPFv3 area (0.0.0.0)
Neighbor ID     Pri  State          Dead Time   Interface          Instance ID
2.2.2.2           1  Full/Backup    00:00:37    GE0/0/0                      0
3.3.3.3           1  Full/Backup    00:00:37    GE0/0/1                      0
```

图 7-12　路由器 R1 的 OSPFv3 邻居建立情况

（2）在路由器 R2 上使用【display ospfv3 peer】命令查看 OSPFv3 邻居建立情况，如图 7-13 所示，路由器 R2 已经和路由器 R1、R3 建立了邻居关系。

```
[R2]display ospfv3 peer
OSPFv3 Process (1)
OSPFv3 area (0.0.0.0)
Neighbor ID     Pri  State          Dead Time   Interface          Instance ID
1.1.1.1           1  Full/DR        00:00:39    GE0/0/0                      0
3.3.3.3           1  Full/DR        00:00:37    GE0/0/2                      0
```

图 7-13　路由器 R2 的 OSPFv3 邻居建立情况

（3）在路由器 R3 上使用【display ospfv3 peer】命令查看 OSPFv3 邻居建立情况，如图 7-14 所示，路由器 R3 已经和路由器 R1、R2 建立了邻居关系。

```
[R3]display ospfv3 peer
OSPFv3 Process (1)
OSPFv3 area (0.0.0.0)
Neighbor ID     Pri  State          Dead Time   Interface          Instance ID
1.1.1.1           1  Full/DR        00:00:35    GE0/0/1                      0
2.2.2.2           1  Full/Backup    00:00:36    GE0/0/2                      0
```

图 7-14　路由器 R3 的 OSPFv3 邻居建立情况

（4）在路由器 R1 上使用【display ipv6 routing-table】命令查看 OSPFv3 路由学习情况，如图 7-15 所示，路由器 R1 已经学习到分部 A 和分部 B 的路由。

```
[R1]display ipv6 routing-table
Routing Table : Public
         Destinations : 11          Routes : 12
......
Destination      : 2020::                         PrefixLength : 64
 NextHop         : FE80::2E0:FCFF:FECD:163D       Preference   : 10
 Cost            : 2                              Protocol     : OSPFv3
 RelayNextHop : ::                                TunnelID     : 0x0
 Interface       : GigabitEthernet0/0/0           Flags        : D
......
Destination      : 2030::                         PrefixLength : 64
 NextHop         : FE80::2E0:FCFF:FEE6:7090       Preference   : 10
 Cost            : 2                              Protocol     : OSPFv3
 RelayNextHop : ::                                TunnelID     : 0x0
 Interface       : GigabitEthernet0/0/1           Flags        : D
......
```

图 7-15　路由器 R1 的 OSPFv3 路由学习情况

（5）在路由器 R2 上使用【display ipv6 routing-table】命令查看 OSPFv3 路由学习情况，如图 7-16 所示，路由器 R2 已经学习到总部和分部 B 的路由。

```
[R2]display ipv6 routing-table
Routing Table : Public
         Destinations : 11          Routes : 12
......
Destination      : 2010::                         PrefixLength : 64
 NextHop         : FE80::2E0:FCFF:FE15:73E4       Preference   : 10
 Cost            : 2                              Protocol     : OSPFv3
 RelayNextHop : ::                                TunnelID     : 0x0
 Interface       : GigabitEthernet0/0/0           Flags        : D
......
Destination      : 2030::                         PrefixLength : 64
 NextHop         : FE80::2E0:FCFF:FEE6:7091       Preference   : 10
 Cost            : 2                              Protocol     : OSPFv3
 RelayNextHop : ::                                TunnelID     : 0x0
 Interface       : GigabitEthernet0/0/2           Flags        : D
......
```

图 7-16　路由器 R2 的 OSPFv3 路由学习情况

（6）在路由器 R3 上使用【display ipv6 routing-table】命令查看 OSPFv3 路由学习情况，如图 7-17 所示，路由器 R3 已经学习到总部和分部 A 的路由。

```
[R3]display ipv6 routing-table
Routing Table : Public
         Destinations : 11          Routes : 12
......
Destination      : 2010::                         PrefixLength : 64
 NextHop         : FE80::2E0:FCFF:FE15:73E5       Preference   : 10
Cost             : 2                              Protocol     : OSPFv3
```

图 7-17　路由器 R3 的 OSPFv3 路由学习情况

```
 RelayNextHop  : ::                       TunnelID      : 0x0
 Interface     : GigabitEthernet0/0/1      Flags         : D
......
Destination    : 2020::                   PrefixLength : 64
 NextHop       : FE80::2E0:FCFF:FECD:163F Preference    : 10
 Cost          : 2                        Protocol      : OSPFv3
 RelayNextHop : ::                        TunnelID      : 0x0
 Interface     : GigabitEthernet0/0/2     Flags         : D
......
```

图 7-17　路由器 R3 的 OSPFv3 路由学习情况（续）

项目验证

V7-4　项目验证

（1）查看 PC1、PC2、PC3 的 IP 地址获取情况，如图 7-18～图 7-20 所示。

```
C:\Users\admin>ipconfig

Windows IP 配置



以太网适配器 以太网:

   连接特定的 DNS 后缀 . . . . . . . :
   IPv6 地址 . . . . . . . . . . . . . . . . . : 2010::8df1:3700:a071:2ba
   临时 IPv6 地址. . . . . . . . . . . . . : 2010::a9d0:bfe8:419d:dd6d
   本地链接 IPv6 地址. . . . . . . . . : fe80::8df1:3700:a071:2ba%21
   IPv4 地址 . . . . . . . . . . . . . . . . : 192.168.1.1
   子网掩码  . . . . . . . . . . . . . . . . : 255.255.255.0
   默认网关. . . . . . . . . . . . . . . . . . : fe80::223d:b2ff:fe1c:3419%21

隧道适配器 isatap.{4E29DDFF-233B-4C98-B882-7D161C721168}:

   媒体状态  . . . . . . . . . . . . . . . . . : 媒体已断开连接
   连接特定的 DNS 后缀 . . . . . . . :
```

图 7-18　查看 PC1 的 IP 地址获取情况

```
C:\Users\admin>ipconfig

Windows IP 配置



以太网适配器 以太网:

   连接特定的 DNS 后缀 . . . . . . . :
   IPv6 地址 . . . . . . . . . . . . . . . . . : 2020::493a:e06c:3e77:faa9
   临时 IPv6 地址. . . . . . . . . . . . . : 2020::7c2e:8049:aa5:f8cb
```

图 7-19　查看 PC2 的 IP 地址获取情况

```
    本地链接 IPv6 地址. . . . . . . . : fe80::493a:e06c:3e77:faa9%21
    IPv4 地址 . . . . . . . . . . . . . . . : 192.168.1.2
    子网掩码  . . . . . . . . . . . . . . . : 255.255.255.0
    默认网关. . . . . . . . . . . . . . . . . : fe80::223d:b2ff:fe1c:3427%21

隧道适配器 isatap.{1DEA4805-EE99-40B5-9D43-E2126BF0EA86}:

    媒体状态  . . . . . . . . . . . . . . . . : 媒体已断开连接
    连接特定的 DNS 后缀 . . . . . . :
```

图 7-19　查看 PC2 的 IP 地址获取情况（续）

```
C:\Users\admin>ipconfig

Windows IP 配置


以太网适配器 以太网:

    连接特定的 DNS 后缀 . . . . . . . :
    IPv6 地址 . . . . . . . . . . . . . . . . . : 2030::9c15:f275:d50d:bfa1
    临时 IPv6 地址 . . . . . . . . . . . . . : 2030::c920:17da:2309:ef3a
    本地链接 IPv6 地址 . . . . . . . . : fe80::9c15:f275:d50d:bfa1%14
    IPv4 地址 . . . . . . . . . . . . . . . . : 192.168.3.1
    子网掩码  . . . . . . . . . . . . . . . . : 255.255.255.0
    默认网关. . . . . . . . . . . . . . . . . . : fe80::223d:b2ff:fe1c:342c%14

隧道适配器 isatap.{BDE06858-04CD-4832-9903-1FBE73A17183}:

    媒体状态 . . . . . . . . . . . . . . . . . : 媒体已断开连接
    连接特定的 DNS 后缀 . . . . . . :
```

图 7-20　查看 PC3 的 IP 地址获取情况

（2）使用 PC2 ping PC1（目的 IP 地址：2010::8df1:3700:a071:2ba），发现可以 ping 通，如图 7-21 所示。

```
C:\Users\admin>ping 2010::8df1:3700:a071:2ba

正在 ping 2010::8df1:3700:a071:2ba 具有 32 字节的数据:
来自 2010::8df1:3700:a071:2ba 的回复: 时间=1ms
来自 2010::8df1:3700:a071:2ba 的回复: 时间=1ms
来自 2010::8df1:3700:a071:2ba 的回复: 时间=2ms
来自 2010::8df1:3700:a071:2ba 的回复: 时间=1ms

2010::8df1:3700:a071:2ba 的 ping 统计信息:
    数据报: 已发送 = 4，已接收 = 4，丢失 = 0 (0% 丢失)，
往返行程的估计时间(以毫秒为单位):
    最短 = 1ms，最长 = 2ms，平均 = 1ms
```

图 7-21　PC2 与 PC1 的连通性测试

（3）使用 PC3 ping PC1（目的 IP 地址：2010::8df1:3700:a071:2ba），发现可以 ping 通，如图 7-22 所示。

```
C:\Users\admin>ping 2010::8df1:3700:a071:2ba

正在 ping 2010::8df1:3700:a071:2ba 具有 32 字节的数据:
来自 2010::8df1:3700:a071:2ba 的回复: 时间=1ms
来自 2010::8df1:3700:a071:2ba 的回复: 时间=1ms
来自 2010::8df1:3700:a071:2ba 的回复: 时间=1ms
来自 2010::8df1:3700:a071:2ba 的回复: 时间=1ms

2010::8df1:3700:a071:2ba 的 ping 统计信息:
    数据报: 已发送 = 4，已接收 = 4，丢失 = 0 (0% 丢失),
往返行程的估计时间（以毫秒为单位）:
    最短 = 1ms，最长 = 1ms，平均 = 1ms
```

图 7-22　PC3 与 PC1 的连通性测试

（4）使用 PC2 ping PC3（目的 IP 地址：2030::9c15:f275:d50d:bfa1），发现可以 ping 通，如图 7-23 所示。

```
C:\Users\admin>ping 2030::9c15:f275:d50d:bfa1

正在 ping 2030::9c15:f275:d50d:bfa1 具有 32 字节的数据:
来自 2030::9c15:f275:d50d:bfa1 的回复: 时间=6ms
来自 2030::9c15:f275:d50d:bfa1 的回复: 时间=1ms
来自 2030::9c15:f275:d50d:bfa1 的回复: 时间=1ms
来自 2030::9c15:f275:d50d:bfa1 的回复: 时间=1ms

2030::9c15:f275:d50d:bfa1 的 ping 统计信息:
    数据报: 已发送 = 4，已接收 = 4，丢失 = 0 (0% 丢失),
往返行程的估计时间（以毫秒为单位）:
    最短 = 1ms，最长 = 6ms，平均 = 2ms
```

图 7-23　PC2 与 PC3 的连通性测试

练习与思考

理论题

（1）以下不属于 OSPFv3 协议报文的是（　　）。

A．Hello　　B．DD　　C．LSR　　D．Open

（2）以下关于 OSPFv3 的描述，错误的是（　　）。

A．OSPFv3 是一个链路状态路由协议

B．OSPFv3 路由器基于链路带宽计算开销

C．OSPFv3 不可应用于大型网络

D．OSPFv3 采用的算法是 SPF 算法

（3）以下关于 DR 的描述，正确的是（　　）。

A. P2P 网络必须选举 DR

B. DR 是网络中的备份指定路由器

C. OSPFv3 网络中，拥有最高优先级的路由器一定是 DR

D. 为了维持网络的稳定性，DR 不支持抢占

（4）OSPFv3 使用组播形式发送协议报文，目的组播地址为（　　）。（多选）

A. FF02::5　　B. FF02::9　　C. 224.0.0.6　　D. FF02::6

（5）OSPFv3 支持的网络类型有（　　）。（多选）

A. BMA　　B. P2P　　C. P2MP　　D. NBMA

（6）运行 OSPFv3 的路由器，若双方接口前缀不同，不能建立邻居。（　　）（判断）

（7）当 OSPFv3 路由器的选举优先级为 0 时，不参与 DR/BDR 的选举。（　　）（判断）

项目实训题

1. 项目背景与要求

Jan16 公司网络由总部和分部 A、分部 B 组成，现需要配置动态路由 OSPFv3 来维护公司的路由。实践拓扑如图 7-24 所示。具体要求如下。

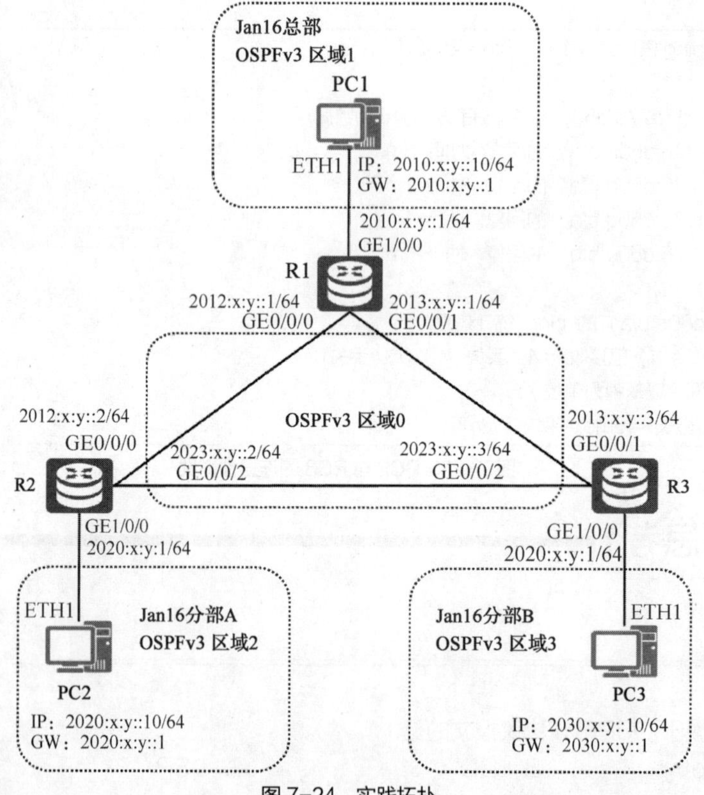

图 7-24　实践拓扑

（1）根据实践拓扑，为 PC 和网络设备配置 IPv6 地址（x 为部门，y 为工号）。

（2）在路由器 R1、R2、R3 上配置 OSPFv3。

2. 实践业务规划

根据以上实践拓扑和需求，参考本项目的项目规划完成表 7-6～表 7-8 内容的规划。

表 7-6　Router ID 规划

设备名称	Router ID	用途

表 7-7　接口互联规划

本端设备	本端接口	对端设备	对端接口

表 7-8　IP 地址规划

设备名称	接口	IP 地址	用途

3. 实践要求

完成实验后，请截取以下实验验证结果图。

（1）在路由器 R1 上使用【display ospfv3 peer】命令，查看 OSPFv3 邻居建立情况。
（2）在路由器 R2 上使用【display ospfv3 peer】命令，查看 OSPFv3 邻居建立情况。
（3）在路由器 R3 上使用【display ospfv3 peer】命令，查看 OSPFv3 邻居建立情况。
（4）在路由器 R1 上使用【display ipv6 routing-table】命令，查看路由表。
（5）在路由器 R2 上使用【display ipv6 routing-table】命令，查看路由表。
（6）在路由器 R3 上使用【display ipv6 routing-table】命令，查看路由表。
（7）总部 PC1 ping 分部 A PC2，查看总部与分部 A 之间网络的连通性。
（8）总部 PC1 ping 分部 B PC3，查看总部与分部 B 之间网络的连通性。
（9）分部 A PC2 ping 分部 B PC3，查看分部之间网络的连通性。

IPv4 与 IPv6 混合应用篇

项目8 基于IPv4和IPv6的双栈网络搭建

08

项目描述

Jan16 公司原有网络为 IPv4 网络，近期计划将各部门网络升级为 IPv6 网络。为了避免网络升级过程对 IPv4 网络造成影响，采用逐个进行部门网络升级的方法，公司网络拓扑如图 8-1 所示，具体要求如下。

（1）公司网络中现有项目部 PC1、财务部 PC2、人事部 PC3，均连接到各部门的接入层交换机。核心交换机 SW1 作为各部门互联网关。

（2）各部门原有网络均为 IPv4 网络。项目部和财务部两个部门计划率先升级到 IPv6 网络，升级后的网络仍然可以相互通信。

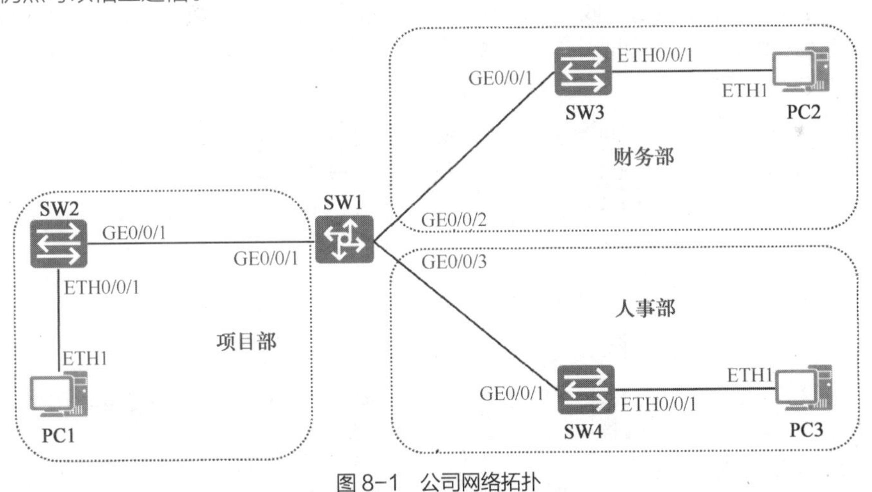

图 8-1　公司网络拓扑

项目需求分析

公司将项目部和财务部升级到 IPv6 网络后，将导致公司网络处于 IPv4 和 IPv6 混合状态，如果要确保混合网络条件下的设备仍能相互通信，需要网络设备能够同时工作在 IPv4 和 IPv6 网络。

本项目可以通过执行以下工作任务来完成。

（1）创建部门 VLAN，实现各部门网络划分。

（2）配置交换机互联端口，实现 PC 可跨交换机通信。

（3）配置IPv4网络，实现全网基于IPv4的互联互通。
（4）配置IPv6网络，实现全网基于双栈的互联互通。

项目相关知识

8.1 双栈技术概述

双栈（Dual-Stack）技术指网络中所有的节点同时支持IPv4和IPv6栈，这些节点称为双栈节点。双栈技术是IPv4网络过渡到IPv6网络过程中使用非常广泛的一种技术。

双栈技术的优点是互通性好、易于理解；缺点是需要给每个支持IPv6的网络设备和终端分配IPv4地址，无法解决IPv4地址匮乏问题。

在IPv6网络建设初期，由于IPv4地址尚未分配完，这种方案是可行的；而IPv6网络发展到目前阶段，为每个节点同时分配两个栈地址是很难实现的。

8.2 双栈技术组网结构

IPv4网络和IPv6网络之间通过IPv4/IPv6转换路由器进行连接，先将在物理层接收的数据交给数据链路层，在数据链路层对收到的数据进行分析。如果IPv4/IPv6首部中的第一个字段（即版本号字段）是4，则该数据报为IPv4数据报；如果版本号字段是6，则该数据报为IPv6数据报。处理结束后继续向上层递交，根据底层接收的数据报是IPv4数据报还是IPv6数据报，在网络层做相应的处理，处理结束后继续递交给传输层，并由传输层进行相应的处理，直至上层用户的应用。双栈的网络拓扑结构如图8-2所示。

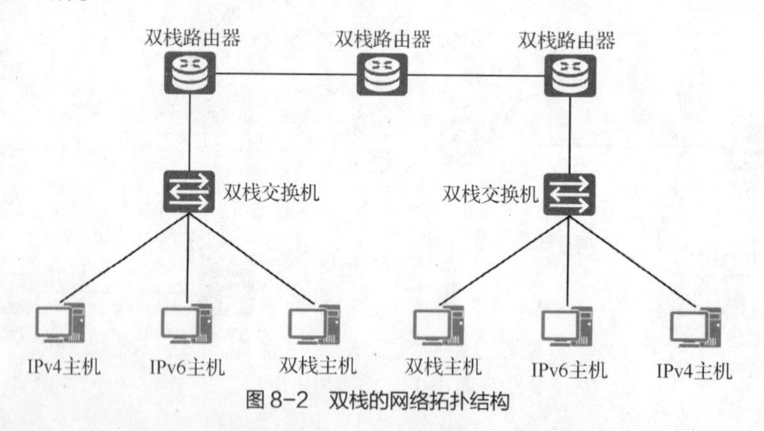

图8-2 双栈的网络拓扑结构

双栈网络构建了一个基础设施框架，这个框架中路由器上已经启用了IPv4和IPv6转发。这种技术的缺点在于各节点需要同时支持IPv4和IPv6栈。这意味着要同步存储其中所有的表（如路由表），还要为这两种协议配置路由协议。对网络管理而言，需要根据不同的协议采用不同的命令，例如，在使用Windows操作系统的PC上，测试网络连通性的命令，IPv4使用【ping】，而IPv6则使用【ping-6】。

8.3 双栈节点选择协议

双栈节点根据应用程序使用的目的地址来选择协议，具体如下。

（1）若应用程序使用的目的地址是IPv4地址，则使用IPv4栈。

（2）若应用程序使用的目的地址是 IPv6 地址，则使用 IPv6 栈。

（3）若应用程序使用的目的地址是兼容 IPv4 地址的 IPv6 地址，则仍然使用 IPv4 栈，需要将 IPv6 分组封装在 IPv4 分组中。

（4）若应用程序使用域名地址作为目的地址，节点首先提供支持 IPv4 A 记录和 IPv6 A6 记录的解析器，向网络中的 DNS 服务器请求解析服务，得到对应的 IPv4 地址或 IPv6 地址，再根据获得的地址的情况进行相应的处理。

项目规划设计

项目拓扑

本项目中，使用 3 台 PC、1 台核心交换机以及 3 台接入层交换机来搭建项目拓扑，如图 8-3 所示。其中 PC1 是项目部员工 PC，PC2 是财务部员工 PC，PC3 是人事部员工 PC，交换机 SW1 作为各部门的互联网关。项目部和财务部计划升级至 IPv6 网络，相关网络接口需同时配置 IPv4 地址与 IPv6 地址，实现双栈网络。

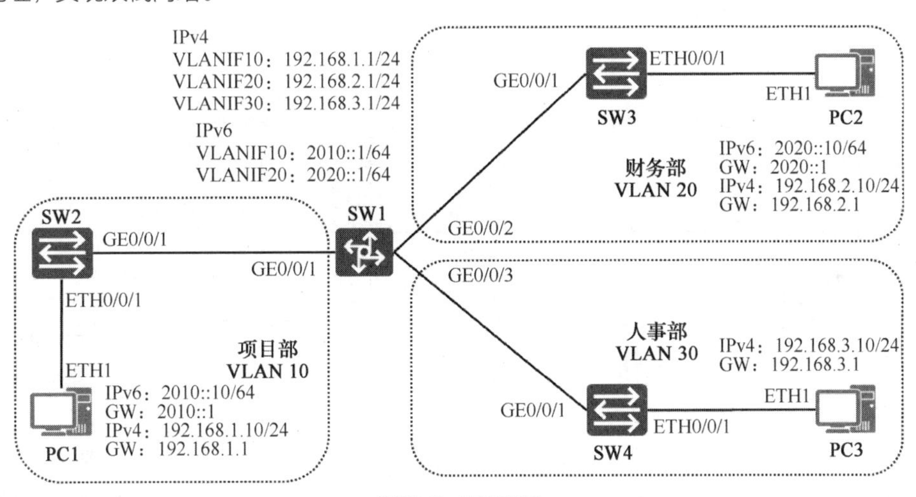

图 8-3 项目拓扑

项目规划

根据图 8-3 所示的项目拓扑进行业务规划，相应的 VLAN 规划、端口互联规划、IPv4 地址规划、IPv6 地址规划如表 8-1～表 8-4 所示。

表 8-1 VLAN 规划

VLAN	IPv4 地址段	IPv6 地址段	用途
VLAN 10	192.168.1.0/24	2010::/64	项目部
VLAN 20	192.168.2.0/24	2020::/64	财务部
VLAN 30	192.168.3.0/24	N/A	人事部

表 8-2　端口互联规划

本端设备	本端接口	端口链路类型	对端设备	对端接口
PC1	ETH1	N/A	SW1	ETH0/0/1
PC2	ETH1	N/A	SW2	ETH0/0/1
PC3	ETH1	N/A	SW3	ETH0/0/1
SW1	GE0/0/1	Trunk	SW2	GE0/0/1
	GE0/0/2	Trunk	SW3	GE0/0/1
	GE0/0/3	Trunk	SW4	GE0/0/1
SW2	ETH0/0/1	Access	PC1	ETH1
	GE0/0/1	Trunk	SW1	GE0/0/1
SW3	ETH0/0/1	Access	PC2	ETH1
	GE0/0/1	Trunk	SW1	GE0/0/2
SW4	ETH0/0/1	Access	PC3	ETH1
	GE0/0/1	Trunk	SW1	GE0/0/3

表 8-3　IPv4 地址规划

设备名称	接口	IP 地址	网关地址	用途
PC1	ETH1	192.168.1.10/24	192.168.1.1	PC1 IPv4 地址
PC2	ETH1	192.168.2.10/24	192.168.2.1	PC2 IPv4 地址
PC3	ETH1	192.168.3.10/24	192.168.3.1	PC3 IPv4 地址
SW1	VLANIF10	192.168.1.1/24	N/A	PC1 IPv4 网关地址
	VLANIF20	192.168.2.1/24	N/A	PC2 IPv4 网关地址
	VLANIF30	192.168.3.1/24	N/A	PC3 IPv4 网关地址

表 8-4　IPv6 地址规划

设备名称	接口	IP 地址	网关地址	用途
PC1	ETH1	2010::10/64	2010::1	PC1 IPv6 地址
PC2	ETH1	2020::10/64	2020::1	PC2 IPv6 地址
SW1	VLANIF10	2010::1/64	N/A	PC1 IPv6 网关地址
	VLANIF20	2020::1/64	N/A	PC2 IPv6 网关地址

项目实施

备注：任务8-1、任务8-2、任务8-3为公司原有IPv4网络的相关配置，此处用于搭建项目环境。

任务 8-1 创建部门 VLAN

任务规划

根据端口互联规划（表 8-2）要求，为交换机创建部门 VLAN，然后将对应端口划分到部门 VLAN 中。

V8-1 任务 8-1 创建部门 VLAN

任务实施

1. 为交换机创建 VLAN

（1）为交换机 SW1 创建部门 VLAN。

```
<Huawei>system-view                     //进入系统视图
[Huawei]sysname SW1                     //修改设备名称
[SW1]vlan batch 10 20 30                //创建 VLAN 10、VLAN 20、VLAN 30
```

（2）为交换机 SW2 创建部门 VLAN。

```
<Huawei>system-view                     //进入系统视图
[Huawei]sysname SW2                     //修改设备名称
[SW2]vlan batch 10                      //创建 VLAN 10
```

（3）为交换机 SW3 创建部门 VLAN。

```
<Huawei>system-view                     //进入系统视图
[Huawei]sysname SW3                     //修改设备名称
[SW3]vlan batch 20                      //创建 VLAN 20
```

（4）为交换机 SW4 创建部门 VLAN。

```
<Huawei>system-view                     //进入系统视图
[Huawei]sysname SW4                     //修改设备名称
[SW4]vlan batch 30                      //创建 VLAN 30
```

2. 将交换机端口添加到对应 VLAN 中

（1）为交换机 SW2 划分 VLAN，将对应端口添加到 VLAN 中。

```
[SW2]interface Ethernet 0/0/1                   //进入端口视图
[SW2-Ethernet0/0/1]port link-type access        //配置链路类型为 Access
[SW2-Ethernet0/0/1]port default vlan 10         //划分端口到 VLAN 10
[SW2-Ethernet0/0/1]quit                         //退出端口视图
```

（2）为交换机 SW3 划分 VLAN，将对应端口添加到 VLAN 中。

```
[SW3]interface Ethernet 0/0/1                   //进入端口视图
[SW3-Ethernet0/0/1]port link-type access        //配置链路类型为 Access
[SW3-Ethernet0/0/1]port default vlan 20         //划分端口到 VLAN 20
[SW3-Ethernet0/0/1]quit                         //退出端口视图
```

（3）为交换机 SW4 划分 VLAN，将对应端口添加到 VLAN 中。

```
[SW4]interface Ethernet 0/0/1                   //进入端口视图
[SW4-Ethernet0/0/1]port link-type access        //配置链路类型为 Access
[SW4-Ethernet0/0/1]port default vlan 30         //划分端口到 VLAN 30
[SW4-Ethernet0/0/1]quit                         //退出端口视图
```

任务验证

（1）在交换机 SW1 上使用【display vlan】命令查看 VLAN 的创建情况，从图 8-4 所示的结果中可以看到 VLAN 10、VLAN 20、VLAN 30 均已完成创建。

```
[SW1]display vlan
......
VID  Type     Ports
--------------------------------------------------------------------------------
1    common   UT:GE0/0/1(U)     GE0/0/2(U)     GE0/0/3(U)     GE0/0/4(D)
                 GE0/0/5(D)     GE0/0/6(D)     GE0/0/7(D)     GE0/0/8(D)
                 GE0/0/9(D)     GE0/0/10(D)    GE0/0/11(D)    GE0/0/12(D)
                 GE0/0/13(D)    GE0/0/14(D)    GE0/0/15(D)    GE0/0/16(D)
                 GE0/0/17(D)    GE0/0/18(D)    GE0/0/19(D)    GE0/0/20(D)
                 GE0/0/21(D)    GE0/0/22(D)    GE0/0/23(D)    GE0/0/24(D)
10   common
20   common
30   common
......
```

图 8-4　交换机 SW1 的 VLAN 创建情况

（2）在交换机 SW2 上使用【display vlan】命令查看 VLAN 的创建情况，从图 8-5 所示的结果中可以看到 VLAN 10 已完成创建。

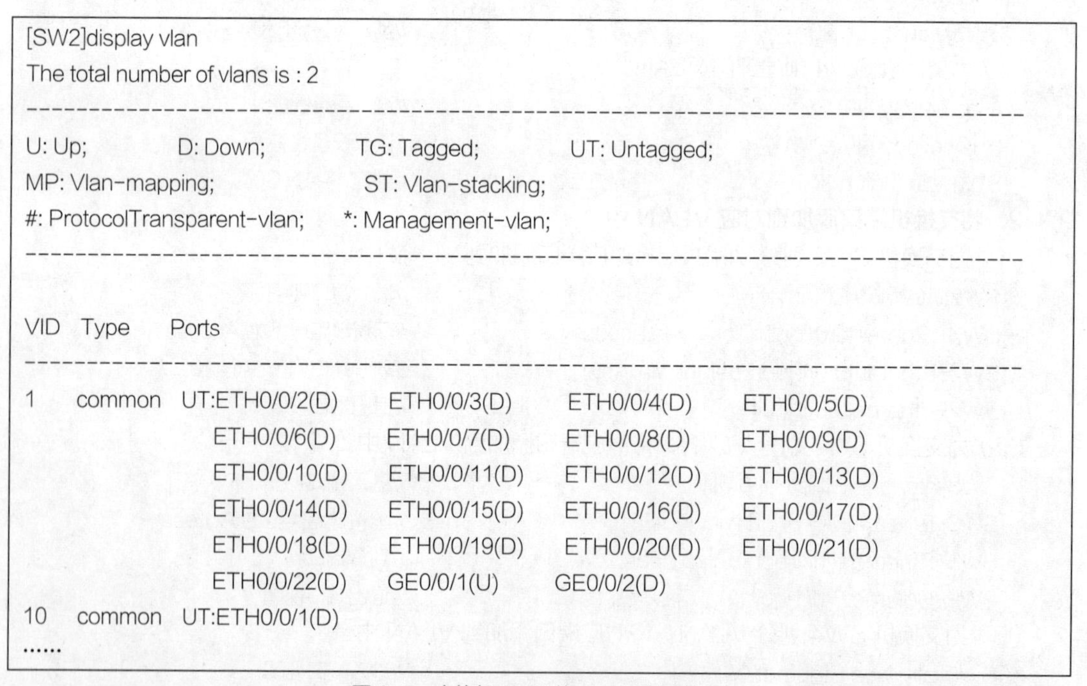

```
[SW2]display vlan
The total number of vlans is : 2
--------------------------------------------------------------------------------
U: Up;          D: Down;         TG: Tagged;          UT: Untagged;
MP: Vlan-mapping;                ST: Vlan-stacking;
#: ProtocolTransparent-vlan;    *: Management-vlan;
--------------------------------------------------------------------------------

VID  Type     Ports
--------------------------------------------------------------------------------
1    common   UT:ETH0/0/2(D)     ETH0/0/3(D)     ETH0/0/4(D)     ETH0/0/5(D)
                 ETH0/0/6(D)     ETH0/0/7(D)     ETH0/0/8(D)     ETH0/0/9(D)
                 ETH0/0/10(D)    ETH0/0/11(D)    ETH0/0/12(D)    ETH0/0/13(D)
                 ETH0/0/14(D)    ETH0/0/15(D)    ETH0/0/16(D)    ETH0/0/17(D)
                 ETH0/0/18(D)    ETH0/0/19(D)    ETH0/0/20(D)    ETH0/0/21(D)
                 ETH0/0/22(D)    GE0/0/1(U)      GE0/0/2(D)
10   common   UT:ETH0/0/1(D)
......
```

图 8-5　交换机 SW2 的 VLAN 创建情况

（3）在交换机 SW3 上使用【display vlan】命令查看 VLAN 的创建情况，从图 8-6 所示的结果中可以看到 VLAN 20 已完成创建。

```
[SW3]display vlan
The total number of vlans is : 2
--------------------------------------------------------------------------------
U: Up;          D: Down;          TG: Tagged;          UT: Untagged;
MP: Vlan-mapping;                 ST: Vlan-stacking;
#: ProtocolTransparent-vlan;      *: Management-vlan;
--------------------------------------------------------------------------------

VID  Type     Ports
--------------------------------------------------------------------------------
1    common  UT:ETH0/0/2(D)     ETH0/0/3(D)     ETH0/0/4(D)     ETH0/0/5(D)
                ETH0/0/6(D)     ETH0/0/7(D)     ETH0/0/8(D)     ETH0/0/9(D)
                ETH0/0/10(D)    ETH0/0/11(D)    ETH0/0/12(D)    ETH0/0/13(D)
                ETH0/0/14(D)    ETH0/0/15(D)    ETH0/0/16(D)    ETH0/0/17(D)
                ETH0/0/18(D)    ETH0/0/19(D)    ETH0/0/20(D)    ETH0/0/21(D)
                ETH0/0/22(D)    GE0/0/1(U)      GE0/0/2(D)
20   common  UT:ETH0/0/1(D)
......
```

图 8-6　交换机 SW3 的 VLAN 创建情况

（4）在交换机 SW4 上使用【display vlan】命令查看 VLAN 的创建情况，从图 8-7 所示的结果中可以看到 VLAN 30 已完成创建。

```
[SW4]display vlan
The total number of vlans is : 2
--------------------------------------------------------------------------------
U: Up;          D: Down;          TG: Tagged;          UT: Untagged;
MP: Vlan-mapping;                 ST: Vlan-stacking;
#: ProtocolTransparent-vlan;      *: Management-vlan;
--------------------------------------------------------------------------------

VID  Type     Ports
--------------------------------------------------------------------------------
1    common  UT:ETH0/0/2(D)     ETH0/0/3(D)     ETH0/0/4(D)     ETH0/0/5(D)
                ETH0/0/6(D)     ETH0/0/7(D)     ETH0/0/8(D)     ETH0/0/9(D)
                ETH0/0/10(D)    ETH0/0/11(D)    ETH0/0/12(D)    ETH0/0/13(D)
                ETH0/0/14(D)    ETH0/0/15(D)    ETH0/0/16(D)    ETH0/0/17(D)
                ETH0/0/18(D)    ETH0/0/19(D)    ETH0/0/20(D)    ETH0/0/21(D)
                ETH0/0/22(D)    GE0/0/1(U)      GE0/0/2(D)
30   common  UT:ETH0/0/1(D)
......
```

图 8-7　交换机 SW4 的 VLAN 创建情况

（5）在交换机 SW2 上使用【display port vlan】命令查看端口配置情况，正确结果如图 8-8 所示。

```
[SW2]display port vlan
Port                    Link Type    PVID  Trunk  VLAN  List
-------------------------------------------------------------------------------
Ethernet0/0/1           access        10    -
......
```

图 8-8 交换机 SW2 的端口配置情况

（6）在交换机 SW3 上使用【display port vlan】命令查看端口配置情况，正确结果如图 8-9 所示。

```
[SW3]display port vlan
Port                    Link Type    PVID  Trunk  VLAN  List
-------------------------------------------------------------------------------
Ethernet0/0/1           access        20    -
......
```

图 8-9 交换机 SW3 的端口配置情况

（7）在交换机 SW4 上使用【display port vlan】命令查看端口配置情况，正确结果如图 8-10 所示。

```
[SW4]display port vlan
Port                    Link Type    PVID  Trunk  VLAN  List
-------------------------------------------------------------------------------
Ethernet0/0/1           access        30    -
......
```

图 8-10 交换机 SW4 的端口配置情况

任务 8-2 配置交换机互联端口

任务规划

根据项目拓扑规划，交换机 SW1 与交换机 SW2 互联端口之间的链路需要转发 VLAN 10 的流量，交换机 SW1 与交换机 SW3 互联端口之间的链路需要转发 VLAN 20 的流量，交换机 SW1 与交换机 SW4 互联端口之间的链路需要转发 VLAN 30 的流量，因此需要将这些链路配置为 Trunk 链路，并配置 Trunk 链路的 VLAN 允许列表。

V8-2 任务 8-2 配置交换机互联端口

任务实施

1. 配置交换机 SW1 的互联端口

在交换机 SW1 上配置互联端口的链路类型为 Trunk 链路，并为相关 VLAN 配置允许列表。

```
[SW1]interface GigabitEthernet 0/0/1                    //进入端口视图
[SW1-GigabitEthernet0/0/1]port link-type trunk          //配置链路类型为 Trunk
[SW1-GigabitEthernet0/0/1]port trunk allow-pass vlan 10 //配置允许列表
[SW1-GigabitEthernet0/0/1]quit                          //退出端口视图
[SW1]interface GigabitEthernet 0/0/2                    //进入端口视图
```

```
[SW1-GigabitEthernet0/0/2]port link-type trunk                 //配置链路类型为 Trunk
[SW1-GigabitEthernet0/0/2]port trunk allow-pass vlan 20        //配置允许列表
[SW1-GigabitEthernet0/0/2]quit                                 //退出端口视图
[SW1]interface GigabitEthernet 0/0/3                           //进入端口视图
[SW1-GigabitEthernet0/0/3]port link-type trunk                 //配置链路类型为 Trunk
[SW1-GigabitEthernet0/0/3]port trunk allow-pass vlan 30        //配置允许列表
[SW1-GigabitEthernet0/0/3]quit                                 //退出端口视图
```

2. 配置交换机 SW2 的互联端口

在交换机 SW2 上配置互联端口的链路类型为 Trunk 链路，并为相关 VLAN 配置允许列表。

```
[SW2]interface GigabitEthernet 0/0/1                           //进入端口视图
[SW2-GigabitEthernet0/0/1]port link-type trunk                 //配置链路类型为 Trunk
[SW2-GigabitEthernet0/0/1]port trunk allow-pass vlan 10        //配置允许列表
[SW2-GigabitEthernet0/0/1]quit                                 //退出端口视图
```

3. 配置交换机 SW3 的互联端口

在交换机 SW3 上配置互联端口的链路类型为 Trunk 链路，并为相关 VLAN 配置允许列表。

```
[SW3]interface GigabitEthernet 0/0/1                           //进入端口视图
[SW3-GigabitEthernet0/0/1]port link-type trunk                 //配置链路类型为 Trunk
[SW3-GigabitEthernet0/0/1]port trunk allow-pass vlan 20        //配置允许列表
[SW3-GigabitEthernet0/0/1]quit                                 //退出端口视图
```

4. 配置交换机 SW4 的互联端口

在交换机 SW4 上配置互联端口的链路类型为 Trunk 链路，并为相关 VLAN 配置允许列表。

```
[SW4]interface GigabitEthernet 0/0/1                           //进入端口视图
[SW4-GigabitEthernet0/0/1]port link-type trunk                 //配置链路类型为 Trunk
[SW4-GigabitEthernet0/0/1]port trunk allow-pass vlan 30        //配置允许列表
[SW4-GigabitEthernet0/0/1]quit                                 //退出端口视图
```

任务验证

（1）在交换机 SW1 上使用【display port vlan】命令查看交换机 SW1 的端口配置情况，如图 8-11 所示。

```
[SW1]display port vlan
Port                    Link Type    PVID  Trunk  VLAN  List
-------------------------------------------------------------------------------
GigabitEthernet0/0/1    trunk        1     1      10
GigabitEthernet0/0/2    trunk        1     1      20
GigabitEthernet0/0/3    trunk        1     1      30
……
```

图 8-11　交换机 SW1 的端口配置情况

（2）在交换机 SW2 上使用【display port vlan】命令查看交换机 SW2 的端口配置情况，如图 8-12 所示。

```
[SW2]display port vlan
Port                    Link Type     PVID  Trunk  VLAN  List
---------------------------------------------------------------------------
......
GigabitEthernet0/0/1    trunk         1     1      10
......
```

图 8-12　交换机 SW2 的端口配置情况

（3）在交换机 SW3 上使用【display port vlan】命令查看交换机 SW3 的端口配置情况，如图 8-13 所示。

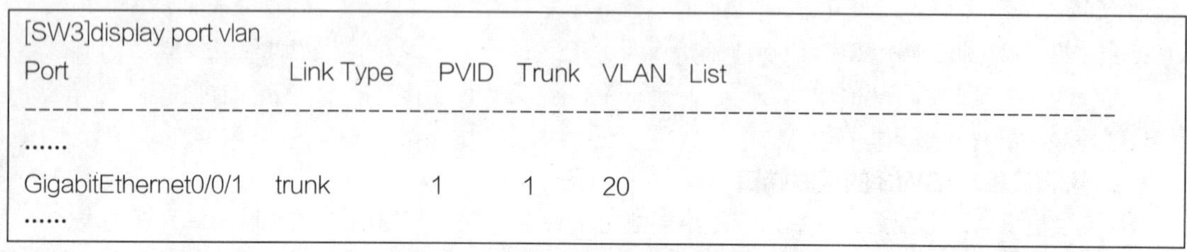

```
[SW3]display port vlan
Port                    Link Type     PVID  Trunk  VLAN  List
---------------------------------------------------------------------------
......
GigabitEthernet0/0/1    trunk         1     1      20
......
```

图 8-13　交换机 SW3 的端口配置情况

（4）在交换机 SW4 上使用【display port vlan】命令查看交换机 SW4 的端口配置情况，如图 8-14 所示。

```
[SW4]display port vlan
Port                    Link Type     PVID  Trunk  VLAN  List
---------------------------------------------------------------------------
......
GigabitEthernet0/0/1    trunk         1     1      30
......
```

图 8-14　交换机 SW4 的端口配置情况

任务 8-3　配置 IPv4 网络

任务规划

根据 IPv4 地址规划（表 8-3）为交换机及 PC 配置 IPv4 地址。

V8-3　任务 8-3
配置 IPv4 网络

任务实施

1. 配置各部门 PC 的 IPv4 地址及网关

根据表 8-5 为各部门 PC 配置 IPv4 地址及网关。

表 8-5　各部门 PC 的 IPv4 地址及网关信息

设备名称	IP 地址	网关地址
PC1	192.168.1.10/24	192.168.1.1
PC2	192.168.2.10/24	192.168.2.1
PC3	192.168.3.10/24	192.168.3.1

图 8-15 所示为项目部 PC1 的 IPv4 地址配置结果，同理完成财务部 PC2 和人事部 PC3 的 IPv4 地址配置。

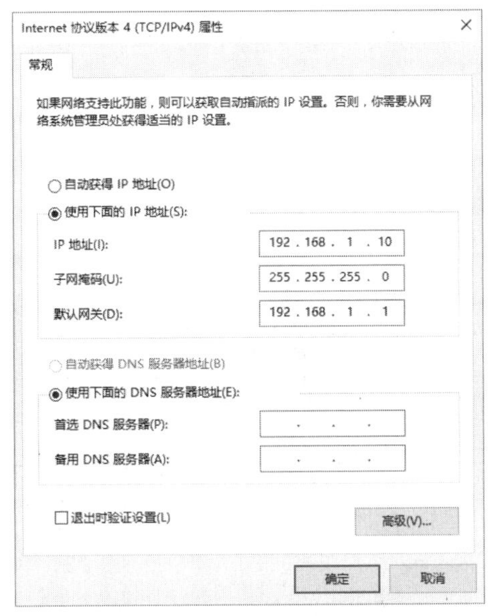

图 8-15　PC1 的 IPv4 地址配置结果

2. 配置交换机的 IPv4 地址

在交换机 SW1 上为 3 个接口配置 IPv4 地址，作为各部门的网关。

```
[SW1]interface vlanif 10                    //进入 VLANIF 接口视图
[SW1-Vlanif10]ip address 192.168.1.1 24     //配置 IPv4 地址
[SW1-Vlanif10]quit                          //退出接口视图
[SW1]interface vlanif 20                    //进入 VLANIF 接口视图
[SW1-Vlanif20]ip address 192.168.2.1 24     //配置 IPv4 地址
[SW1-Vlanif20]quit                          //退出接口视图
[SW1]interface vlanif 30                    //进入 VLANIF 接口视图
[SW1-Vlanif30]ip address 192.168.3.1 24     //配置 IPv4 地址
[SW1-Vlanif30]quit                          //退出接口视图
```

任务验证

在交换机 SW1 上使用【display ip interface brief】命令查看 IPv4 地址配置情况，如图 8-16 所示。

```
[SW1]display ip interface brief
......
Interface          IP Address/Mask     Physical    Protocol
MEth0/0/1          unassigned          down        down
NULL0              unassigned          up          up(s)
Vlanif1            unassigned          up          down
Vlanif10           192.168.1.1/24      up          up
Vlanif20           192.168.2.1/24      up          up
Vlanif30           192.168.3.1/24      up          up
```

图 8-16　交换机 SW1 的 IPv4 地址配置情况

任务 8-4　配置 IPv6 网络

V8-4　任务 8-4
配置 IPv6 网络

任务规划

根据 IPv6 地址规划（表 8-4）为交换机及 PC 配置 IPv6 地址。

任务实施

1. 配置 PC 的 IPv6 地址及网关

根据表 8-6 为项目部和财务部 PC 配置 IPv6 地址及网关。

表 8-6　项目部和财务部 PC 的 IPv6 地址及网关信息

设备名称	IP 地址	网关地址
PC1	2010::10/64	2010::1
PC2	2020::10/64	2020::1

图 8-17 所示为项目部 PC1 的 IPv6 地址配置结果，同理完成财务部 PC2 的 IPv6 地址配置。

Internet 协议版本 6 (TCP/IPv6) 属性

常规

如果网络支持此功能，则可以自动获取分配的 IPv6 设置。否则，你需要向网络管理员咨询，以获得适当的 IPv6 设置。

自动获取 IPv6 地址(O)
使用以下 IPv6 地址(S):
IPv6 地址(I): 2010::10
子网前缀长度(U): 64
默认网关(D): 2010::1

自动获得 DNS 服务器地址(B)
使用下面的 DNS 服务器地址(E):
首选 DNS 服务器(P):
备用 DNS 服务器(A):

退出时验证设置(L)　高级(V)...

确定　取消

图 8-17　PC1 的 IPv6 地址配置结果

2. 配置交换机的 IPv6 地址

在交换机 SW1 上为 2 个接口配置 IPv6 地址，作为项目部和财务部的网关。

```
[SW1]ipv6                                  //启用全局 IPv6 功能
[SW1]interface vlanif 10                   //进入 VLANIF 接口视图
```

```
[SW1-Vlanif10]ipv6 enable                    //启用接口 IPv6 功能
[SW1-Vlanif10]ipv6 address 2010::1 64        //配置 IPv6 地址
[SW1-Vlanif10]quit                           //退出接口视图
[SW1]interface vlanif 20                     //进入 VLANIF 接口视图
[SW1-Vlanif20]ipv6 enable                    //启用接口 IPv6 功能
[SW1-Vlanif20]ipv6 address 2020::1 64        //配置 IPv6 地址
[SW1-Vlanif20]quit                           //退出接口视图
```

任务验证

在交换机 SW1 上使用【display ipv6 interface brief】命令查看 IPv6 地址配置情况，如图 8-18 所示。

```
[SW1]display ipv6 interface brief
*down: administratively down
(l): loopback
(s): spoofing
Interface                Physical          Protocol
Vlanif10                 up                up
[IPv6 Address] 2010::1
Vlanif20                 up                up
[IPv6 Address] 2020::1
```

图 8-18　交换机 SW1 的 IPv6 地址配置情况

项目验证

V8-5　项目验证

（1）项目部 PC1 ping 财务部 PC2 的 IPv6 地址 2020::10，如图 8-19 所示。

```
C:\Users\admin>ping 2020::10

正在 ping 2020::10 具有 32 字节的数据:
来自 2020::10 的回复: 时间=1ms
来自 2020::10 的回复: 时间=1ms
来自 2020::10 的回复: 时间=1ms
来自 2020::10 的回复: 时间=2ms

2020::10 的 ping 统计信息:
    数据报: 已发送 = 4，已接收 = 4，丢失 = 0 (0% 丢失)，
往返行程的估计时间 (以毫秒为单位)：
    最短 = 1ms，最长 = 2ms，平均 = 1ms
```

图 8-19　PC1 与 PC2 的连通性测试

（2）项目部 PC1 ping 人事部 PC3 的 IPv4 地址 192.168.3.10，如图 8-20 所示。

```
C:\Users\admin>ping 192.168.3.10

正在 ping 192.168.3.10 具有 32 字节的数据:
来自 192.168.3.10 的回复: 字节=32 时间=1ms TTL=127
来自 192.168.3.10 的回复: 字节=32 时间=1ms TTL=127
来自 192.168.3.10 的回复: 字节=32 时间=1ms TTL=127
来自 192.168.3.10 的回复: 字节=32 时间=1ms TTL=127

192.168.3.10 的 ping 统计信息:
    数据报: 已发送 = 4，已接收 = 4，丢失 = 0 (0% 丢失),
往返行程的估计时间（以毫秒为单位）:
    最短 = 1ms，最长 = 1ms，平均 = 1ms
```

图 8-20　PC1 与 PC3 的连通性测试

练习与思考

理论题

（1）双栈技术要求网络中的节点（　　）。

A．支持 IPv4 栈　　B．支持 IPv6 栈
C．同时支持 IPv4 和 IPv6 栈　　D．没有要求

（2）双栈节点可以通过链路层接收数据的（　　）字段来判断该数据报为 IPv4 数据报还是 IPv6 数据报。

A．Traffic Class　　B．Version
C．Source Address　　D．Destination Address

（3）IPv6 地址中不存在（　　）。

A．单播地址　　B．广播地址　　C．任播地址　　D．组播地址

（4）IPv4 地址中不存在（　　）。

A．单播地址　　B．广播地址　　C．任播地址　　D．组播地址

（5）在 Windows 操作系统的 PC 中，测试 IPv6 网络连通性使用的命令是（　　）。

A．ping.exe　　B．ping6.exe
C．ping.exe-6　　D．ping.exe-ipv6

项目实训题

1．项目背景与要求

Jan16 公司网络中的财务部与项目部已升级 IPv6 网络，人事部为 IPv4 网络，为实现各部门的相互通信，需要将公司网络部署为双栈网络，实践拓扑如图 8-21 所示。具体要求如下。

根据实践拓扑，为 PC 和路由器配置 IPv6 地址和 IPv4 地址（x 为部门，y 为工号）。

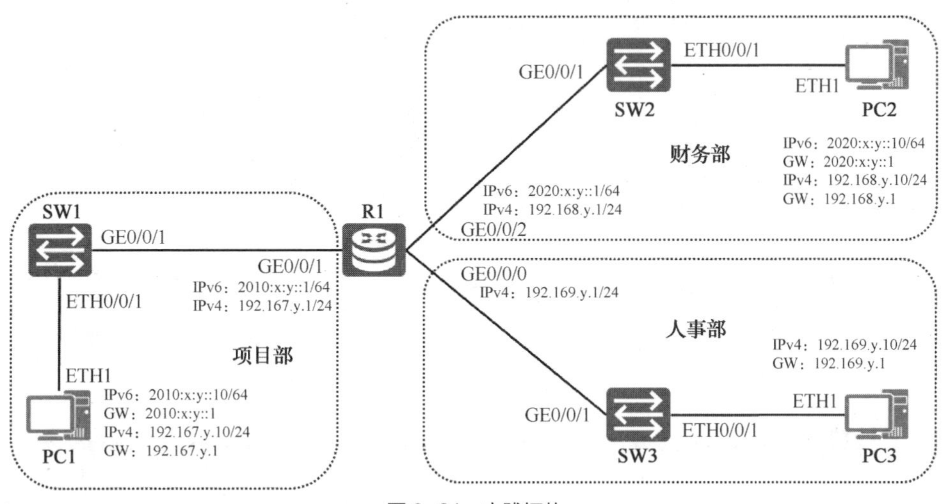

图 8-21　实践拓扑

2. 实践业务规划

根据以上实践拓扑和需求，参考本项目的项目规划完成表 8-7～表 8-9 内容的规划。

表 8-7　端口互联规划

本端设备	本端接口	对端设备	对端接口

表 8-8　IPv6 地址规划

设备名称	接口	IP 地址	网关地址	用途

表 8-9　IPv4 地址规划

设备名称	接口	IP 地址	网关地址	用途

3. 实践要求

完成实验后，请截取以下实验验证结果图。

（1）在路由器 R1 上使用【display ip interface brief】命令，查看 IPv4 地址配置情况。

（2）在路由器 R1 上使用【display ipv6 interface brief】命令，查看 IPv6 地址配置情况。

（3）项目部 PC1 ping 财务部 PC2（2020:x:y:10），查看部门之间网络的连通性。

（4）项目部 PC1 ping 人事部 PC3（192.169.y.10），查看部门之间网络的连通性。

项目9 使用GRE隧道实现总部与分部的互联

09

项目描述

Jan16 公司在 X 市成立了 Jan16 公司分部，因总部网络已建立 IPv6 网络，要求在分部 A 新建 IPv6 网络，并能够与总部互相通信。公司网络拓扑如图 9-1 所示，具体要求如下。

（1）公司总部与分部 A 均由出口网关路由器连接部门 PC，路由器和 PC 均支持双栈协议。

（2）运营商网络目前仅能支持 IPv4，需要通过配置手动隧道协议，实现总部与分部 A 的 IPv6 网络互通。

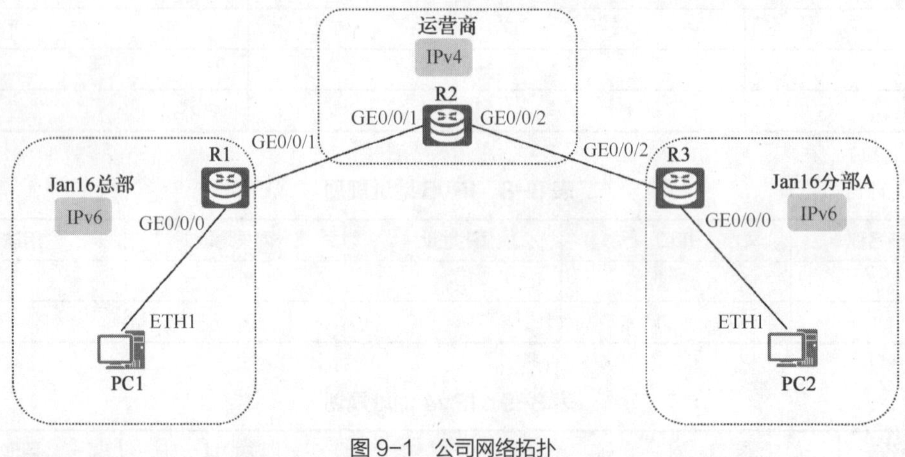

图 9-1　公司网络拓扑

项目需求分析

Jan16 公司由总部及分部 A 组成，公司网络已全面升级为 IPv6 网络，连接总部与分部的运营商网络仅支持 IPv4 网络。可以通过配置 IPv6 over IPv4 GRE（Generic Routing Encapsulation，通用路由封装）隧道，来实现总部与分部之间的 IPv6 网络互通。

因此，本项目可以通过执行以下工作任务来完成。

（1）完成运营商路由器基础配置。

（2）配置公司路由器及 PC 的 IP 地址，完成公司总部与分部 A 的基础网络配置。

（3）配置出口路由器的 IPv4 默认路由，实现互联网的 IPv4 网络互通。

（4）配置 IPv6 over IPv4 GRE 隧道，实现总部与分部之间的 IPv6 网络通过隧道互通。

项目相关知识

9.1 IPv6 over IPv4 隧道技术概述

由于 IPv4 地址的匮乏和 IPv6 的先进性，IPv4 过渡为 IPv6 势在必行。因为 IPv6 与 IPv4 有不兼容性，所以需要对原有的 IPv4 设备进行替换。但是如果贸然将 IPv4 设备大量替换，所需成本会非常高，且现网运行的业务也会中断，显然并不可行。所以，IPv4 向 IPv6 过渡是一个渐进的过程。在过渡初期，IPv4 网络已经大量部署，而 IPv6 网络只是散落在各地的一个个“孤岛”，IPv6 over IPv4 隧道就是通过隧道技术，使 IPv6 报文在 IPv4 网络中传输，实现 IPv6 网络中的孤岛互联。

IPv6 over IPv4 隧道报文封装如图 9-2 所示，当 IPv6 网络 A 的数据要穿越 IPv4 网络到达 IPv6 网络 B 时，因为 IPv6 与 IPv4 互不兼容，所以需要在路由器 AR1 和路由器 AR2（两端的设备都要支持双栈协议）上配置 IPv6 over IPv4 隧道，通过 IPv6 over IPv4 隧道技术将 IPv6 数据作为 IPv4 数据载荷，封装在 IPv4 报头后面，才能让数据通过 IPv4 网络传输到 IPv6 网络 B 中。这便是 IPv6 over IPv4 隧道技术的关键。

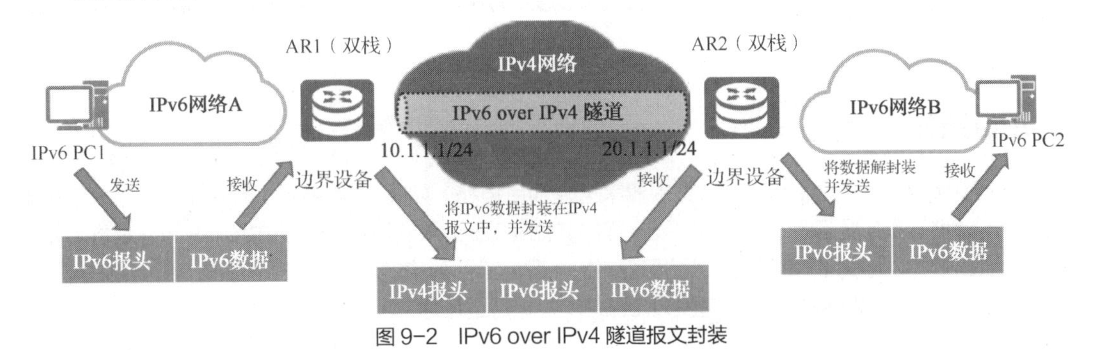

图 9-2　IPv6 over IPv4 隧道报文封装

一个隧道需要有一个起点和一个终点，起点和终点确定了以后，隧道也就确定了。IPv6 over IPv4 隧道起点的 IPv4 地址必须为手动配置，而终点的 IPv4 地址有手动配置和自动获取两种方式。

（1）手动隧道：终点的 IPv4 地址为手动配置时，该隧道称为 IPv6 over IPv4 手动隧道。如图 9-2 所示，数据流向为路由器 AR1 发往路由器 AR2，那么路由器 AR1 需要配置隧道的起点为 IPv4 地址 10.1.1.1，终点为 IPv4 地址 20.1.1.1。若数据流向为路由器 AR2 发往路由器 AR1，那么路由器 AR2 需要配置隧道的起点为 IPv4 地址 20.1.1.1，终点为 IPv4 地址 10.1.1.1。手动隧道一般仅用于简单的 IPv6 网络或主机之间的点到点连接，隧道仅可以承载 IPv6 报文。

（2）自动隧道：终点的 IPv4 地址可以通过某种方式自动获取时，该隧道称为 IPv6 over IPv4 自动隧道。一般的做法是隧道的两个接口的 IPv6 地址采用内嵌 IPv4 地址的特殊 IPv6 地址形式，这样路由设备可以从 IPv6 报文中的目的 IPv6 地址中提取出 IPv4 地址。自动隧道多用于 IPv6 主机之间的点到多点的连接。

9.2 IPv6 over IPv4 GRE 隧道

1. GRE 隧道

通用路由封装隧道是一种手动隧道，GRE 可对某些网络层协议（如 IP 和 IPX）的数据报文进行封装，使这些被封装的报文能够在另一网络层协议（如 IP）中传输。此外 GRE 协议也可以作为虚拟专用网络（Virtual Private Network，VPN）的第三层隧道协议连接两个不同的网络，为数据的传输提供一个透明的通道。这些被封装网络层协议称为乘客协议，GRE 支持多种乘客协议，如 IP、IPX、AppleTalk。

2. IPv6 over IPv4 GRE 隧道概述

GRE 隧道把 IPv6 称为乘客协议，把 GRE 称为承载协议。GRE 隧道封装数据时，IPv6 数据报文首先被封装为 GRE 数据报文，再封装为 IPv4 数据报文。此时的 GRE 隧道称为 IPv6 over IPv4 GRE 隧道。封装之后的 GRE 报文格式如图 9-3 所示。

图 9-3　已封装的 GRE 报文格式

3. IPv6 over IPv4 GRE 隧道的特点

IPv6 over IPv4 GRE 隧道通用性好，原理简单，易于配置。但作为手动隧道，每个隧道都需要手动配置。随着互联网中需要互联的 IPv6 网络数量逐步增加，需要配置的隧道数量以及维护和管理的难度也会随着增加。

项目规划设计

项目拓扑

本项目中，使用 2 台 PC、3 台路由器来搭建项目拓扑，如图 9-4 所示。其中 PC1 为总部员工 PC，PC2 为分部 A 员工 PC，R1 和 R3 分别为总部和分部 A 的出口网关路由器，R2 为运营商路由器。Jan16 公司网络为 IPv6 网络，运营商网络为 IPv4 网络，本项目需要在路由器 R1 与路由器 R3 之间配置 IPv6 over IPv4 GRE 隧道实现 Jan16 公司网络互通。

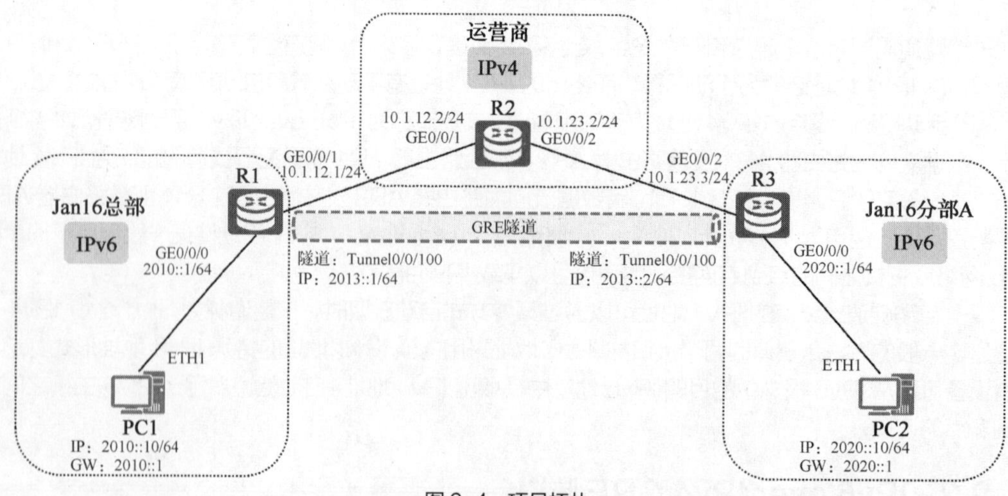

图 9-4　项目拓扑

项目规划

根据图 9-4 所示的项目拓扑进行业务规划，相应的接口互联规划、IPv4 地址规划、IPv6 地址规划如表 9-1～表 9-3 所示。

表 9-1 接口互联规划

本端设备	本端接口	对端设备	对端接口
PC1	ETH1	R1	GE0/0/0
PC2	ETH1	R3	GE0/0/0
R1	GE0/0/0	PC1	ETH1
	GE0/0/1	R2	GE0/0/1
R2	GE0/0/1	R1	GE0/0/1
	GE0/0/2	R3	GE0/0/2
R3	GE0/0/2	R2	GE0/0/2
	GE0/0/0	PC2	ETH1

表 9-2 IPv4 地址规划

设备名称	接口	IP 地址	用途
R1	GE0/0/1	10.1.12.1/24	接口地址
R2	GE0/0/1	10.1.12.2/24	
	GE0/0/2	10.1.23.2/24	
R3	GE0/0/2	10.1.23.3/24	

表 9-3 IPv6 地址规划

设备名称	接口	IP 地址	网关地址	用途
PC1	ETH1	2010::10/64	2010::1	PC1 主机地址
PC2	ETH1	2020::10/64	2020::1	PC2 主机地址
R1	GE0/0/0	2010::1/64	N/A	PC1 网关地址
	Tunnel0/0/100	2013::1/64	N/A	隧道接口地址
R3	GE0/0/0	2020::1/64	N/A	PC2 网关地址
	Tunnel0/0/100	2013::2/64	N/A	隧道接口地址

项目实施

任务 9-1 配置运营商路由器

V9-1 任务 9-1
配置运营商路由器

任务规划

根据 IPv4 地址规划（表 9-2）为运营商路由器配置 IP 地址。

任务实施

为运营商路由器 R2 配置 IP 地址。

在路由器 R2 上配置 IPv4 地址，作为与总部路由器、分部 A 路由器互联的地址。

```
<Huawei>system-view                                   //进入系统视图
[Huawei]sysname R2                                    //修改设备名称
[R2]interface GigabitEthernet 0/0/1                   //进入接口视图
[R2-GigabitEthernet0/0/1]ip address 10.1.12.2 24      //配置 IPv4 地址
[R2-GigabitEthernet0/0/1]quit                         //退出接口视图
[R2]interface GigabitEthernet 0/0/2                   //进入接口视图
[R2-GigabitEthernet0/0/2]ip address 10.1.23.2 24      //配置 IPv4 地址
[R2-GigabitEthernet0/0/2]quit                         //退出接口视图
```

任务验证

在路由器 R2 上使用【display ip interface brief】命令查看 IPv4 地址配置情况，如图 9-5 所示。

```
[R2]display ip interface brief
......
Interface                    IP Address/Mask    Physical   Protocol
GigabitEthernet0/0/1         10.1.12.2/24       up         up
GigabitEthernet0/0/2         10.1.23.2/24       up         up
[R2]
```

图 9-5　路由器 R2 的 IPv4 地址配置情况

任务 9-2　配置公司路由器及 PC 的 IP 地址

任务规划

根据 IPv4 地址规划（表 9-2）和 IPv6 地址规划（表 9-3）为 Jan16 公司路由器及 PC 配置 IPv6 地址。

V9-2　任务 9-2 配置公司路由器及 PC 的 IP 地址

任务实施

1．配置 PC 的 IPv6 地址及网关

根据表 9-4 为总部和分部 PC 配置 IPv6 地址及网关。

表 9-4　总部和分部 PC 的 IPv6 地址及网关信息

设备名称	IP 地址	网关地址
PC1	2010::10/64	2010::1
PC2	2020::10/64	2020::1

图 9-6 所示为总部 PC1 的 IPv6 地址配置结果，同理完成分部 PC2 的 IPv6 地址配置。

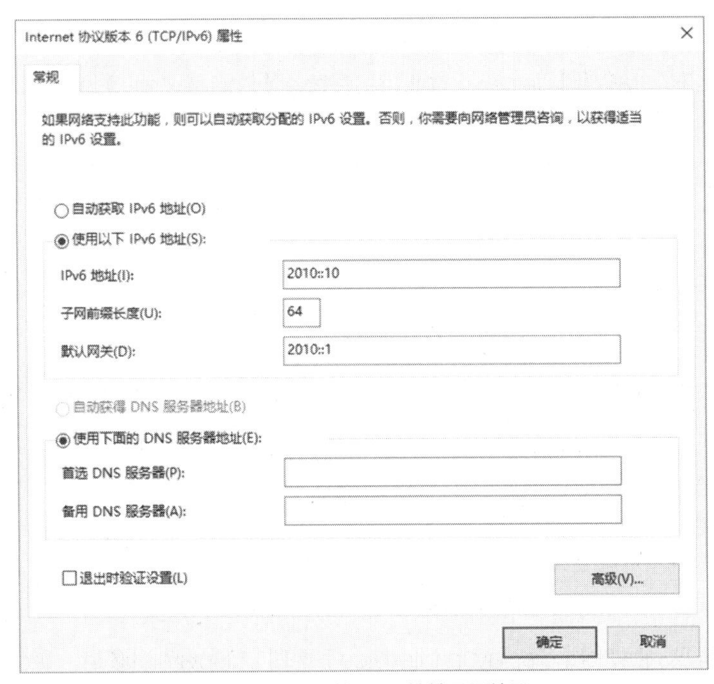

图 9-6　PC1 的 IPv6 地址配置结果

2. 配置路由器 R1 的 IP 地址

在路由器 R1 上配置 IPv4 地址，作为与运营商互联的地址，配置 IPv6 地址，作为总部的网关。

```
<Huawei>system-view                                    //进入系统视图
[Huawei]sysname R1                                     //修改设备名称
[R1]interface GigabitEthernet 0/0/1                    //进入接口视图
[R1-GigabitEthernet0/0/1]ip address 10.1.12.1 24       //配置 IPv4 地址
[R1-GigabitEthernet0/0/1]quit                          //退出接口视图
[R1]ipv6                                               //全局启用 IPv6 功能
[R1]interface GigabitEthernet 0/0/0                    //进入接口视图
[R1-GigabitEthernet0/0/0]ipv6 enable                   //接口下启用 IPv6 功能
[R1-GigabitEthernet0/0/0]ipv6 address 2010::1 64       //配置 IPv6 地址
[R1-GigabitEthernet0/0/0]quit                          //退出接口视图
```

3. 配置路由器 R3 的 IP 地址

在路由器 R3 上配置 IPv4 地址，作为与运营商互联的地址，配置 IPv6 地址，作为总部的网关。

```
<Huawei>system-view                                    //进入系统视图
[Huawei]sysname R3                                     //修改设备名称
[R3]interface GigabitEthernet 0/0/2                    //进入接口视图
[R3-GigabitEthernet0/0/2]ip address 10.1.23.3 24       //配置 IPv4 地址
[R3-GigabitEthernet0/0/2]quit                          //退出接口视图
[R3]ipv6                                               //全局启用 IPv6 功能
[R3]interface GigabitEthernet 0/0/0                    //进入接口视图
[R3-GigabitEthernet0/0/0]ipv6 enable                   //接口下启用 IPv6 功能
[R3-GigabitEthernet0/0/0]ipv6 address 2020::1 64       //配置 IPv6 地址
[R3-GigabitEthernet0/0/0]quit                          //退出接口视图
```

任务验证

（1）在路由器 R1 上使用【display ip interface brief】【display ipv6 interface brief】命令查看 IP 地址配置情况，如图 9-7 所示。

```
[R1]display ip interface brief
......
Interface                    IP Address/Mask      Physical    Protocol
GigabitEthernet0/0/1         10.1.12.1/24         up          up
......
[R1]
[R1]display ipv6 interface brief
......
Interface               Physical          Protocol
GigabitEthernet0/0/0    up                up
[IPv6 Address] 2010::1
[R1]
```

图 9-7　路由器 R1 的 IP 地址配置情况

（2）在路由器 R3 上使用【display ip interface brief】【display ipv6 interface brief】命令查看 IP 地址配置情况，如图 9-8 所示。

```
[R3]display ip interface brief
......
Interface                    IP Address/Mask      Physical    Protocol
GigabitEthernet0/0/2         10.1.23.3/24         up          up
[R3]
[R3]display ipv6 interface brief
......
Interface               Physical          Protocol
GigabitEthernet0/0/0    up                up
[IPv6 Address] 2020::1
[R3]
```

图 9-8　路由器 R3 的 IP 地址配置情况

任务 9-3　配置出口路由器的 IPv4 默认路由

任务规划

为总部出口路由器 R1 和分部 A 出口路由器 R3 配置指向运营商的 IPv4 默认路由，使 IPv4 网络互通。

V9-3　任务 9-3 配置出口路由器的 IPv4 默认路由

任务实施

1. 配置路由器 R1 的默认路由

在路由器 R1 上配置默认路由，下一跳为运营商路由器 R2。

```
[R1]ip route-static 0.0.0.0 0.0.0.0 10.1.12.2                //配置 IPv4 默认路由
```

2. 配置路由器 R3 的默认路由

在路由器 R3 上配置默认路由，下一跳为运营商路由器 R2。

```
[R3]ip route-static 0.0.0.0 0.0.0.0 10.1.23.2                    //配置 IPv4 默认路由
```

任务验证

（1）在路由器 R1 上使用【display ip routing-table】命令查看默认路由配置情况，如图 9-9 所示。

```
[R1]display ip routing-table
……
Destination/Mask     Proto   Pre  Cost     Flags NextHop      Interface
       0.0.0.0/0     Static  60   0         RD   10.1.12.2    GigabitEthernet0/0/1
     10.1.12.0/24    Direct  0    0         D    10.1.12.1    GigabitEthernet0/0/1
     10.1.12.1/32    Direct  0    0         D    127.0.0.1    GigabitEthernet0/0/1
   10.1.12.255/32    Direct  0    0         D    127.0.0.1    GigabitEthernet0/0/1
     127.0.0.0/8     Direct  0    0         D    127.0.0.1    InLoopBack0
     127.0.0.1/32    Direct  0    0         D    127.0.0.1    InLoopBack0
127.255.255.255/32   Direct  0    0         D    127.0.0.1    InLoopBack0
255.255.255.255/32   Direct  0    0         D    127.0.0.1    InLoopBack0
```

图 9-9　路由器 R1 的默认路由配置情况

（2）在路由器 R3 上使用【display ip routing-table】命令查看默认路由配置情况，如图 9-10 所示。

```
[R3]display ip routing-table
……
Destination/Mask     Proto   Pre  Cost     Flags NextHop      Interface
       0.0.0.0/0     Static  60   0         RD   10.1.23.2    GigabitEthernet0/0/2
     10.1.23.0/24    Direct  0    0         D    10.1.23.3    GigabitEthernet0/0/2
     10.1.23.3/32    Direct  0    0         D    127.0.0.1    GigabitEthernet0/0/2
   10.1.23.255/32    Direct  0    0         D    127.0.0.1    GigabitEthernet0/0/2
     127.0.0.0/8     Direct  0    0         D    127.0.0.1    InLoopBack0
     127.0.0.1/32    Direct  0    0         D    127.0.0.1    InLoopBack0
127.255.255.255/32   Direct  0    0         D    127.0.0.1    InLoopBack0
255.255.255.255/32   Direct  0    0         D    127.0.0.1    InLoopBack0
```

图 9-10　路由器 R3 的默认路由配置情况

任务 9-4　配置 IPv6 over IPv4 GRE 隧道

任务规划

在总部出口路由器 R1 与分部 A 出口路由器 R3 之间配置 IPv6 over IPv4 GRE 隧道。

V9-4　任务 9-4 配置 IPv6 over IPv4 GRE 隧道

任务实施

1. 配置路由器 R1 的 GRE 隧道

在路由器 R1 上创建 GRE 隧道，并配置去往分部 A 的 IPv6 静态路由，下一跳为隧道接口。

```
[R1]interface Tunnel 0/0/100                          //创建隧道接口
[R1-Tunnel0/0/100]ipv6 enable                         //接口下启用 IPv6 功能
[R1-Tunnel0/0/100]ipv6 address 2013::1 64             //配置 IPv6 地址
[R1-Tunnel0/0/100]tunnel-protocol gre                 //配置隧道协议为 GRE
[R1-Tunnel0/0/100]source 10.1.12.1                    //配置隧道起点地址
[R1-Tunnel0/0/100]destination 10.1.23.3               //配置隧道终点地址
[R1-Tunnel0/0/100]quit                                //退出接口视图
[R1]ipv6 route-static 2020:: 64 Tunnel 0/0/100        //配置 IPv6 静态路由
```

2. 配置路由器 R3 的 GRE 隧道

在路由器 R3 上创建 GRE 隧道，并配置去往总部的 IPv6 静态路由，下一跳为隧道接口。

```
[R3]interface Tunnel 0/0/100                          //创建隧道接口
[R3-Tunnel0/0/100]ipv6 enable                         //接口下启用 IPv6 功能
[R3-Tunnel0/0/100]ipv6 address 2013::2 64             //配置 IPv6 地址
[R3-Tunnel0/0/100]tunnel-protocol gre                 //配置隧道协议为 GRE
[R3-Tunnel0/0/100]source 10.1.23.3                    //配置隧道起点地址
[R3-Tunnel0/0/100]destination 10.1.12.1               //配置隧道终点地址
[R3-Tunnel0/0/100]quit                                //退出接口视图
[R3]ipv6 route-static 2010:: 64 Tunnel 0/0/100        //配置 IPv6 静态路由
```

任务验证

（1）在路由器 R1 上使用【display ipv6 routing-table】命令查看 IPv6 静态路由配置情况，如图 9-11 所示。

```
[R1]display ipv6 routing-table
......
 Destination    : 2020::                 PrefixLength : 64
 NextHop        : 2013::1                Preference   : 60
 Cost           : 0                      Protocol     : Static
 RelayNextHop : ::                       TunnelID     : 0x0
 Interface      : Tunnel0/0/100          Flags        : D
......
[R1]
```

图 9-11 路由器 R1 的 IPv6 静态路由配置情况

（2）在路由器 R3 上使用【display ipv6 routing-table】命令查看 IPv6 静态路由配置情况，如图 9-12 所示。

```
[R3]display ipv6 routing-table
......
 Destination    : 2010::                 PrefixLength : 64
 NextHop        : 2013::2                Preference   : 60
 Cost           : 0                      Protocol     : Static
 RelayNextHop : ::                       TunnelID     : 0x0
 Interface      : Tunnel0/0/100          Flags        : D
......
[R3]
```

图 9-12 路由器 R3 的 IPv6 静态路由配置情况

（3）以路由器 R1 作为隧道起点，尝试 ping 隧道终点路由器 R3 的隧道接口地址 2013::2，如图 9-13 所示，能成功 ping 通，表示隧道建立成功。

```
[R1]ping ipv6 2013::2
  ping 2013::2 : 56   data bytes, press CTRL_C to break
    Reply from 2013::2
    bytes=56 Sequence=1 hop limit=64   time = 30 ms
    Reply from 2013::2
    bytes=56 Sequence=2 hop limit=64   time = 20 ms
    Reply from 2013::2
    bytes=56 Sequence=3 hop limit=64   time = 30 ms
  --- 2013::2 ping statistics ---
    3 packet(s) transmitted
    3 packet(s) received
    0.00% packet loss
    round-trip min/avg/max = 20/26/30 ms
[R1]
```

图 9-13　隧道的连通性测试

项目验证

V9-5　项目验证

PC1 ping PC2 的 IPv6 地址（2020::10），如图 9-14 所示。

```
C:\Users\admin>ping 2020::10

正在 ping 2020::10 具有 32 字节的数据:
来自 2020::10 的回复  777: 时间=3ms
来自 2020::10 的回复: 时间=1ms
来自 2020::10 的回复: 时间=2ms
来自 2020::10 的回复: 时间=2ms

2020::10 的 ping 统计信息:
    数据报: 已发送 = 4，已接收 = 4，丢失 = 0 (0% 丢失)，
    往返行程的估计时间（以毫秒为单位）:
    最短 = 1ms，最长 = 3ms，平均 = 2ms
```

图 9-14　PC1 与 PC2 的连通性测试

练习与思考

理论题

（1）以下关于 IPv6 over IPv4 隧道技术的描述，错误的是（　　）。

A. 隧道技术分为手动隧道和自动隧道

B. 配置手动隧道需要定义隧道起点和终点地址

C. 配置自动隧道仅需配置隧道起点地址，不需要配置终点地址

D. 配置隧道技术的路由器不需要支持双栈协议

（2）配置 GRE 隧道技术时，不需要配置的参数有（　　）。（多选）

A. 起点地址　　B. MAC 地址

C. 隧道接口 IP 地址　　D. 终点地址

（3）GRE 隧道可支持的乘客协议有（　　）。（多选）

A. IP　　B. AppleTalk　　C. 802.1Q　　D. 802.1S

（4）GRE 隧道是一种手动隧道。（　　）（判断）

（5）GRE 隧道通用性好，原理简单，配置较复杂。（　　）（判断）

项目实训题

1. 项目背景与要求

Jan16 公司网络为 IPv6 网络，运营商网络为 IPv4 网络，现需要通过配置 IPv6 over IPv4 GRE 隧道，实现公司总部与分部 A 之间的 IPv6 网络互通。实践拓扑如图 9-15 所示。具体要求如下。

（1）根据实践拓扑，为 PC 和路由器配置 IPv6 地址和 IPv4 地址（x 为部门，y 为工号）。

（2）为路由器 R1 与路由器 R3 配置 IPv4 默认静态路由，下一跳为路由器 R2。

（3）为路由器 R1 与路由器 R3 配置 GRE 隧道。

（4）为路由器 R1 与路由器 R3 配置隧道路由。

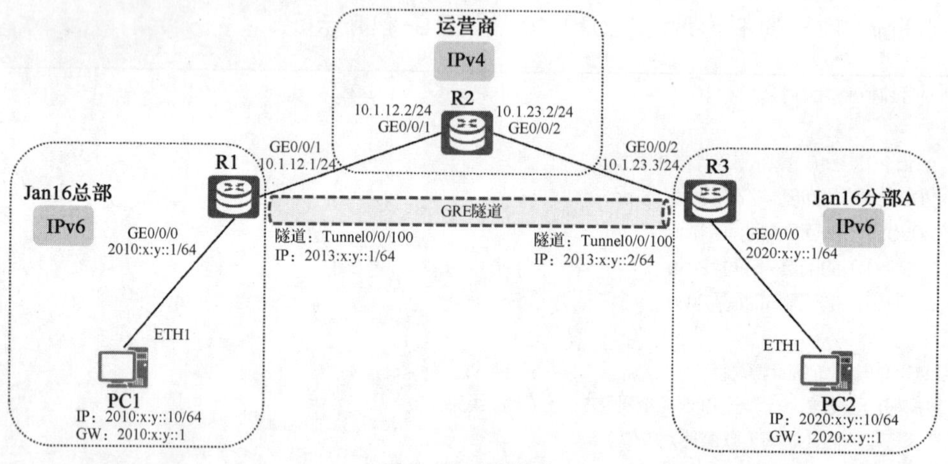

图 9-15　实践拓扑

2. 实践业务规划

根据以上实践拓扑和需求，参考本项目的项目规划完成表 9-5～表 9-7 内容的规划。

表 9-5　接口互联规划

本端设备	本端接口	对端设备	对端接口

表 9-6　IPv6 地址规划

设备名称	接口	IP 地址	网关地址	用途

表 9-7　IPv4 地址规划

设备名称	接口	IP 地址	用途

3. 实践要求

完成实验后，请截取以下实验验证结果图。

（1）在路由器 R1 上 ping 路由器 R3 隧道接口 IPv6 地址，验证 GRE 隧道是否建立。

（2）总部 PC1 ping 分部 A 的 PC2，查看总部与分部 A 之间网络的连通性。

项目10 使用6to4隧道实现总部与分部的互联

10

项目描述

Jan16 公司因为业务拓展，在其他区域成立了分部 A 和分部 B。公司总部和分部网络已经全面升级到 IPv6 网络，但运营商网络仍为 IPv4 网络。公司希望总部和分部能实现 IPv6 网络的互通。公司网络拓扑如图 10-1 所示，具体要求如下。

（1）公司总部与各分部均由出口网关路由器连接部门 PC，路由器支持双栈协议。

（2）运营商网络目前仅能支持 IPv4，需要通过配置 6to4 隧道，实现总部与各分部 IPv6 网络互通。

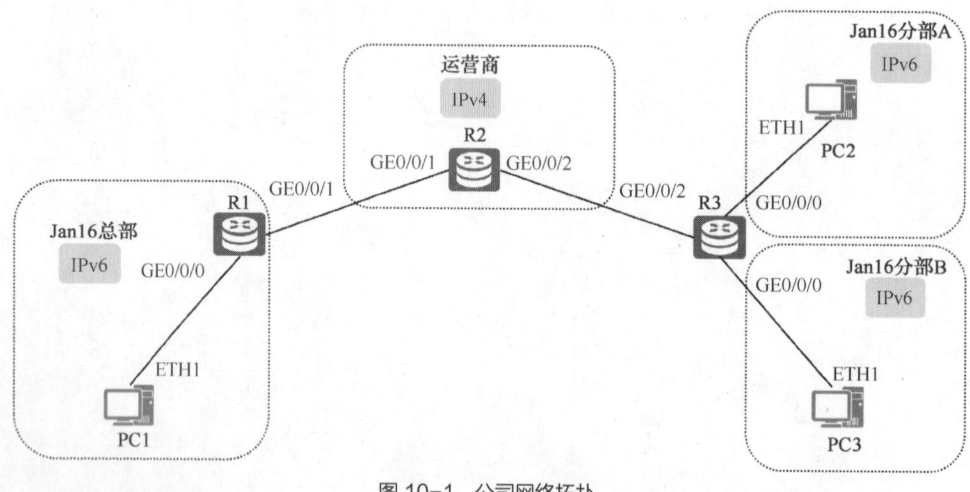

图 10-1　公司网络拓扑

项目需求分析

Jan16 公司由总部、分部 A 和分部 B 组成，总部和各分部网络已全面升级为 IPv6 网络，连接总部与各分部的运营商网络仅支持 IPv4 网络。可以通过配置 6to4 隧道，来实现总部与各分部之间的 IPv6 网络互通。

因此，本项目可以通过执行以下工作任务来完成。

（1）配置运营商路由器，完成运营商路由器基础配置。

（2）配置公司路由器及 PC 的 IP 地址，实现公司总部与各分部的基础网络配置。
（3）配置出口路由器的 IPv4 默认路由，实现互联网的 IPv4 网络互通。
（4）配置 6to4 隧道，实现总部与各分部之间的 IPv6 网络通过隧道互通。

项目相关知识

10.1 6to4 隧道技术

6to4 隧道是一种自动隧道。通过隧道技术，IPv6 报文可在 IPv4 网络中传输，实现 IPv6 网络中的孤岛互联。6to4 隧道要求站点内网络设备使用特殊的 IPv6 地址——6to4 地址。

1. 6to4 地址格式

6to4 地址用在 6to4 隧道中，它使用 2002::/16 为前缀，其后是 32 位的 IPv4 地址。6to4 地址中后 80 位由用户自己定义，可对其中前 16 位进行划分，定义多个 IPv6 子网。不同的 6to4 网络使用不同的 48 位前缀，彼此之间使用其中内嵌的 32 位 IPv4 地址的自动隧道来连接。图 10-2 所示为 6to4 地址格式。

FP（3位）	TLA ID（13位）	IPv4地址（32位）	SLA ID（16位）	接口 ID（64位）

图 10-2 6to4 地址格式

（1）FP：可聚合全球单播地址的格式前缀（Format Prefix），其值固定为 001。
（2）TLA ID：顶级聚合标识，其值固定为 0x0002。
（3）IPv4 地址：隧道起点 IPv4 地址，使用时需将 32 位 IPv4 地址转换为十六进制的表达方式。
（4）SLA ID：站点级聚合标识，用户自定义。
（5）接口 ID：IPv6 接口标识，用户自定义。

2. 计算 6to4 地址

6to4 地址要求地址格式中的“IPv4 地址”字段必须为公网 IPv4 地址，属于同一个站点的网络设备的 6to4 地址的前 48 位都是相同的。图 10-3 所示是一个 6to4 网络拓扑。

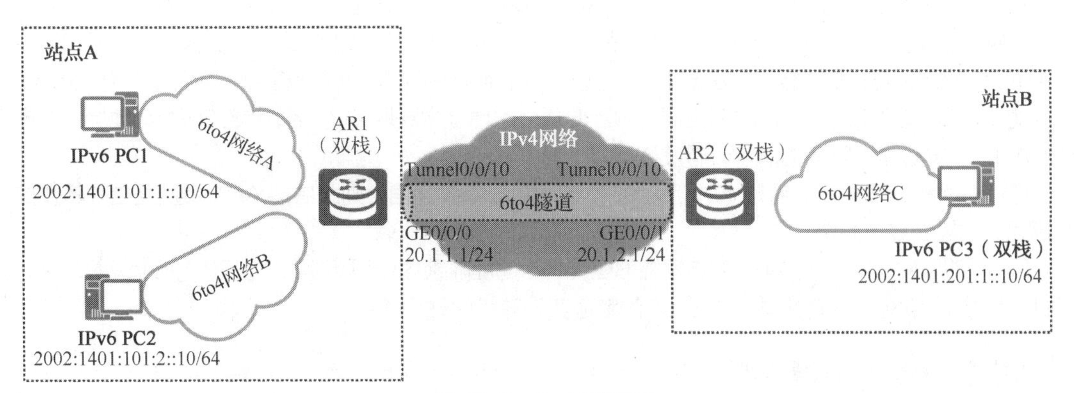

图 10-3 6to4 网络拓扑

（1）根据 6to4 地址格式，可以知道地址中 FP 跟 TLA ID 总共 16 位是固定的，后面的 112 位可变，因此，6to4 地址的固定前缀为【2002::/16】。
（2）6to4 地址的 IPv4 地址字段，应该填充为隧道起点的 IPv4 地址。如图 10-3 所示，以路由器

AR1 作为隧道起点，可以得到 IPv4 地址【20.1.1.1】，转换成十六进制得到【14-01-01-01】。将所得十六进制数嵌入 6to4 地址中，可以得到 6to4 地址的前 48 位【2002:1401:0101】。

（3）自定义 SLA ID 可以为同一站点内的网络进行子网划分，分配不同的 6to4 地址（类似于 IPv4 的子网划分）。

如图 10-3 所示，例如为网络 A 分配 SLA ID 为【0000000000000001】（网络管理员自定义），转换成十六进制得到【00-01】，那么此时网络 A 的 6to4 地址前缀为【2002:1401:101:1::/64】。网络管理员可根据该前缀，为网络 A 中的 PC 等网络设备分配 6to4 地址。

为站点 A 的网络 B 分配 SLA ID 为【0000000000000010】，可以得到前缀【2002:1401:101:2::/64】。

为站点 B 的网络 C 分配 SLA ID 为【0000000000000001】，可以得到前缀【2002:1401:201:1::/64】。

PC1 的 6to4 地址计算过程如图 10-4 所示。

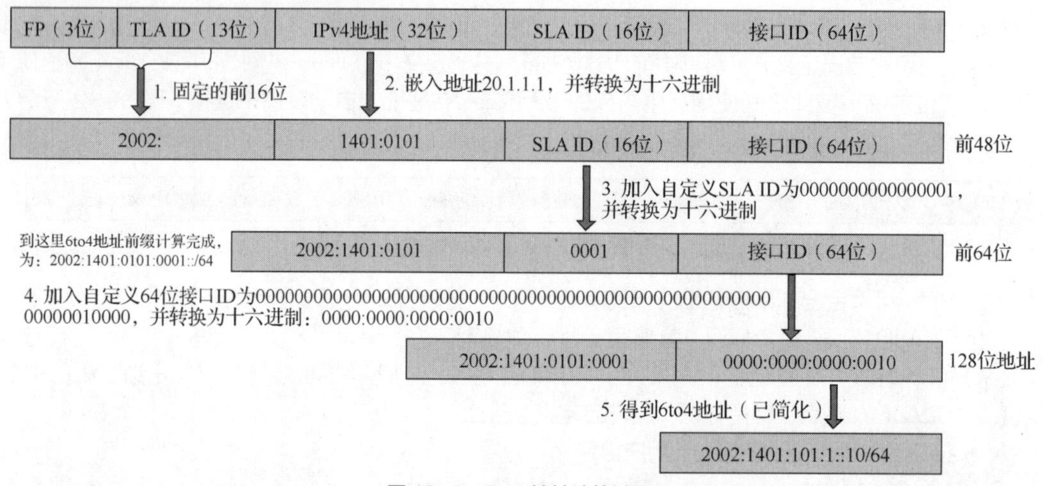

图 10-4　6to4 地址计算过程

（4）自动隧道与手动隧道的最大区别在于，自动隧道不需要配置隧道终点地址。如图 10-3 所示，已为各个 6to4 网络中的 PC 分配了接口 ID（接口 ID 由网络管理员自定义），网络 C 中的 PC3 尝试 ping 通网络 A 的 PC1，发送目的地址为【2002:1401:101:1::10/64】的请求数据报，当数据报到达隧道起点路由器 AR2 的时候，路由器 AR2 可以从目的地址中提取 IPv4 地址字段中的【1401:101】，转换为十进制【20.1.1.1】，此时路由器 AR2 便从目的地址中获取到了隧道的终点 IPv4 地址，并向【20.1.1.1】发起建立隧道的请求，转发数据。

（5）如图 10-3 所示，若站点 A 的网络 A 与网络 B 需要通信，则路由器 AR1 负责路由并转发数据即可，不需要经过隧道转发。

（6）如图 10-3 所示，网络 A 与网络 B 的 6to4 地址前缀均使用 IPv4 地址 20.1.1.1 嵌入得来，因此，网络 A 与网络 B 使用同一个 6to4 的隧道实现对其他站点的访问。

10.2　6to4 隧道中继

如图 10-5 所示，随着 IPv6 网络的发展，普通 IPv6 网络 B 需要与 6to4 网络 C 通过 IPv4 网络互通，这可以通过 6to4 中继路由器方式实现。

（1）当 PC1 访问 PC3 时，目的地址为 6to4 地址【2002:1401:201:1::10/64】，此时路由器 AR1 根据该地址获得隧道终点 IPv4 地址，建立隧道并转发数据。

（2）当 PC3 访问 PC2 时，目的地址为 IPv6 地址【2020::10/64】，此时路由器 AR2 不能根据该地址获取隧道终点 IPv4 地址，隧道无法正常建立，数据无法得到转发。因此，需要在路由器 AR2 上配置去往 IPv6 网络 B 的路由，下一跳为路由器 AR1 隧道终点的 6to4 地址。例如，路由器 AR2 配置静态路由【ipv6 route-static 2020::64 2002:1401:101::2::10】，那么路由器 AR2 在收到目的地址为 2020::10/64 时，便会查询到通往该地址的下一跳地址为 2002:1401:101::2::10，根据下一跳地址找到隧道终点 IPv4 地址，建立隧道转发数据。

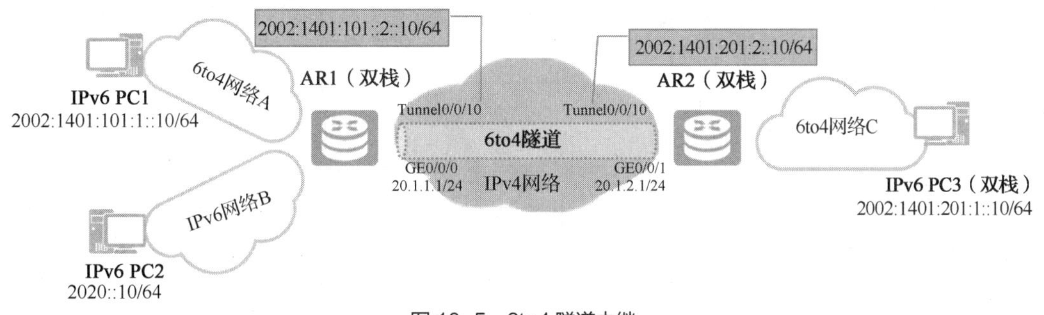

图 10-5　6to4 隧道中继

项目规划设计

项目拓扑

本项目中，使用 3 台 PC、3 台路由器来搭建项目拓扑，如图 10-6 所示。其中 PC1 是总部员工的 PC，PC2 是分部 A 员工的 PC，PC3 是分部 B 员工的 PC，R1 和 R3 分别为总部和两个分部的出口网关路由器，R2 为运营商路由器。Jan16 公司网络为 IPv6 网络，运营商网络为 IPv4 网络，本项目需要在路由器 R1 与路由器 R3 之间配置 6to4 隧道，实现 Jan16 公司总部和分部网络的互联互通。

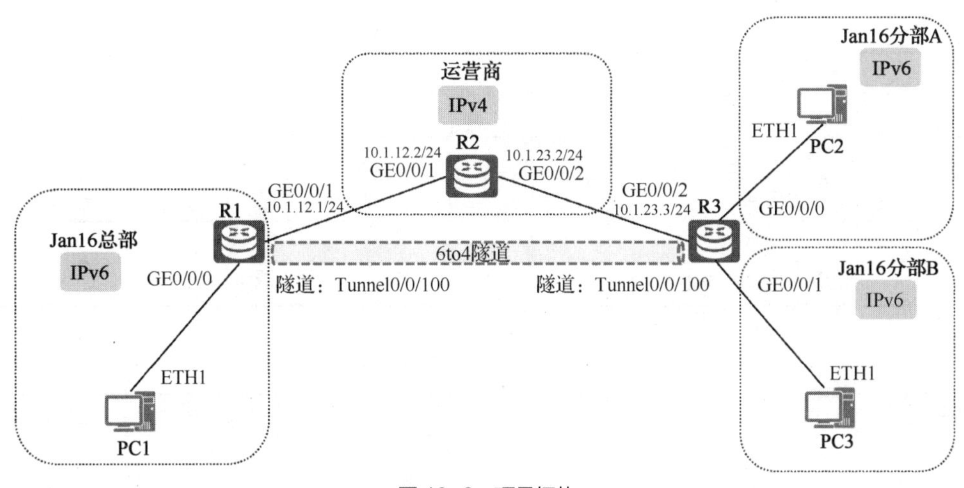

图 10-6　项目拓扑

项目规划

根据图 10-6 所示的项目拓扑进行业务规划，相应的接口互联规划、IPv4 地址规划、SLA ID 规划、IPv6 地址规划分别如表 10-1～表 10-4 所示。

表 10-1 接口互联规划

本端设备	本端接口	对端设备	对端接口
PC1	ETH1	R1	GE0/0/0
PC2	ETH1	R3	GE0/0/0
PC3	ETH1	R3	GE0/0/1
R1	GE0/0/0	PC1	ETH1
	GE0/0/1	R2	GE0/0/1
R2	GE0/0/1	R1	GE0/0/1
	GE0/0/2	R3	GE0/0/2
R3	GE0/0/0	PC2	ETH1
	GE0/0/1	PC3	ETH1
	GE0/0/2	R2	GE0/0/2

表 10-2 IPv4 地址规划

设备名称	接口	IP 地址	用途
R1	GE0/0/1	10.1.12.1/24	接口地址
R2	GE0/0/1	10.1.12.2/24	
	GE0/0/2	10.1.23.2/24	
R3	GE0/0/2	10.1.23.3/24	

表 10-3 SLA ID 规划

站点	SLA ID
总部	1
路由器 R1 隧道接口	2
分部 A	1
分部 B	2
路由器 R3 隧道接口	3

表 10-4 IPv6 地址规划

设备名称	接口	IP 地址	网关地址	用途
PC1	ETH1	2002:a01:c01:1::10/64	2002:a01:c01:1::1	PC1 地址
PC2	ETH1	2002:a01:1703:1::10/64	2002:a01:1703:1::1	PC2 地址
PC3	ETH1	2002:a01:1703:2::10/64	2002:a01:1703:2::1	PC3 地址

续表

设备名称	接口	IP 地址	网关地址	用途
R1	GE0/0/0	2002:a01:c01:1::1/64	N/A	PC1 网关地址
	Tunnel0/0/100	2002:a01:c01:2::1/64	N/A	隧道接口地址
R3	GE0/0/0	2002:a01:1703:1::1/64	N/A	PC2 网关地址
	GE0/0/1	2002:a01:1703:2::1/64	N/A	PC3 网关地址
	Tunnel0/0/100	2002:a01:1703:3::1/64	N/A	隧道接口地址

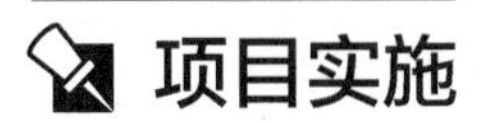

项目实施

任务 10-1　配置运营商路由器

任务规划

根据 IPv4 地址规划（表 10-2），为运营商路由器配置 IP 地址。

V10-1　任务 10-1 配置运营商路由器

任务实施

在路由器 R2 上配置 IPv4 地址，作为与总部路由器、分部路由器互联的地址。

```
<Huawei>system-view                                  //进入系统视图
[Huawei]sysname R2                                   //修改设备名称
[R2]interface GigabitEthernet 0/0/1                  //进入接口视图
[R2-GigabitEthernet0/0/1]ip address 10.1.12.2 24     //配置 IPv4 地址
[R2-GigabitEthernet0/0/1]quit                        //退出接口视图
[R2]interface GigabitEthernet 0/0/2                  //进入接口视图
[R2-GigabitEthernet0/0/2]ip address 10.1.23.2 24     //配置 IPv4 地址
[R2-GigabitEthernet0/0/2]quit                        //退出接口视图
```

任务验证

在路由器 R2 上使用【display ip interface brief】命令查看路由器 R2 的 IP 地址配置情况，如图 10-7 所示。

```
[R2]display ip interface brief
......
Interface                     IP Address/Mask      Physical   Protocol
GigabitEthernet0/0/1          10.1.12.2/24         up         up
GigabitEthernet0/0/2          10.1.23.2/24         up         up
[R2]
```

图 10-7　路由器 R2 的 IP 地址配置情况

任务 10-2　配置公司路由器及 PC 的 IP 地址

任务规划

V10-2　任务 10-2
配置公司路由器及
PC 的 IP 地址

根据 IPv4 地址规划（表 10-2）和 IPv6 地址规划（表 10-4）为 Jan16 公司路由器及 PC 配置 IP 地址。

任务实施

1. 配置 PC 的 IPv6 地址及网关

根据表 10-5 为总部和分部 PC 配置 IPv6 地址及网关。

表 10-5　总部与分部 PC 的 IPv6 地址及网关信息

设备名称	IP 地址	网关地址
PC1	2002:a01:c01:1::10/64	2002:a01:c01:1::1
PC2	2002:a01:1703:1::10/64	2002:a01:1703:1::1
PC3	2002:a01:1703:2::10/64	2002:a01:1703:2::1

图 10-8 所示为总部 PC1 的 IPv6 地址配置结果，同理完成分部 PC2 和 PC3 的 IPv6 地址配置。

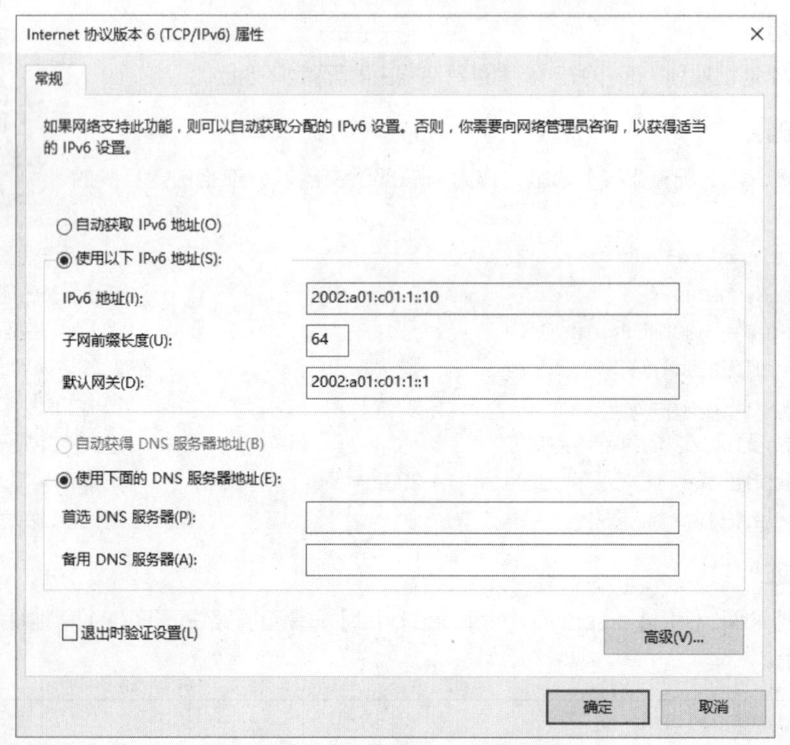

图 10-8　PC1 的 IPv6 地址配置结果

2. 配置路由器 R1 的 IP 地址

在路由器 R1 上配置 IPv4 地址，作为与运营商互联的地址；配置 IPv6 地址，作为总部的网关。

```
<Huawei>system-view                    //进入系统视图
[Huawei]sysname R1                     //修改设备名称
```

```
[R1]interface GigabitEthernet 0/0/1                        //进入接口视图
[R1-GigabitEthernet0/0/1]ip address 10.1.12.1 24           //配置 IPv4 地址
[R1-GigabitEthernet0/0/1]quit                              //退出接口视图
[R1]ipv6                                                   //全局启用 IPv6 功能
[R1]interface GigabitEthernet 0/0/0                        //进入接口视图
[R1-GigabitEthernet0/0/0]ipv6 enable                       //接口下启用 IPv6 功能
[R1-GigabitEthernet0/0/0]ipv6 address 2002:a01:c01:1::1 64 //配置 IPv6 地址
[R1-GigabitEthernet0/0/0]quit                              //退出接口视图
```

3. 配置路由器 R3 的 IP 地址

在路由器 R3 上配置 IPv4 地址，作为与运营商互联的地址；配置 IPv6 地址，作为分部的网关。

```
<Huawei>system-view                                          //进入系统视图
[Huawei]sysname R3                                           //修改设备名称
[R3]interface GigabitEthernet 0/0/2                          //进入接口视图
[R3-GigabitEthernet0/0/2]ip address 10.1.23.3 24             //配置 IPv4 地址
[R3-GigabitEthernet0/0/2]quit                                //退出接口视图
[R3]ipv6                                                     //全局启用 IPv6 功能
[R3]interface GigabitEthernet 0/0/0                          //进入接口视图
[R3-GigabitEthernet0/0/0]ipv6 enable                         //接口下启用 IPv6 功能
[R3-GigabitEthernet0/0/0]ipv6 address 2002:a01:1703:1::1 64  //配置 IPv6 地址
[R3-GigabitEthernet0/0/0]quit                                //退出接口视图
[R3]interface GigabitEthernet 0/0/1                          //进入接口视图
[R3-GigabitEthernet0/0/1]ipv6 enable                         //接口下启用 IPv6 功能
[R3-GigabitEthernet0/0/1]ipv6 address 2002:a01:1703:2::1 64  //配置 IPv6 地址
[R3-GigabitEthernet0/0/1]quit                                //退出接口视图
```

任务验证

（1）在路由器 R1 上使用【display ip interface brief】【display ipv6 interface brief】命令查看路由器 R1 的 IP 地址配置情况，如图 10-9 所示。

```
[R1]display ip interface brief
……
Interface                   IP Address/Mask      Physical   Protocol
GigabitEthernet0/0/1        10.1.12.1/24         up         up
……
[R1]
[R1]display ipv6 interface brief
……
Interface                   Physical             Protocol
GigabitEthernet0/0/0        up                   up
[IPv6 Address] 2002:a01:c01:1::1
[R1]
```

图 10-9　路由器 R1 的 IP 地址配置情况

（2）在路由器 R3 上使用【display ip interface brief】【display ipv6 interface brief】命令查看路由器 R3 的 IP 地址配置情况，如图 10-10 所示。

```
[R3]display ip interface brief
……
Interface                      IP Address/Mask       Physical   Protocol
GigabitEthernet0/0/2           10.1.23.3/24          up         up
[R3]
[R3]display ipv6 interface brief
……
Interface                 Physical          Protocol
GigabitEthernet0/0/0      up                up
[IPv6 Address] 2002:a01:1703:1::1
GigabitEthernet0/0/1      up                up
[IPv6 Address] 2002:a01:1703:2::1
[R3]
```

图 10-10　路由器 R3 的 IP 地址配置情况

任务 10-3　配置出口路由器的 IPv4 默认路由

任务规划

为总部与分部的出口路由器 R1 与 R3 配置指向运营商的 IPv4 默认路由，使 IPv4 网络互通。

V10-3　任务 10-3 配置出口路由器的 IPv4 默认路由

任务实施

1. 配置路由器 R1 的默认路由

在路由器 R1 上配置默认路由，下一跳指向运营商路由器 R2。

```
[R1]ip route-static 0.0.0.0 0.0.0.0 10.1.12.2                //配置 IPv4 默认路由
```

2. 配置路由器 R3 的默认路由

在路由器 R3 上配置默认路由，下一跳指向运营商路由器 R2。

```
[R3]ip route-static 0.0.0.0 0.0.0.0 10.1.23.2                //配置 IPv4 默认路由
```

任务验证

（1）在路由器 R1 上使用【display ip routing-table】命令查看路由器 R1 的默认路由配置情况，如图 10-11 所示。

```
[R1]display ip routing-table
……
Destination/Mask    Proto   Pre  Cost      Flags  NextHop        Interface
        0.0.0.0/0   Static  60   0           RD   10.1.12.2      GigabitEthernet0/0/1
     10.1.12.0/24   Direct  0    0            D   10.1.12.1      GigabitEthernet0/0/1
     10.1.12.1/32   Direct  0    0            D   127.0.0.1      GigabitEthernet0/0/1
   10.1.12.255/32   Direct  0    0            D   127.0.0.1      GigabitEthernet0/0/1
      127.0.0.0/8   Direct  0    0            D   127.0.0.1      InLoopBack0
     127.0.0.1/32   Direct  0    0            D   127.0.0.1      InLoopBack0
127.255.255.255/32  Direct  0    0            D   127.0.0.1      InLoopBack0
255.255.255.255/32  Direct  0    0            D   127.0.0.1      InLoopBack0
[R1]
```

图 10-11　路由器 R1 的默认路由配置情况

（2）在路由器 R3 上使用【display ip routing-table】命令查看路由器 R3 的默认路由配置情况，如图 10-12 所示。

```
[R3]display ip routing-table
......
Destination/Mask      Proto   Pre  Cost      Flags  NextHop       Interface
        0.0.0.0/0     Static  60   0         RD     10.1.23.2     GigabitEthernet0/0/2
     10.1.23.0/24     Direct  0    0         D      10.1.23.3     GigabitEthernet0/0/2
     10.1.23.3/32     Direct  0    0         D      127.0.0.1     GigabitEthernet0/0/2
   10.1.23.255/32     Direct  0    0         D      127.0.0.1     GigabitEthernet0/0/2
      127.0.0.0/8     Direct  0    0         D      127.0.0.1     InLoopBack0
     127.0.0.1/32     Direct  0    0         D      127.0.0.1     InLoopBack0
127.255.255.255/32    Direct  0    0         D      127.0.0.1     InLoopBack0
255.255.255.255/32    Direct  0    0         D      127.0.0.1     InLoopBack0
[R3]
```

图 10-12　路由器 R3 的默认路由配置情况

任务 10-4　配置 6to4 隧道

任务规划

在总部出口路由器 R1 与分部出口路由器 R3 之间配置 6to4 隧道。

V10-4　任务 10-4
配置 6to4 隧道

任务实施

1. 配置路由器 R1 的 6to4 隧道

在路由器 R1 上创建 6to4 隧道，并配置去往分部的 IPv6 静态路由，下一跳为隧道接口。

```
[R1]interface Tunnel 0/0/100                              //创建隧道接口
[R1-Tunnel0/0/100]ipv6 enable                             //接口下启用 IPv6 功能
[R1-Tunnel0/0/100]ipv6 address 2002:a01:c01:2::1 64       //配置 IPv6 地址
[R1-Tunnel0/0/100]tunnel-protocol ipv6-ipv4 6to4          //配置隧道协议为 6to4
[R1-Tunnel0/0/100]source 10.1.12.1                        //配置隧道起点地址
[R1-Tunnel0/0/100]quit                                    //退出接口视图
[R1]ipv6 route-static 2002:: 16 Tunnel 0/0/100            //配置 IPv6 静态路由
```

2. 配置路由器 R3 的 6to4 隧道

在路由器 R3 上创建 6to4 隧道，并配置去往总部的 IPv6 静态路由，下一跳为隧道接口。

```
[R3]interface Tunnel 0/0/100                              //创建隧道接口
[R3-Tunnel0/0/100]ipv6 enable                             //接口下启用 IPv6 功能
[R3-Tunnel0/0/100]ipv6 address 2002:a01:1703:3::1 64      //配置 IPv6 地址
[R3-Tunnel0/0/100]tunnel-protocol ipv6-ipv4 6to4          //配置隧道协议为 6to4
[R3-Tunnel0/0/100]source 10.1.23.3                        //配置隧道起点地址
[R3-Tunnel0/0/100]quit                                    //退出接口视图
[R3]ipv6 route-static 2002:: 16 Tunnel 0/0/100            //配置 IPv6 静态路由
```

任务验证

（1）在路由器 R1 上使用【display ipv6　routing-table】命令查看静态路由配置情况，如图 10-13 所示。

```
[R1]display ipv6   routing-table
......
Destination       : 2002::                          PrefixLength : 16
 NextHop          : 2002:A01:C01:2::1               Preference   : 60
 Cost             : 0                               Protocol     : Static
 RelayNextHop : ::                                  TunnelID     : 0x0
 Interface        : Tunnel0/0/100                   Flags        : D
[R1]                                                ......
```

图 10-13　路由器 R1 的静态路由配置情况

（2）在路由器 R3 上使用【display ipv6 routing-table】命令查看静态路由配置情况，如图 10-14 所示。

```
[R3]display ipv6   routing-table
......
Destination       : 2002::                          PrefixLength : 16
 NextHop          : 2002:A01:1703:3::1              Preference   : 60
 Cost             : 0                               Protocol     : Static
 RelayNextHop : ::                                  TunnelID     : 0x0
 Interface        : Tunnel0/0/100                   Flags        : D
......
[R3]
```

图 10-14　路由器 R3 的静态路由配置情况

（3）以路由器 R1 为隧道起点，尝试 ping 隧道终点路由器 R3 的隧道接口地址 2002:a01:1703:3::1，如图 10-15 所示，发现可以 ping 通。

```
[R1]ping ipv6 2002:a01:1703:3::1
  ping 2002:a01:1703:3::1 : 56   data bytes, press CTRL_C to break
    Reply from 2002:A01:1703:3::1
    bytes=56 Sequence=1 hop limit=64   time = 30 ms
    Reply from 2002:A01:1703:3::1
    bytes=56 Sequence=2 hop limit=64   time = 20 ms
......
[R1]
```

图 10-15　隧道的连通性测试

项目验证

V10-5　项目验证

（1）总部 PC1 ping 分部 A PC2 的 IPv6 地址 2002:a01:1703:1::10，如图 10-16 所示。

```
C:\Users\admin>ping 2002:a01:1703:1::10

正在 ping 2002:a01:1703:1::10 具有 32 字节的数据:
来自 2002:a01:1703:1::10 的回复: 时间=1ms
来自 2002:a01:1703:1::10 的回复: 时间=2ms
来自 2002:a01:1703:1::10 的回复: 时间=2ms
来自 2002:a01:1703:1::10 的回复: 时间=2ms

2002:a01:1703:1::10 的 ping 统计信息:
    数据报: 已发送 = 4，已接收 = 4，丢失 = 0 (0% 丢失),
往返行程的估计时间 ( 以毫秒为单位 ) :
    最短 = 1ms，最长 = 2ms，平均 = 1ms
```

图 10-16　PC1 与 PC2 的连通性测试

（2）总部 PC1 ping 分部 B PC3 的 IPv6 地址 2002:a01:1703:2::10，如图 10-17 所示。

```
C:\Users\admin>ping 2002:a01:1703:2::10

正在 ping 2002:a01:1703:2::10 具有 32 字节的数据:
来自 2002:a01:1703:2::10 的回复: 时间=1ms
来自 2002:a01:1703:2::10 的回复: 时间=2ms
来自 2002:a01:1703:2::10 的回复: 时间=2ms
来自 2002:a01:1703:2::10 的回复: 时间=1ms

2002:a01:1703:2::10 的 ping 统计信息:
    数据报: 已发送 = 4，已接收 = 4，丢失 = 0 (0% 丢失),
往返行程的估计时间 ( 以毫秒为单位 ) :
    最短 = 1ms，最长 = 2ms，平均 = 1ms
```

图 10-17　PC1 与 PC3 的连通性测试

（3）分部 A PC2 ping 分部 B PC3 的 IPv6 地址 2002:a01:1703:2::10，如图 10-18 所示。

```
C:\Users\admin>ping 2002:a01:1703:2::10

正在 ping 2002:a01:1703:2::10 具有 32 字节的数据:
来自 2002:a01:1703:2::10 的回复: 时间=1ms
来自 2002:a01:1703:2::10 的回复: 时间=1ms
来自 2002:a01:1703:2::10 的回复: 时间=1ms
来自 2002:a01:1703:2::10 的回复: 时间=1ms

2002:a01:1703:2::10 的 ping 统计信息:
    数据报: 已发送 = 4，已接收 = 4，丢失 = 0 (0% 丢失),
往返行程的估计时间 ( 以毫秒为单位 ) :
    最短 = 1ms，最长 = 1ms，平均 = 1ms
```

图 10-18　PC2 与 PC3 的连通性测试

练习与思考

理论题

（1）将 IPv4 地址 100.1.1.1 嵌入 6to4 地址前缀中，SLA ID 为十六进制 0001，以下前缀正确的是（　　）。

A. 2002:6401:101:1::/64　　B. 2002:1001:101:1::/64
C. 2002:6201:101:1::/64　　D. 2002:6401:1101:1::/64

（2）以下 6to4 地址不是嵌入 IPv4 地址 101.2.2.2 得来的是（　　）。

A. 2002:6502:0202:1::1/64　　B. 2002:6502:0202:100::1/64
C. 2002:6502:0202:200::1/64　　D. 2002:6501:0202:1::1/64

（3）以下关于 6to4 隧道技术描述，错误的是（　　）。

A. 6to4 地址中的接口 ID 可以由用户自定义
B. 属于相同站点的所有网络设备的 6to4 地址中的 IPv4 地址字段相同
C. 6to4 隧道是一种手动隧道
D. 配置 6to4 隧道不需要指定隧道终点地址

（4）从 6to4 地址 2002:B110:101:1::1/64 中，可以得到隧道终点的 IPv4 地址为（　　）。

A. 172.16.1.1　　B. 177.16.1.1　　C. 192.168.1.1　　D. 10.1.1.1

（5）6to4 地址中的 SLA ID 可由用户自定义。（　　）（判断）

项目实训题

1. 项目背景与要求

Jan16 公司网络为 IPv6 网络，由总部和分部 A、分部 B 网络组成，运营商网络为 IPv4 网络，现需要通过配置 6to4 自动隧道，实现公司总部与分部之间的 IPv6 网络互通。实践拓扑如图 10-19 所示。具体要求如下。

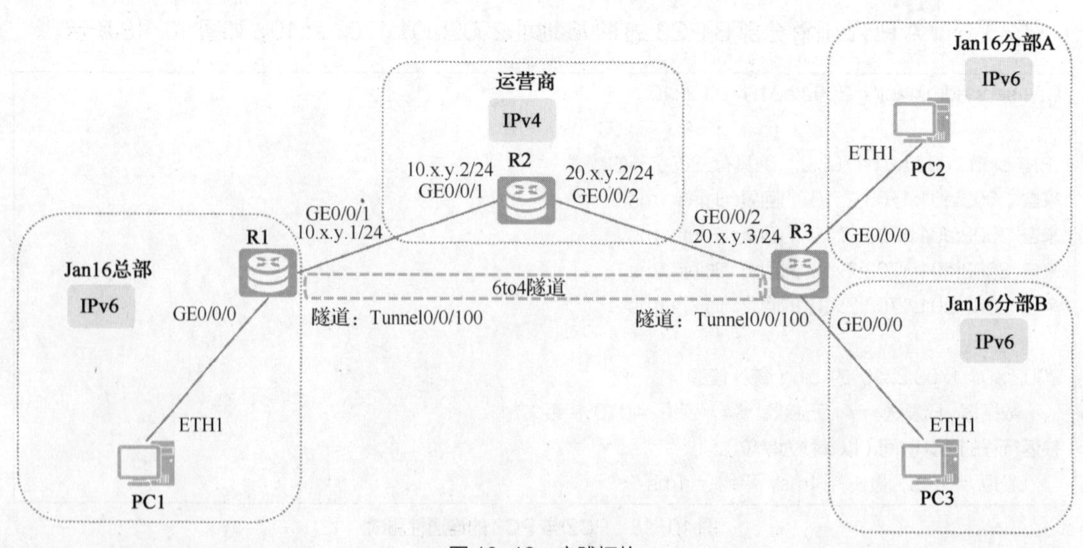

图 10-19　实践拓扑

（1）根据实践拓扑中路由器 R1 与路由器 R3 的出口 IPv4 地址为总部、分部、隧道接口分配 IPv6 地址（x 为部门，y 为工号）。

（2）为路由器 R1 与路由器 R3 配置 IPv4 默认静态路由，下一跳为路由器 R2。

（3）为路由器 R1 与路由器 R3 配置 6to4 隧道。

（4）为路由器 R1 与路由器 R3 配置隧道路由。

2. 实践业务规划

根据以上实践拓扑和需求，参考本项目的项目规划完成表 10-6～表 10-9 内容的规划。

表 10-6 接口互联规划

本端设备	本端接口	对端设备	对端接口

表 10-7 IPv4 地址规划

设备名称	接口	IP 地址	用途

表 10-8 SLA ID 规划

站点	SLA ID

表 10-9 IPv6 地址规划

设备名称	接口	IP 地址	网关地址	用途

3. 实践要求

完成实验后，请截取以下实验验证结果图。

（1）在路由器 R1 上使用【display ipv6 interface brief】命令，查看 IPv6 地址配置情况。

（2）在路由器 R3 上使用【display ipv6 interface brief】命令，查看 IPv6 地址配置情况。

（3）路由器 R1 ping 路由器 R3 隧道接口 IPv6 地址，查看 6to4 隧道是否成功建立。

（4）总部 PC1 ping 分部 A 的 PC2，查看总部与分部 A 之间网络的连通性。

（5）总部 PC1 ping 分部 B 的 PC3，查看总部与分部 B 之间网络的连通性。

项目11 使用ISATAP隧道实现IPv6网络的互联互通

项目描述

园区有 A、B 两栋商务楼，两栋商务楼的网络通过路由器互联，其中 A 栋使用的是 IPv4 网络，B 栋使用的是 IPv6 网络。

Jan16 公司的设计部、人事部在 A 栋办公，研发部在 B 栋办公，公司要求在不改动原有网络配置的基础上实现 A 栋和 B 栋的网络互联互通。公司网络拓扑如图 11-1 所示，具体要求如下。

（1）公司设计部和人事部原有的 IPv4 网络不做变动。

（2）路由器 R1 通过配置站点内的自动隧道，实现设计部、人事部能够与研发部进行通信。

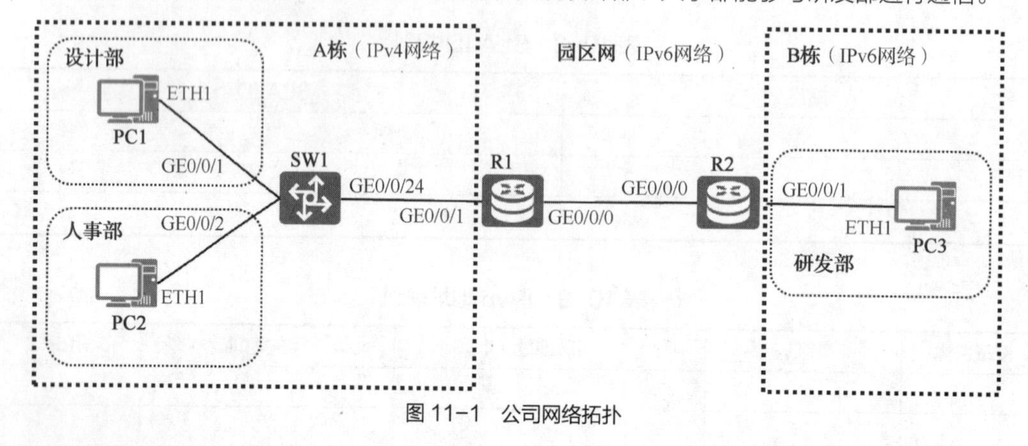

图 11-1　公司网络拓扑

项目需求分析

Jan16 公司的设计部与人事部 PC 支持 IPv6，但设计部与人事部网络不能直接升级为 IPv6 网络。现设计部与人事部需要和处于 IPv6 网络的研发部通信，可以通过配置站点内自动隧道——ISATAP（Intra-Site Automatic Tunnel Addressing Protocol，站点内自动隧道寻址协议）隧道，实现处于 IPv4 网络的 PC1、PC2 自动获取 ISATAP 地址，并与研发部 PC3 完成 IPv6 通信。

因此，本项目可以通过执行以下工作任务来完成。

（1）创建 VLAN 并划分端口，完成部门网络划分。

（2）配置路由器、交换机、PC 的 IPv4 地址和 IPv6 地址，完成基础网络配置。

（3）配置 IPv4 网络和 IPv6 网络的路由，实现 IPv4 及 IPv6 的网络互通。

（4）配置 ISATAP 隧道，实现各部门网络通过隧道互通。

项目相关知识

11.1 ISATAP 隧道概述

站点内自动隧道寻址协议隧道是一种自动隧道技术。典型的用法就是把运行 IPv4 的 ISATAP 主机连接到 ISATAP 路由器，这台主机再利用被分配的 IPv6 地址接入 IPv6 网络。

ISATAP 隧道应用场景如图 11-2 所示，某校园网络中双栈 PC1 需要与 IPv6 主机 PC3 进行通信，但 PC1 的网关路由器 AR1 仅支持 IPv4，若要实现 PC1 与 PC3 之间的通信，有两种解决方案：方案 1——更换 AR1 为双栈路由器，但校园网络中需要进行 IPv6 通信的 PC 数量较少，更换设备的方案显得有些不切实际；方案 2——不改变原有的设备及拓扑，在 PC1 与双栈路由器 AR2 之间配置 ISATAP 隧道，PC1 与 PC3 之间的 IPv6 数据由 ISATAP 隧道进行封装和转发。

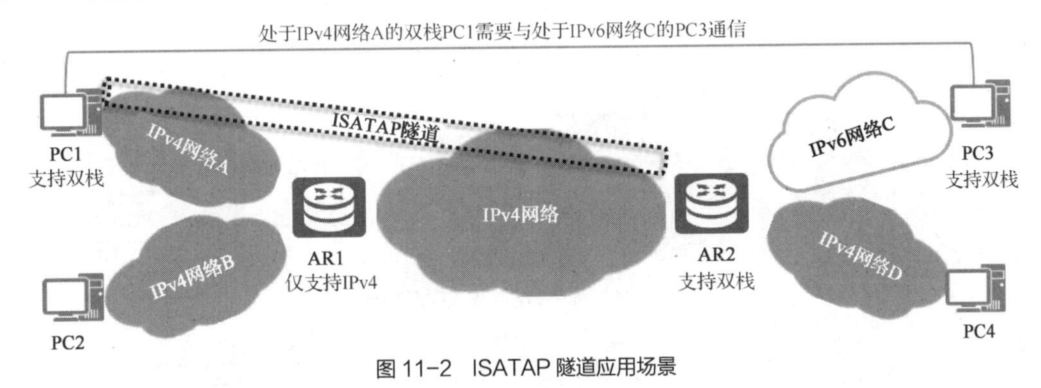

图 11-2　ISATAP 隧道应用场景

11.2 ISATAP 隧道工作原理

ISATAP 隧道使用一种内嵌 IPv4 地址的特殊 IPv6 地址——ISATAP 地址，将 IPv4 地址嵌入 ISATAP 地址中的接口 ID 部分。在 ISATAP 地址中，对于前缀部分并没有特殊要求。

1. PC 的 ISATAP 隧道地址的配置

配置 ISATAP 隧道要求 PC 隧道接口的单播地址和链路本地地址的接口 ID 都需要根据 ISATAP 规定的格式来生成。图 11-3 所示为 ISATAP 地址格式。

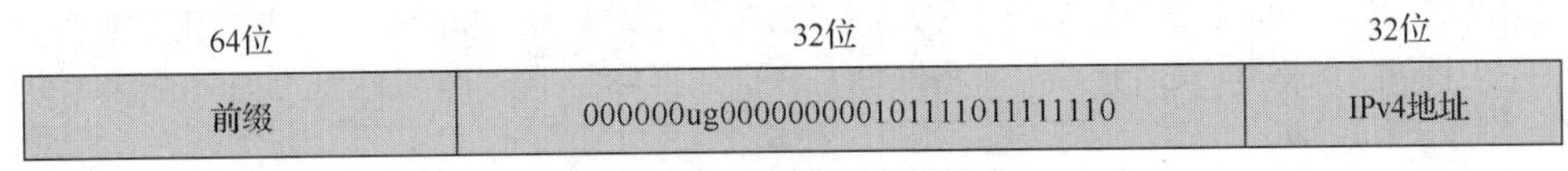

图 11-3　ISATAP 地址格式

（1）前缀：来自 ISATAP 路由器的通告，当没有 ISATAP 路由器时，需要在 PC 上进行配置（当在两台 ISATAP PC 之间直接建立隧道时，便没有 ISATAP 路由器参与）。

（2）000000ug00000000010111101111111110：由 IANA 规定的格式，ISATAP 地址必须包含的 32 位。其中，“u”位是全球/本地（Global/Local）位，和地址格式中的“IPv4 地址”字段对应，当 IPv4 地址为私网地址时，“u”位置 0，代表本地范围有效；当 IPv4 地址为公网地址时，“u”位置

1，代表全球范围有效。“g”位是个人/集体（Individual/Group）位。

（3）IPv4 地址：当前配置了 ISATAP 隧道的 PC 接口的 IPv4 地址。

2. ISATAP 路由器隧道地址的配置

ISATAP 路由器隧道接口的链路本地地址的前缀为固定的 FE80::/10，接口 ID 则必须按照 ISATAP 地址格式生成，将 IPv4 地址嵌入接口 ID 中。

ISATAP 路由器隧道接口 IPv6 单播地址有两种配置方式，一种是配置完整的 IPv6 地址；另一种是先为接口分配一个 IPv6 地址前缀，然后让路由器根据 ISATAP 地址格式自动生成接口 ID，形成完整的 IPv6 地址。

3. ISATAP 隧道地址配置过程

（1）为 PC 配置 ISATAP 地址。

配置 ISATAP 隧道后，ISATAP 路由器就能为 PC 分配 IPv6 地址前缀，PC 根据获得的前缀自动生成 ISATAP 单播地址。如果 PC 需要路由器来分配 IPv6 地址前缀，路由器的 ISATAP 隧道接口需要开启 RA 报文发送功能。

如图 11-4 所示，PC1 的 IPv4 地址为 10.1.1.10，通过 ISARAP 路由器 AR1 的 RA 报文可得出 IPv6 地址的前缀为 2020::/64。根据 ISATAP 地址格式，此时 PC1 的地址是私网地址，“u”位置 0，因此，PC1 接口的单播地址为 2020::5EFE:A01:10A/64，计算过程如图 11-5 所示。链路本地地址计算过程相同，结果为 FE80::5EFE:A01:10A。

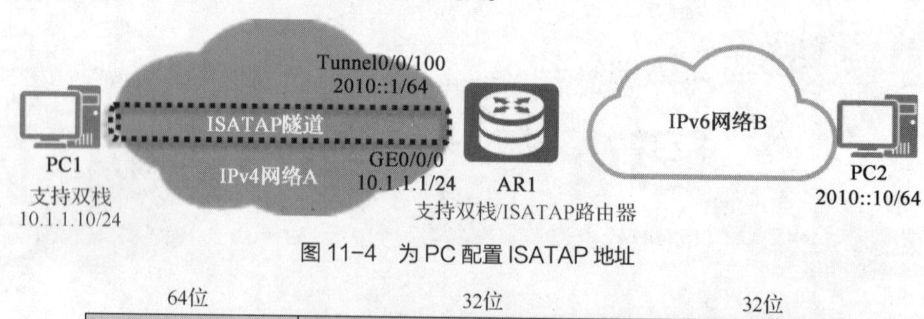

图 11-4 为 PC 配置 ISATAP 地址

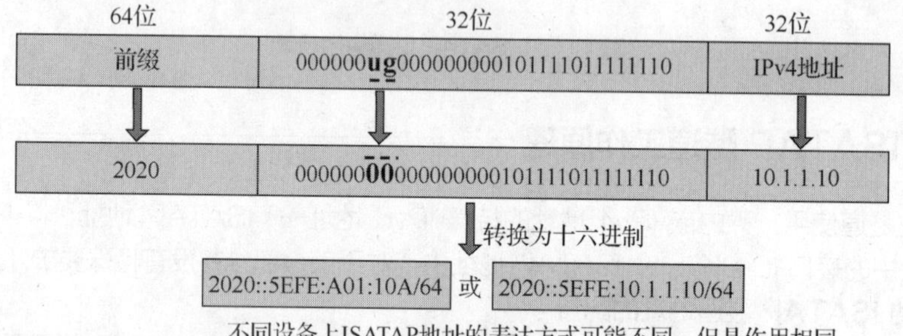

图 11-5 ISATAP 地址计算过程

如果此时 PC1 的地址改为公网地址 20.1.1.10，根据 ISATAP 地址格式， PC1 的地址是公网地址，“u”位置 1，可得到 PC1 接口的单播地址为 2020::200:5EFE:1401:10A/64；链路本地地址为 FE80::200:5EFE:1401:10A。

ISATAP 隧道是一种 NBMA 网络，NBMA 网络不支持组播与广播，仅支持单播，而 PC 默认情况下是通过组播的形式向路由器发送 RS 报文，以触发路由器响应 RA 报文的。因此需要在 PC 上配置通过发送单播 RS 报文到 ISATAP 路由器上请求获取前缀信息。

（2）为路由器配置 ISATAP 地址。

如图 11-4 所示，ISATAP 路由器隧道接口 Tunnel0/0/100 配置的自定义的 IPv6 单播地址为 2020::1/64，根据隧道起点地址 10.1.1.1，结合 ISATAP 地址格式，可以得到隧道接口的链路本地地址为 FE80::5EFE:A01:101。

虽然 IANA 对 ISATAP 地址中使用"u"位有定义，用于标识地址是否为全局唯一，但是华为路由器仅使用"00000000000000000101111011111110"，即 0000:5EFE 来填充接口 ID 中所需的 32 位。若 PC1 配置的 IPv4 地址为公网地址 20.1.1.10，即 ISATAP 地址中的"u"位置 1，生成接口标识为 200:5EFE:1401:10A，当 PC1 向路由器 AR1 发送单播 RS 报文请求前缀信息时，路由器 AR1 不会回应 RA 报文。此时，PC1 无法获得地址前缀来生成 ISATAP 单播地址，导致无法建立 ISATAP 隧道。

（3）配置 ISATAP PC 的默认网关。

ISATAP 路由器向 PC 发送 RA 报文，不仅能为 PC 分配前缀信息，也能通过 RA 报文自动获得默认网关地址。

如图 11-4 所示，根据 NDP，此时 PC1 的默认网关地址为路由器 AR1 的隧道接口的链路本地地址 FE80::5EFE:A01:101。当 PC1 向 PC2 发起 ping 请求时，PC1 数据的下一跳为默认网关地址 FE80::5EFE:A01:101，从地址中可提取 IPv4 地址部分 0A01:0101，获得隧道终点 IPv4 地址 10.1.1.1。PC1 即以隧道起点 10.1.1.10，向隧道终点 10.1.1.1 发起 ISATAP 隧道建立请求，隧道建立后开始传输数据。

项目规划设计

项目拓扑

本项目中，使用 3 台 PC、2 台路由器和 1 台三层交换机来搭建项目拓扑，如图 11-6 所示。其中 PC1 是设计部员工的 PC，PC2 是人事部员工的 PC，PC3 是研发部员工的 PC，R1 和 R2 是园区网 IPv6 路由器，SW1 是设计部和人事部的 IPv4 网关交换机。可以在 PC1 与路由器 R1、PC2 与路由器 R1 之间配置 ISATAP 隧道，实现 Jan16 公司的设计部、人事部和研发部进行 IPv6 通信。

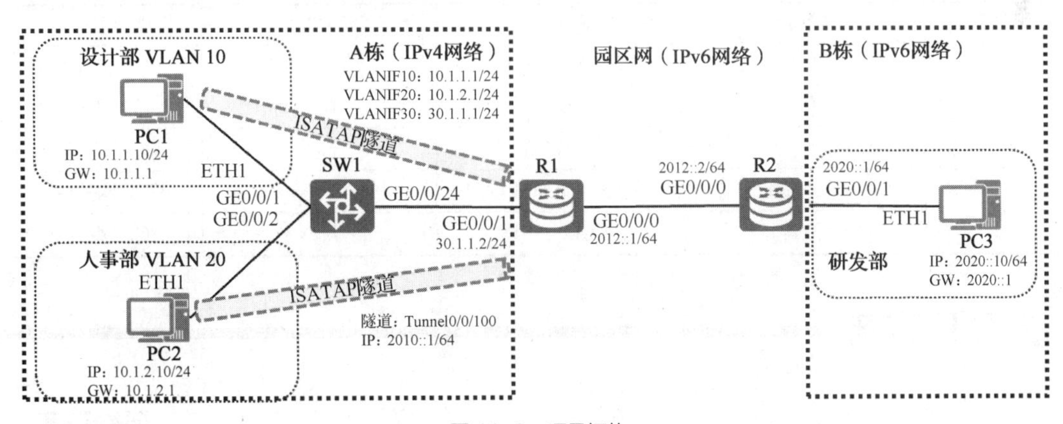

图 11-6 项目拓扑

项目规划

根据图 11-6 所示的项目拓扑进行业务规划，相应的端口互联规划、IPv4 地址规划、IPv6 地址规划如表 11-1～表 11-3 所示。

表 11-1 端口互联规划

本端设备	本端接口	对端设备	对端接口
PC1	ETH1	SW1	GE0/0/1
PC2	ETH1	SW1	GE0/0/2
PC3	ETH1	R2	GE0/0/1
R1	GE0/0/0	R2	GE0/0/0
	GE0/0/1	SW1	GE0/0/24
R2	GE0/0/0	R1	GE0/0/0
	GE0/0/1	PC3	ETH1
SW1	GE0/0/1	PC1	ETH1
	GE0/0/2	PC2	ETH1
	GE0/0/24	R1	GE0/0/1

表 11-2 IPv4 地址规划

设备名称	接口	IP 地址	网关地址	用途
PC1	ETH1	10.1.1.10/24	10.1.1.1	PC 地址及网关
PC2	ETH1	10.1.2.10/24	10.1.2.1	PC 地址及网关
R1	GE0/0/1	30.1.1.2/24	N/A	接口地址
SW1	VLANIF10	10.1.1.1/24	N/A	
	VLANIF20	10.1.2.1/24	N/A	
	VLANIF30	30.1.1.1/24	N/A	

表 11-3 IPv6 地址规划

设备名称	接口	IP 地址	网关地址	用途
PC3	ETH1	2020::10/64	2020::1	PC3 主机地址
R1	GE0/0/0	2012::1/64	N/A	PC1 网关地址
	Tunnel0/0/100	2010::1/64	N/A	隧道接口地址
R2	GE0/0/0	2012::2/64	N/A	PC2 网关地址
	GE0/0/1	2020::1/64	N/A	PC3 网关地址

项目实施

任务 11-1 创建 VLAN 并划分端口

V11-1 任务 11-1 创建 VLAN 并划分端口

任务规划

根据端口互联规划（表 11-1）要求，为交换机创建部门 VLAN，然后将对应端口划分到部门 VLAN 中。

任务实施

1. 为交换机创建 VLAN

为交换机 SW1 创建设计部 VLAN 10、人事部 VLAN 20 和研发部 VLAN 30。

```
<Huawei>system-view                                   //进入系统视图
[Huawei]sysname SW1                                   //修改设备名称
[SW1]vlan batch 10 20 30                              //创建 VLAN 10、VLAN 20、VLAN 30
```

2. 将交换机端口添加到对应 VLAN 中

为交换机 SW1 划分 VLAN，并将对应端口添加到 VLAN 中。

```
[SW1]interface GigabitEthernet 0/0/1                  //进入端口视图
[SW1-GigabitEthernet0/0/1]port link-type access       //配置链路类型为 Access
[SW1-GigabitEthernet0/0/1]port default vlan 10        //划分端口到 VLAN 10
[SW1-GigabitEthernet0/0/1]quit                        //退出端口视图
[SW1]interface GigabitEthernet 0/0/2                  //进入端口视图
[SW1-GigabitEthernet0/0/2]port link-type access       //配置链路类型为 Access
[SW1-GigabitEthernet0/0/2]port default vlan 20        //划分端口到 VLAN 20
[SW1-GigabitEthernet0/0/2]quit                        //退出端口视图
[SW1]interface GigabitEthernet 0/0/24                 //进入端口视图
[SW1-GigabitEthernet0/0/24]port link-type access      //配置链路类型为 Access
[SW1-GigabitEthernet0/0/24]port default vlan 30       //划分端口到 VLAN 30
[SW1-GigabitEthernet0/0/24]quit                       //退出端口视图
```

任务验证

（1）在交换机 SW1 上使用【display vlan】命令查看 VLAN 的创建情况，如图 11-7 所示，可以看到 VLAN 10、VLAN 20、VLAN 30 已经创建。

```
[SW1]display vlan
……
VID  Type     Ports
--------------------------------------------------------------------------------
1    common   UT:GE0/0/3(D)     GE0/0/4(D)     GE0/0/5(D)     GE0/0/6(D)
                 GE0/0/7(D)     GE0/0/8(D)     GE0/0/9(D)     GE0/0/10(D)
                 GE0/0/11(D)    GE0/0/12(D)    GE0/0/13(D)    GE0/0/14(D)
                 GE0/0/15(D)    GE0/0/16(D)    GE0/0/17(D)    GE0/0/18(D)
                 GE0/0/19(D)    GE0/0/20(D)    GE0/0/21(D)    GE0/0/22(D)
                 GE0/0/23(D)
10   common   UT:GE0/0/1(U)
20   common   UT:GE0/0/2(U)
30   common   UT:GE0/0/24(U)
……
[SW1]
```

图 11-7 交换机 SW1 的 VLAN 创建情况

（2）在交换机 SW1 上使用【display port vlan】命令查看端口配置情况，如图 11-8 所示。

```
[SW1]display port vlan
Port                    Link Type    PVID  Trunk  VLAN  List
-------------------------------------------------------------------------------
GigabitEthernet0/0/1    access       10    -
GigabitEthernet0/0/2    access       20    -
……
GigabitEthernet0/0/24   access       30    -
[SW1]
```

图 11-8　交换机 SW1 端口配置情况

任务 11-2　配置路由器、交换机及 PC 的 IP 地址

V11-2　任务 11-2 配置路由器、交换机及 PC 的 IP 地址

任务规划

根据 IPv4 地址规划（表 11-2）和 IPv6 地址规划（表 11-3）为路由器、PC、交换机配置 IP 地址。

任务实施

1. 配置 PC 的 IPv4 地址

为 PC1 和 PC2 配置 IPv4 地址，如图 11-9 和图 11-10 所示。

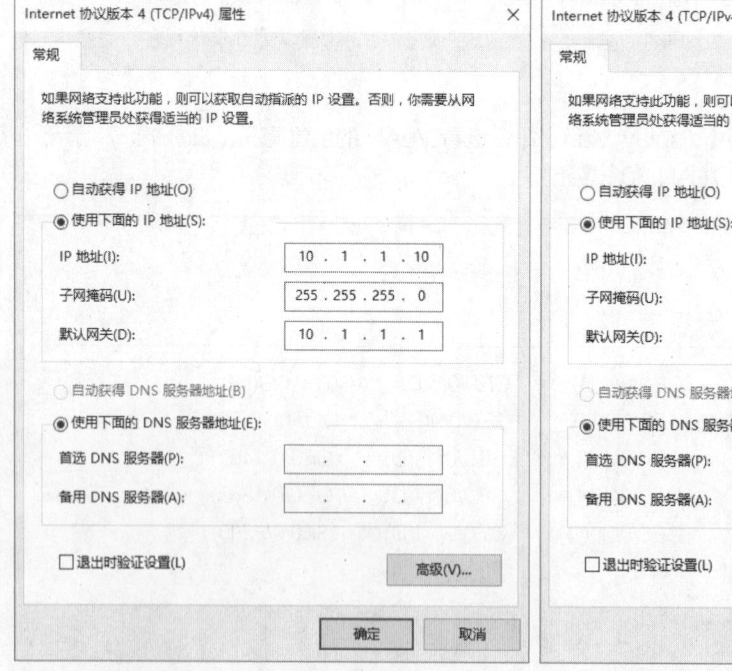

图 11-9　为 PC1 配置 IPv4 地址

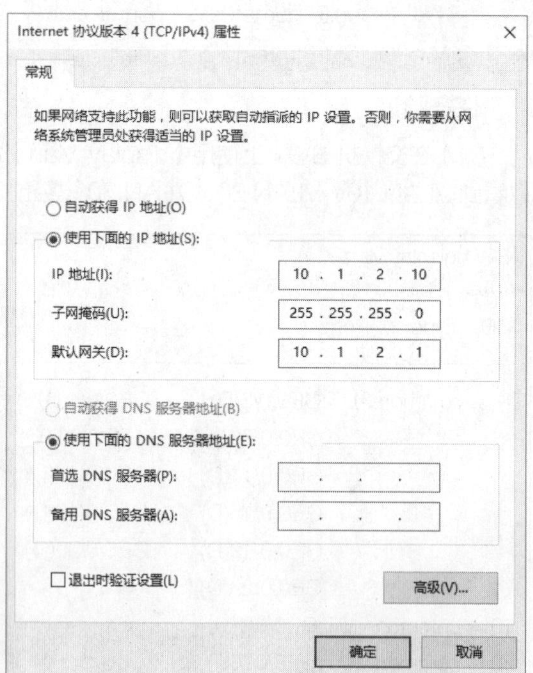

图 11-10　为 PC2 配置 IPv4 地址

2. 配置 PC 的 IPv6 地址

为 PC3 配置 IPv6 地址，如图 11-11 所示。PC1 和 PC2 的 IPv6 地址配置为自动获取，如图 11-12 所示。

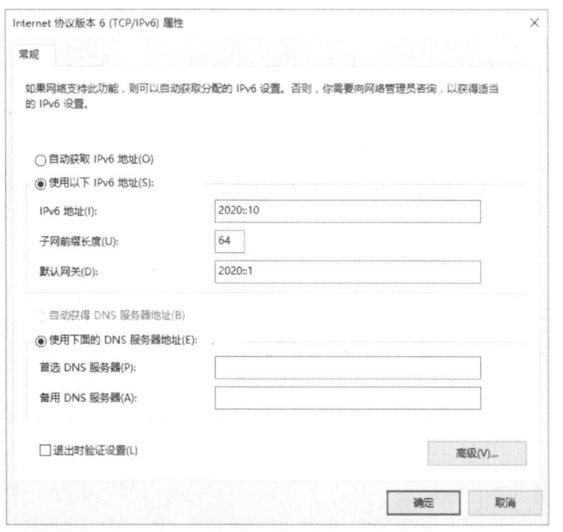

图 11-11　为 PC3 配置 IPv6 地址

图 11-12　为 PC1、PC2 配置 IPv6 地址

3. 配置路由器 R1 的 IP 地址

为路由器 R1 配置 IPv4 地址和 IPv6 地址，作为与网关交换机 SW1 和园区网路由器 R2 互联地址。

```
<Huawei>system-view                                   //进入系统视图
[Huawei]sysname R1                                    //修改设备名称
[R1]interface GigabitEthernet 0/0/1                   //进入接口视图
[R1-GigabitEthernet0/0/1]ip address 30.1.1.2 24       //配置 IPv4 地址
[R1-GigabitEthernet0/0/1]quit                         //退出接口视图
[R1]ipv6                                              //全局启用 IPv6 功能
[R1]interface GigabitEthernet 0/0/0                   //进入接口视图
[R1-GigabitEthernet0/0/0]ipv6 enable                  //接口下启用 IPv6 功能
[R1-GigabitEthernet0/0/0]ipv6 address 2012::1 64      //配置 IPv6 地址
[R1-GigabitEthernet0/0/0]quit                         //退出接口视图
```

4. 配置路由器 R2 的 IP 地址

为路由器 R2 配置 IPv6 地址，作为与园区路由器 R1 互联地址，以及研发部的网关。

```
<Huawei>system-view                                   //进入系统视图
[Huawei]sysname R2                                    //修改设备名称
[R2]ipv6                                              //全局启用 IPv6 功能
[R2]interface GigabitEthernet 0/0/1                   //进入接口视图
[R2-GigabitEthernet0/0/1]ipv6 enable                  //接口下启用 IPv6 功能
[R2-GigabitEthernet0/0/1]ipv6 address 2020::1 64      //配置 IPv6 地址
[R2-GigabitEthernet0/0/1]quit                         //退出接口视图
[R2]interface GigabitEthernet 0/0/0                   //进入接口视图
[R2-GigabitEthernet0/0/0]ipv6 enable                  //接口下启用 IPv6 功能
[R2-GigabitEthernet0/0/0]ipv6 address 2012::2 64      //配置 IPv6 地址
[R2-GigabitEthernet0/0/0]quit                         //退出接口视图
```

5. 配置交换机 SW1 的 IP 地址

为交换机 SW1 配置 IPv4 地址，作为设计部与人事部的网关，以及与园区路由器 R1 互联的地址。

```
[SW1]interface Vlanif 10                    //进入接口视图
[SW1-Vlanif10]ip address 10.1.1.1 24        //配置 IPv6 地址
[SW1-Vlanif10]quit                          //退出接口视图
[SW1]interface Vlanif 20                    //进入接口视图
[SW1-Vlanif20]ip address 10.1.2.1 24        //配置 IPv6 地址
[SW1-Vlanif20]quit                          //退出接口视图
[SW1]interface Vlanif 30                    //进入接口视图
[SW1-Vlanif30]ip address 30.1.1.1 24        //配置 IPv6 地址
[SW1-Vlanif30]quit                          //退出接口视图
```

任务验证

（1）在路由器 R1 上使用【display ip interface brief】【display ipv6 interface brief】命令查看路由器 R1 的 IP 地址配置情况，如图 11-13 所示。

```
[R1]display ip interface brief
……
Interface                    IP Address/Mask     Physical   Protocol
GigabitEthernet0/0/0         unassigned          up         down
GigabitEthernet0/0/1         30.1.1.2/24         up         up
……
[R1]display ipv6 interface brief
……
Interface                Physical            Protocol
GigabitEthernet0/0/0     up                  up
[IPv6 Address] 2012::1
[R1]
```

图 11-13　路由器 R1 的 IP 地址配置情况

（2）在路由器 R2 上使用【display ipv6 interface brief】命令查看路由器 R2 的 IP 地址配置情况，如图 11-14 所示。

```
[R2]display ipv6 interface brief
……
Interface                Physical            Protocol
GigabitEthernet0/0/0     up                  up
[IPv6 Address] 2012::2
GigabitEthernet0/0/1     up                  up
[IPv6 Address] 2020::1
[R2]
```

图 11-14　路由器 R2 的 IP 地址配置情况

（3）在交换机 SW1 上使用【display ip interface brief】命令查看交换机 SW1 的 IP 地址配置情况，如图 11-15 所示。

```
[SW1]display ip interface brief
……
Interface                        IP Address/Mask      Physical   Protocol
……
Vlanif10                         10.1.1.1/24          up         up
Vlanif20                         10.1.2.1/24          up         up
Vlanif30                         30.1.1.1/24          up         up
[SW1]
```

图 11-15 交换机 SW1 的 IP 地址配置情况

任务 11-3 配置 IPv4 和 IPv6 网络路由

任务规划

V11-3 任务 11-3 配置 IPv4 和 IPv6 网络路由

为园区路由器 R1 配置去往总部的 IPv4 静态路由，为园区网路由器 R1 和路由器 R2 配置互联互通的 IPv6 静态路由。

任务实施

1. 配置 IPv4 静态路由

为路由器 R1 配置通往设计部和人事部的 IPv4 静态路由，下一跳为网管交换机 SW1。

```
[R1]ip route-static 10.1.1.0 24 30.1.1.1          //配置设计部静态路由
[R1]ip route-static 10.1.2.0 24 30.1.1.1          //配置人事部静态路由
```

2. 配置 IPv6 静态路由

（1）为路由器 R1 配置通往研发部的 IPv6 静态路由，下一跳为园区网路由器 R2。

```
[R1]ipv6 route-static 2020:: 64 2012::2           //配置研发部 IPv6 静态路由
```

（2）为路由器 R2 配置通往 ISATAP 隧道前缀的 IPv6 静态路由，下一跳为园区网路由器 R1。

```
[R2]ipv6 route-static 2010:: 64 2012::1           //配置通往 ISATAP 隧道前缀静态路由
```

任务验证

（1）在路由器 R1 上使用【display ip routing-table】【display ipv6 routing-table】命令查看路由器 R1 的静态路由配置情况，如图 11-16 所示。

```
[R1]display ip routing-table
……
Destination/Mask    Proto   Pre  Cost      Flags NextHop         Interface
     10.1.1.0/24    Static  60   0           RD  30.1.1.1        GigabitEthernet0/0/1
     10.1.2.0/24    Static  60   0           RD  30.1.1.1        GigabitEthernet0/0/1
……
[R1]display ipv6 routing-table
……
Destination   : 2020::                      PrefixLength : 64
 NextHop      : 2012::2                     Preference   : 60
Cost          : 0                           Protocol     : Static
RelayNextHop  : ::                          TunnelID     : 0x0
Interface     : GigabitEthernet0/0/0        Flags        : RD
```

图 11-16 路由器 R1 的静态路由配置情况

```
......
[R1]
```

图 11-16　路由器 R1 的静态路由配置情况（续）

（2）在路由器 R2 上使用【display ipv6 routing-table】命令查看路由器 R2 的静态路由配置情况，如图 11-17 所示。

```
[R2]display ipv6   routing-table
......
 Destination     : 2010::                          PrefixLength : 64
 NextHop         : 2012::1                         Preference   : 60
 Cost            : 0                               Protocol     : Static
 RelayNextHop : ::                                 TunnelID     : 0x0
 Interface       : GigabitEthernet0/0/0            Flags        : RD
......
[R2]
```

图 11-17　路由器 R2 的静态路由配置情况

任务 11-4　配置 ISATAP 隧道

任务规划

在 PC 端（PC1、PC2）与路由器端（R1）之间配置 ISATAP 隧道。

V11-4　任务 11-4
配置 ISATAP 隧道

任务实施

1. 配置路由器 R1 的 ISATAP 隧道

在路由器 R1 上创建 ISATAP 隧道接口，配置 IPv6 地址并开启 RA 报文发送功能。

```
[R1]interface Tunnel 0/0/100                              //创建隧道接口
[R1-Tunnel0/0/100]ipv6 enable                             //接口下启用 IPv6 功能
[R1-Tunnel0/0/100]ipv6 address 2010::1 64                 //配置 IPv6 地址
[R1-Tunnel0/0/100]tunnel-protocol ipv6-ipv4 isatap        //配置隧道协议为 ISATAP
[R1-Tunnel0/0/100]source 30.1.1.2                         //配置隧道起点地址
[R1-Tunnel0/0/100]undo ipv6 nd ra halt                    //开启 RA 报文发送功能
[R1-Tunnel0/0/100]quit                                    //退出接口视图
```

2. 配置 PC 的 ISATAP 隧道

（1）为 PC1 指定 ISATAP 路由器 IPv4 地址为 30.1.1.2，以管理员身份打开命令提示符窗口进行配置，结果如图 11-18 所示。

```
C:\WINDOWS\system32>netsh interface ipv6 isatap set router 30.1.1.2
确定。


C:\WINDOWS\system32>netsh interface ipv6 isatap set router 30.1.1.2 enable
确定。
```

图 11-18　为 PC1 配置 ISATAP 隧道

注：本项目以Windows 10操作系统进行试验，不同操作系统的命令可能不同，命令【netsh interface ipv6 isatap set router 30.1.1.2】用于指定ISATAP路由器；命令【netsh interface ipv6 isatap set router 30.1.1.2 enable】用于启用ISATAP隧道。

（2）为 PC2 指定 ISATAP 路由器 IPv4 地址为 30.1.1.2，以管理员身份打开命令提示符窗口进行配置，结果如图 11-19 所示。

```
C:\WINDOWS\system32>netsh interface ipv6 isatap set router 30.1.1.2
确定。


C:\WINDOWS\system32>netsh interface ipv6 isatap set router 30.1.1.2 enable
确定。
```

图 11-19　为 PC2 配置 ISATAP 隧道

任务验证

（1）在 PC1 上使用【ipconfig/all】命令查看 ISATAP 接口信息，如图 11-20 所示。

```
C:\WINDOWS\system32>ipconfig /all
......
隧道适配器 isatap.{4E29DDFF-233B-4C98-B882-7D161C721168}:

   连接特定的 DNS 后缀 . . . . . . . :
   描述 . . . . . . . . . . . . . . . . . . . . . . : Microsoft ISATAP Adapter
   物理地址 . . . . . . . . . . . . . . . . . . : 00-00-00-00-00-00-00-E0
   DHCP 已启用 . . . . . . . . . . . . . : 否
   自动配置已启用. . . . . . . . . . . . . : 是
   IPv6 地址 . . . . . . . . . . . . . . . . : 2010::5efe:10.1.1.10（首选）
   本地链接 IPv6 地址. . . . . . . . . : fe80::5efe:10.1.1.10%2（首选）
   默认网关. . . . . . . . . . . . . . . . . . : fe80::5efe:30.1.1.2%2
   DHCPv6 IAID . . . . . . . . . . . . . : 33554432
   DHCPv6 客户端 DUID . . . . . : 00-01-00-01-26-C2-BB-BF-00-0C-29-90-54-C3
   DNS 服务器 . . . . . . . . . . . . . . : fec0:0:0:ffff::1%1
                                           fec0:0:0:ffff::2%1
                                           fec0:0:0:ffff::3%1
   TCPIP 上的 NetBIOS . . . . . . . : 已禁用
```

图 11-20　查看 PC1 的 ISATAP 接口信息

（2）在 PC2 上使用【ipconfig/all】命令查看 ISATAP 接口信息，如图 11-21 所示。

```
C:\WINDOWS\system32>ipconfig /all
......
隧道适配器 isatap.{1DEA4805-EE99-40B5-9D43-E2126BF0EA86}:
```

图 11-21　查看 PC2 的 ISATAP 接口信息

```
连接特定的 DNS 后缀 .......:
描述 .......................: Microsoft ISATAP Adapter
物理地址 ...................: 00-00-00-00-00-00-00-E0
DHCP 已启用 ...............: 否
自动配置已启用 ............: 是
IPv6 地址 .................: 2010::5efe:10.1.2.10（首选）
本地链接 IPv6 地址 ........: fe80::5efe:10.1.2.10%2（首选）
默认网关 ..................: fe80::5efe:30.1.1.2%2
DHCPv6 IAID ...............: 33554432
DHCPv6 客户端 DUID ........: 00-01-00-01-26-C2-BC-2F-00-0C-29-B9-2B-69
DNS 服务器 ................: fec0:0:0:ffff::1%1
                              fec0:0:0:ffff::2%1
                              fec0:0:0:ffff::3%1
TCPIP 上的 NetBIOS ........: 已禁用
```

图 11-21　查看 PC2 的 ISATAP 接口信息（续）

项目验证

V11-5　项目验证

（1）设计部 PC1 ping 研发部 PC3 的 IPv6 地址 2020::10，如图 11-22 所示。

```
C:\WINDOWS\system32>ping 2020::10

正在 ping 2020::10 具有 32 字节的数据:
来自 2020::10 的回复: 时间=1ms
来自 2020::10 的回复: 时间=1ms
来自 2020::10 的回复: 时间=2ms
来自 2020::10 的回复: 时间=1ms

2020::10 的 ping 统计信息:
    数据报: 已发送 = 4，已接收 = 4，丢失 = 0 (0% 丢失),
往返行程的估计时间（以毫秒为单位）:
    最短 = 1ms，最长 = 2ms，平均 = 1ms
```

图 11-22　PC1 与 PC3 的连通性测试

（2）人事部 PC2 ping 研发部 PC3 的 IPv6 地址 2020::10，如图 11-23 所示。

```
C:\WINDOWS\system32>ping 2020::10

正在 ping 2020::10 具有 32 字节的数据:
来自 2020::10 的回复: 时间=1ms
```

图 11-23　PC2 与 PC3 的连通性测试

```
来自 2020::10 的回复: 时间=1ms
来自 2020::10 的回复: 时间=1ms
来自 2020::10 的回复: 时间=2ms

2020::10 的 ping 统计信息:
    数据报: 已发送 = 4，已接收 = 4，丢失 = 0 (0% 丢失),
往返行程的估计时间 (以毫秒为单位):
    最短 = 1ms，最长 = 2ms，平均 = 1ms
```

图 11-23　PC2 与 PC3 的连通性测试（续）

练习与思考

理论题

（1）以下关于 ISATAP 隧道技术的描述，错误的是（　　）。

A. ISATAP 隧道是一种自动隧道

B. ISATAP 隧道中目标地址的接口 ID 中获得隧道终点地址

C. ISATAP 隧道中目标地址的前缀中获得隧道终点地址

D. ISATAP 隧道可为 PC 分配前缀信息

（2）将 IPv4 地址 100.1.1.1 嵌入 ISATAP 地址的接口 ID 中，将得到接口 ID 为（　　）。

A. ::5EFE:6401:101

B. ::200:5EFE:6401:101

C. ::200:5EFE:641:101

D. ::5EFE::101

（3）从 ISATAP 地址 2020: 5EFE:a01:101/64 中，可以得到隧道终点 IPv4 地址为（　　）。

A. 100.1.1.2　　B. 100.1.1.1　　C. 10.1.1.2　　D. 10.1.1.1

项目实训题

1. 项目背景与要求

某园区有多栋商务楼，Jan16 公司的设计部与人事部位于 A 栋，A 栋仅支持 IPv4 网络；研发部位于 B 栋，B 栋支持 IPv6 网络，A 栋与 B 栋之间通过路由器 R1 互联。现需要配置网络使设计部和人事部的 PC 和路由器 R1 建立起 ISATAP 隧道，满足 Jan16 公司所有部门间的 IPv6 通信需求。实践拓扑如图 11-24 所示。具体要求如下。

（1）根据实践拓扑，为 PC、路由器、交换机分别配置 IPv4 地址和 IPv6 地址（x 为部门，y 为工号）。

（2）配置路由器 R1 通往研发部的 IPv6 静态路由，下一跳为路由器 R2。

（3）配置路由器 R1 配置通往设计部和人事部的静态 IPv4 路由，下一跳为交换机 SW1。

（4）为路由器 R2 配置 IPv6 默认静态路由，下一跳为路由器 R1。

（5）为路由器 R1 配置 ISATAP 隧道。

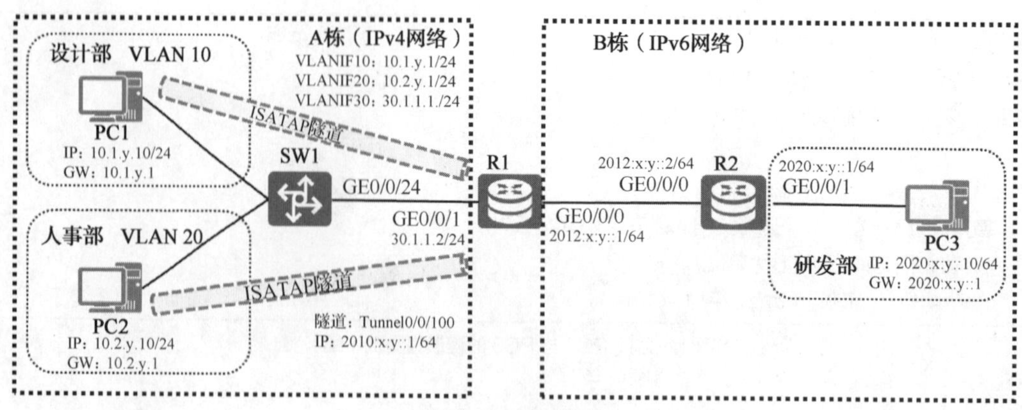

图 11-24 实践拓扑

2. 实践业务规划

根据以上实践拓扑和需求，参考本项目的项目规划完成表 11-4～表 11-6 内容的规划。

表 11-4 端口互联规划

本端设备	本端接口	对端设备	对端接口

表 11-5 IPv4 地址规划

设备名称	接口	IP 地址	网关地址	用途

表 11-6 IPv6 地址规划

设备名称	接口	IP 地址	网关地址	用途

3. 实践要求

完成实验后，请截取以下实验验证结果图。

（1）在路由器 R1 上使用【display ipv6 routing-table】命令，查看 IPv6 路由表。
（2）在路由器 R2 上使用【display ipv6 routing-table】命令，查看 IPv6 路由表。
（3）在设计部 PC1 命令提示符窗口中使用【ipconfig】命令，查看 ISATAP 地址获取情况。
（4）在人事部 PC2 命令提示符窗口中使用【ipconfig】命令，查看 ISATAP 地址获取情况。
（5）设计部 PC1 ping 研发部 PC3，查看部门之间网络的连通性。
（6）人事部 PC2 ping 研发部 PC3，查看部门之间网络的连通性。

IPv6 扩展应用篇

项目12 使用ACL6限制网络访问

12

项目描述

Jan16 公司网络已全面升级为 IPv6 网络，但出于对网络安全的考虑，需限制部分部门网络通信，公司网络拓扑如图 12-1 所示，具体要求如下。

（1）公司出于安全考虑，禁止设计部访问财务部网络。

（2）公司出于安全考虑，禁止财务部访问互联网，出口路由器上仅允许设计部和管理部访问互联网。

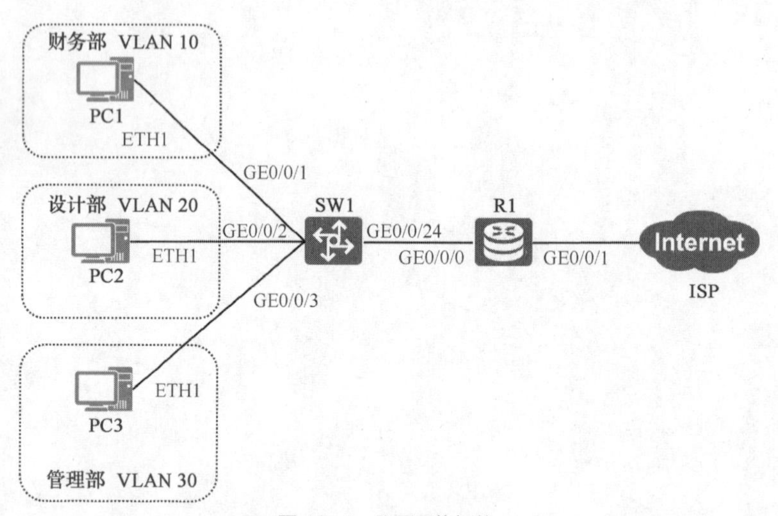

图 12-1 公司网络拓扑

项目需求分析

本项目可以通过执行以下工作任务来完成。

（1）创建 VLAN 并划分端口，实现部门网络划分。

（2）配置 PC、交换机、路由器的 IP 地址，完成基础网络配置。

（3）配置静态路由，实现全网互联互通。

（4）配置 IPv6 访问控制列表（IPv6 Access Control List，ACL6），实现公司网络的访问控制。

项目相关知识

12.1 ACL6 概述

IPv6 访问控制列表是由一系列规则组成的集合，ACL 通过这些规则对报文进行筛选，可以对不同类型的报文进行处理。

一个 ACL 通常由若干条“deny | permit”语句组成，每条语句就是该 ACL 的一条规则，每条语句中的“deny | permit”就是与这条规则相对应的处理动作。处理动作“permit”的含义是“允许”，处理动作“deny”的含义是“拒绝”。特别需要说明的是，ACL 技术总是与其他技术结合使用的，因此，所结合的技术不同，“permit”和“deny”的内涵及作用也不同。例如，当 ACL 技术与流量过滤技术结合使用时，“permit”就是“允许通行”的意思，“deny”就是“拒绝通行”的意思。

ACL 是一种应用非常广泛的网络安全技术，配置了 ACL 的网络设备的工作过程可以分为以下两个步骤。

（1）根据事先设定好的报文匹配规则对经过该设备的报文进行匹配。

（2）对匹配的报文执行事先设定好的处理动作。

12.2 ACL6 工作原理

1. ACL6 根据编号范围进行分类

华为设备根据 ACL6 编号范围对 ACL6 进行分类，如表 12-1 所示。

表 12-1　ACL6 分类

分类	适用 IP 版本	规则定义	编号范围
基本 ACL6	IPv6	根据 IPv6 报文的源 IPv6 地址、分片信息生效时间段来定义规则	2000～2999
高级 ACL6		根据 IPv6 报文的源 IPv6 地址、目的 IPv6 地址、IPv6 类型、目的端口、源端口、生效时间段等来定义规则	3000～3999

（1）基本 ACL6 格式。

例如，路由器允许源 IPv6 地址 2020::1 的流量经过，禁止源 IPv6 地址前缀 2030::/64 的流量经过，基本 ACL6 格式如图 12-2 所示。

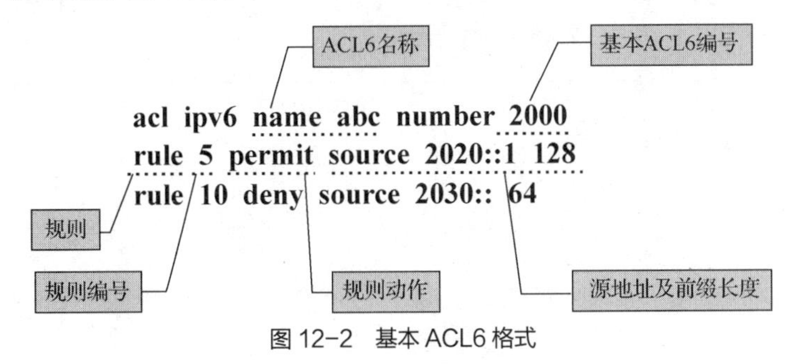

图 12-2　基本 ACL6 格式

需要注意的是：ACL的源地址后面跟的是地址对应的通配符，而ACL6源地址后面跟的是该地址对应的前缀长度。上述例子中的生效时间段可根据实际情况选择配置。

（2）高级 ACL6 格式。

与基本 ACL6 相同，高级 ACL6 根据规则定义的内容不同，格式也会所有不同，以 TCP 为例，禁止源 IPv6 地址 2020::1 对所有 Web 进行访问，高级 ACL6 格式如图 12-3 所示。

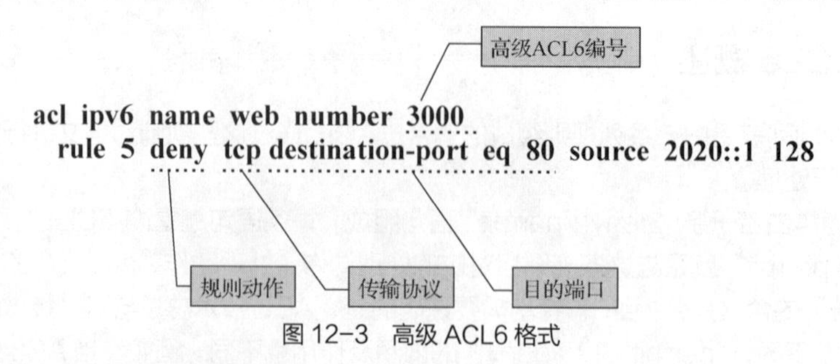

图 12-3　高级 ACL6 格式

2. ACL6 根据创建方式进行分类

（1）数字型 ACL6。

通常用户在创建 ACL6 时会为 ACL6 指定一个编号，仅通过编号来识别 ACL6，则所创建的 ACL6 属于数字型 ACL6，不同的编号对应不同类型的 ACL6（例如，创建 ACL6 编号为 2020，则该 ACL6 属于基本 ACL6；创建 ACL6 编号为 3020，则该 ACL6 属于高级 ACL6）。不同类型的 ACL6 的规则定义能力不同，高级 ACL6 的规则定义能力要比基本 ACL6 的强大，但是配置也更为复杂。

（2）命名型 ACL6。

为了方便记忆和识别，用户可以选择创建命名型 ACL6，即在创建 ACL6 时仅为该 ACL6 配置一个名称（如配置名称为 ABC）。若未指定 ACL6 的编号，设备默认为该 ACL6 分配编号数字 3999，即默认为高级 ACL6。

（3）“名称+数字”型 ACL6。

有时，也会配置“名称+数字”型 ACL6，即在定义命名型 ACL6 时，同时为该 ACL6 指定一个 ACL6 编号，该 ACL6 可以是基本的，也可以是高级的。

3. 华为路由器 ACL6 的规则编号与匹配顺序

（1）规则编号。

根据 ACL6 格式，在每一个 ACL6 里面都可以创建多条规则，每一条规则都有一个规则编号与之对应。在配置规则时，规则编号是一个可选配置选项，可以根据用户指定的编号数字为每一条规则进行编号。若用户没有指定规则的编号，华为路由器会根据默认步长设定规则，为每一条规则设置一个规则编号。步长规则如下。

① 默认步长数值为 5，若 ACL6 下的规则为空，则第一条被创建的 ACL 的规则编号为 5，后续创建的规则编号，每次以 5 递增，如图 12-4 所示。

```
[R1]acl ipv6 2000                                      //创建 ACL6
[R1-acl6-basic-2000]display this
#
acl ipv6 number 2000                                   //空 ACL6
#
[R1-acl6-basic-2000]rule permit source 2010::1 128     //添加第 1 条规则，未指定编号
[R1-acl6-basic-2000]display this
#
acl ipv6 number 2000
```

图 12-4　ACL6 默认步长

```
rule 5 permit source 2010::1/128                              //获得规则编号为 5
#
[R1-acl6-basic-2000]rule permit source 3010::1 128            //添加第 2 条规则，未指定编号
[R1-acl6-basic-2000]display this
#
acl ipv6 number 2000
 rule 5 permit source 2010::1/128
 rule 10 permit source 3010::1/128                            //获得规则编号为 10
#
```

图 12-4 ACL6 默认步长（续）

② ACL6 下的规则非空，则步长规则需结合现有规则的数值再进行规则编号配置。若现有规则的编号小于或等于数值 5，则后续创建编号的规则与情况①相同。若现有规则的编号大于 5，则使用大于当前 ACL 内最大规则编号且是步长整数倍的最小整数作为规则编号。如图 12-5 所示，已有规则编号 12，根据步长规则它为第 2 条规则编号，取值时，数值不得小于 12，且必须是默认步长数值 5 的最小整数倍数，故取值为 15。

```
[R1-acl6-basic-2000]dis this
#
acl ipv6 number 2000
 rule 12 permit source 2010::1/128                            //现有规则编号为 12
#
[R1-acl6-basic-2000] rule permit source 3010::1/128           //创建第 2 条规则，未指定编号
[R1-acl6-basic-2000]display this
[V200R003C00]
acl ipv6 number 2000
 rule 12 permit source 2010::1/128
 rule 15 permit source 3010::1/128                            //获得规则编号为 15
[R1-acl6-basic-2000]
```

图 12-5 步长的最小整数倍数取值

（2）ACL6 匹配顺序。

华为 ACL6 支持两种 ACL 匹配顺序：配置顺序模式（Config 模式）和自动排序模式（Auto 模式）。默认匹配顺序为 Config 模式。

① Config 模式。

根据 ACL6 规则编号，按编号数值从小到大的顺序进行匹配，规则编号越小越先用于匹配数据或者路由。一旦匹配成功，立即停止匹配行为，执行当前规则编号对应的动作。

如图 12-6 所示，根据 ACL6 2000，若路由器 R1 收到源地址为 2010::1/128 的数据，则首先与 rule 5 进行匹配，若匹配成功，则根据 rule 5 定义动作“permit”，接收或者转发数据。

```
[R1-acl6-basic-2000]dis this
#
acl ipv6 number 2000
 rule 5 permit source 2010::1/128
 rule 10 deny source 2010::1/128
#
```

图 12-6 ACL6 匹配规则（1）

如图 12-7 所示，根据 ACL6 2000，若路由器 R1 收到源地址为 2010::1/128 的数据，则首先与 rule 5 进行匹配，若匹配成功，则根据 rule 5 定义动作“deny”，丢弃数据。

```
[R1-acl6-basic-2000]dis this
#
acl ipv6 number 2000
 rule 5 deny source 2010::1/128
 rule 10 permit source 2010::1/128
#
```

图 12-7 ACL6 匹配规则（2）

需要注意的是：ACL6的默认规则是允许所有流量通过，若流量未被ACL6中的规则匹配到，则按照默认规则进行处理。

② Auto 模式。

Auto 模式采用“深度优先”的原则，创建 ACL6 时用户不能为规则指定规则编号，设备会根据所创建规则的精确度自行排序，精确度越高，获得编号数值越小，越先被执行。如图 12-8 所示，规则“rule …… 2010::1/128”的精确度比规则“rule …… 2010::/64”的精确度高，尽管是最后配置的，却获得了最小的规则编号。

Auto 模式收到数据之后的处理方式与 Config 模式的相同。

```
[R1]acl ipv6 2000 match-order auto                    //配置匹配顺序为 Auto
[R1-acl6-basic-2000]rule permit source 2010::/64
[R1-acl6-basic-2000]rule deny source 2010::1/128
[R1-acl6-basic-2000]display this
acl ipv6 number 2000   match-order auto
 rule 5 deny source 2010::1/128
 rule 10 permit source 2010::/64

[R1-acl6-basic-2000]
```

图 12-8 Auto 模式

（3）设置步长的作用。

步长设置使得规则编号并非连续，规则与规则之间有剩余的规则编号空间，这样便可以在不改变设备原有配置的情况下，为设备添加某些需要被优先执行的规则。

如图 12-9 所示，此时已经创建了 rule 5 和 rule 10，根据这两条规则，2020::/64 网段中，仅有地址 2020::1 的流量能通过路由器 R1。若此时需要在不改变原有配置的情况下，允许地址 2020::2 的流量通过路由器 R1，仅需添加一条规则，规则编号 X，要求 X<10 即可。例如添加“rule 6 permit source 2020::2/128”，那么地址 2020::2 的流量便可通过路由器 R1。

```
[R1]acl ipv6 2001
[R1-acl6-basic-2001]rule permit source 2020::1 128
[R1-acl6-basic-2001]rule deny source 2020:: 64
```

图 12-9 步长的作用

```
[R1-acl6-basic-2001]display this
acl ipv6 number 2001
 rule 5 permit source 2020::1/128
 rule 10 deny source 2020::/64
[R1-acl6-basic-2001]rule 6 permit source 2020::2 128
[R1-acl6-basic-2001]display this
acl ipv6 number 2001
 rule 5 permit source 2020::1/128
 rule 6 permit source 2020::2/128
 rule 10 deny source 2020::/64
#
```

图 12-9　步长的作用（续）

4. 华为交换机 ACL6 的规则编号与匹配顺序

华为交换机 ACL6 默认不支持步长设定，添加规则时，若没有指定规则编号，则第 1 条规则的规则编号为 0，第 2 条规则的规则编号为 1，第 3 条规则的规则编号为 2，以此类推。建议配置时，手动添加规则编号，并在规则与规则之间预留有剩余的规则编号空间。

华为交换机的 ACL6 匹配顺序与路由器的相同。

项目规划设计

项目拓扑

本项目中，使用 3 台 PC、1 台路由器、1 台三层交换机搭建项目拓扑，如图 12-10 所示。其中 PC1 是财务部员工的 PC，PC2 是设计部员工的 PC，PC3 是管理部员工的 PC，SW1 为各部门网关交换机，交换机 SW1 通过出口路由器 R1 连接至互联网。通过在路由器 R1 及交换机 SW1 上配置 ACL6，来完成对财务部的安全访问控制。

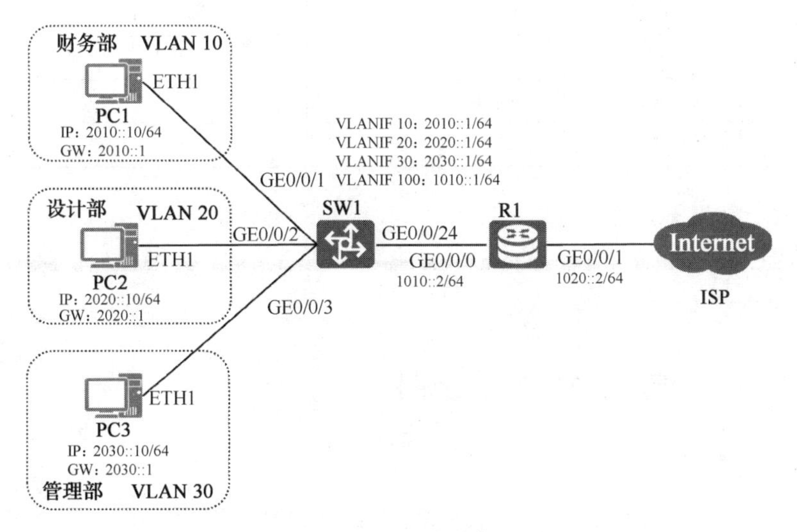

图 12-10　项目拓扑

项目规划

根据图 12-10 所示的项目拓扑进行业务规划，相应的端口互联规划、IPv6 地址规划如表 12-2、表 12-3 所示。

表 12-2　端口互联规划

本端设备	本端接口	对端设备	对端接口
PC1	ETH1	SW1	GE0/0/1
PC2	ETH1		GE0/0/2
PC3	ETH1		GE0/0/3
SW1	GE0/0/1	PC1	ETH1
	GE0/0/2	PC2	ETH1
	GE0/0/3	PC3	ETH1
	GE0/0/24	R1	GE0/0/0
R1	GE0/0/0	SW1	GE0/0/24
	GE0/0/1	ISP	N/A

表 12-3　IPv6 地址规划

设备名称	接口	IP 地址	网关地址	用途
PC1	ETH1	2010::10/64	2010::1	PC1 主机地址
PC2	ETH1	2020::10/64	2020::1	PC2 主机地址
PC3	ETH1	2030::10/64	2030::1	PC3 主机地址
SW1	VLANIF10	2010::1/64	N/A	PC1 网关地址
	VLANIF20	2020::1/64	N/A	PC2 网关地址
	VLANIF30	2030::1/64	N/A	PC3 网关地址
	VLANIF100	1010::1/64	N/A	接口地址
R1	GE0/0/0	1010::2/64	N/A	接口地址
	GE0/0/1	1020::2/64	N/A	接口地址

项目实施

任务 12-1　创建 VLAN 并划分端口

V12-1　任务 12-1 创建 VLAN 并划分端口

任务规划

根据端口互联规划（表 12-2）要求，为交换机创建 VLAN，然后将对应端口划分到 VLAN 中。

任务实施

1. 为交换机创建 VLAN

为交换机 SW1 创建部门 VLAN 及互联 VLAN。

```
<Huawei>system-view                                    //进入系统视图
[Huawei]sysname SW1                                    //修改设备名称
[SW1]vlan batch 10 20 30 100                           //创建 VLAN
```

2. 将交换机端口添加到对应 VLAN 中

为交换机 SW1 划分 VLAN，并将对应端口添加到 VLAN 中。

```
[SW1]interface GigabitEthernet 0/0/1                   //进入端口视图
[SW1-GigabitEthernet0/0/1]port link-type access        //配置链路类型为 Access
[SW1-GigabitEthernet0/0/1]port default vlan 10         //划分 VLAN
[SW1-GigabitEthernet0/0/1]quit                         //退出端口视图
[SW1]interface GigabitEthernet 0/0/2                   //进入端口视图
[SW1-GigabitEthernet0/0/2]port link-type access        //配置链路类型为 Access
[SW1-GigabitEthernet0/0/2]port default vlan 20         //划分 VLAN
[SW1-GigabitEthernet0/0/2]quit                         //退出端口视图
[SW1]interface GigabitEthernet 0/0/3                   //进入端口视图
[SW1-GigabitEthernet0/0/3]port link-type access        //配置链路类型为 Access
[SW1-GigabitEthernet0/0/3]port default vlan 30         //划分 VLAN
[SW1-GigabitEthernet0/0/3]quit                         //退出端口视图
[SW1]interface GigabitEthernet 0/0/24                  //进入端口视图
[SW1-GigabitEthernet0/0/24]port link-type access       //配置链路类型为 Access
[SW1-GigabitEthernet0/0/24]port default vlan 100       //划分 VLAN
[SW1-GigabitEthernet0/0/24]quit                        //退出端口视图
```

任务验证

（1）在交换机 SW1 上使用【display vlan】命令查看 VLAN 的创建情况，如图 12-11 所示。

```
[SW1]display vlan
……
--------------------------------------------------------------------------------
1    common  UT: GE0/0/4(D)    GE0/0/5(D)    GE0/0/6(D)    GE0/0/7(D)
                 GE0/0/8(D)    GE0/0/9(D)    GE0/0/10(D)   GE0/0/11(D)
                 GE0/0/12(D)   GE0/0/13(D)   GE0/0/14(D)   GE0/0/15(D)
                 GE0/0/16(D)   GE0/0/17(D)   GE0/0/18(D)   GE0/0/19(D)
                 GE0/0/20(D)   GE0/0/21(D)   GE0/0/22(D)   GE0/0/23(D)
10   common  UT:GE0/0/1(U)
20   common  UT:GE0/0/2(U)
30   common  UT:GE0/0/3(U)
100  common  UT:GE0/0/24(U)
……
```

图 12-11　交换机 SW1 的 VLAN 创建情况

（2）在交换机 SW1 上使用【display port vlan】命令查看端口配置情况，如图 12-12 所示。

```
[SW1]display port vlan
Port                    Link Type    PVID  Trunk VLAN List
-------------------------------------------------------------------------------
GigabitEthernet0/0/1    access       10    -
GigabitEthernet0/0/2    access       20    -
GigabitEthernet0/0/3    access       30    -
......
GigabitEthernet0/0/24   access       100   -
```

图 12-12　交换机 SW1 的端口配置情况

任务 12-2　配置 PC、交换机、路由器的 IPv6 地址

任务规划

根据 IPv6 地址规划（表 12-3），为各部门的 PC 和路由器配置 IPv6 地址。

V12-2　任务 12-2 配置 PC、交换机、路由器的 IPv6 地址

任务实施

1. 配置各部门 PC 的 IPv6 地址及网关

根据表 12-4 为各部门 PC 配置 IPv6 地址及网关。

表 12-4　各部门 PC 的 IPv6 地址及网关信息

设备名称	IP 地址	网关地址
PC1	2010::10/64	2010::1
PC2	2020::10/64	2020::1
PC3	2030::10/64	2030::1

图 12-13 所示为财务部 PC1 的 IPv6 地址配置结果，同理完成设计部 PC2 和管理部 PC3 的 IPv6 地址配置。

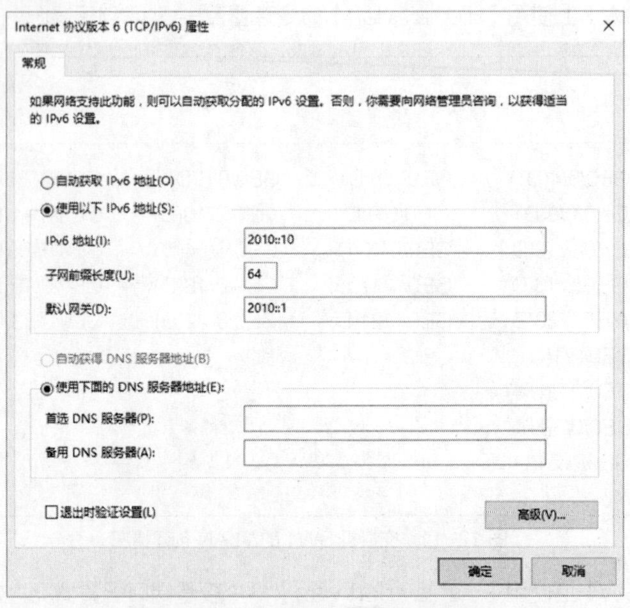

图 12-13　PC1 的 IPv6 地址配置结果

2. 配置交换机 SW1 的 VLANIF 接口 IP 地址

在交换机 SW1 上为 3 个部门 VLAN 创建 VLANIF 接口并配置 IP 地址，作为 3 个部门的网关；为 VLAN 100 创建 VLANIF 接口并配置 IP 地址，作为与路由器 R1 互联的地址。

```
<Huawei>system-view                                 //进入系统视图
[SW1]ipv6                                           //全局启用 IPv6 功能
[SW1]interface vlanif 10                            //进入接口视图
[SW1-Vlanif10]ipv6 enable                           //接口下启用 IPv6 功能
[SW1-Vlanif10]ipv6 address 2010::1 64               //配置 IPv6 地址
[SW1-Vlanif10]quit                                  //退出接口视图
[SW1]interface vlanif 20                            //进入接口视图
[SW1-Vlanif20]ipv6 enable                           //接口下启用 IPv6 功能
[SW1-Vlanif20]ipv6 address 2020::1 64               //配置 IPv6 地址
[SW1-Vlanif20]quit                                  //退出接口视图
[SW1]interface vlanif 30                            //进入接口视图
[SW1-Vlanif30]ipv6 enable                           //接口下启用 IPv6 功能
[SW1-Vlanif30]ipv6 address 2030::1 64               //配置 IPv6 地址
[SW1-Vlanif30]quit                                  //退出接口视图
[SW1]interface vlanif 100                           //进入接口视图
[SW1-Vlanif100]ipv6 enable                          //接口下启用 IPv6 功能
[SW1-Vlanif100]ipv6 address 1010::1 64              //配置 IPv6 地址
[SW1-Vlanif100]quit                                 //退出接口视图
```

3. 配置路由器 R1 的 IPv6 地址

在路由器 R1 上为接口配置 IPv6 地址，作为与交换机 SW1 和 ISP 互联的地址。

```
<Huawei>system-view                                 //进入系统视图
[Huawei]sysname R1                                  //修改设备名称
[R1]ipv6                                            //全局启用 IPv6 功能
[R1]interface GigabitEthernet 0/0/0                 //进入接口视图
[R1-GigabitEthernet0/0/0]ipv6 enable                //接口下启用 IPv6 功能
[R1-GigabitEthernet0/0/0]ipv6 address 1010::2 64    //配置 IPv6 地址
[R1-GigabitEthernet0/0/0]quit                       //退出接口视图
[R1]interface GigabitEthernet 0/0/1                 //进入接口视图
[R1-GigabitEthernet0/0/1]ipv6 enable                //接口下启用 IPv6 功能
[R1-GigabitEthernet0/0/1]ipv6 address 1020::2 64    //配置 IPv6 地址
[R1-GigabitEthernet0/0/1]quit                       //退出接口视图
```

任务验证

（1）在交换机 SW1 上使用【display ipv6 interface brief】命令查看 IPv6 地址配置情况，如图 12-14 所示。

```
[SW1]display ipv6 interface brief
......
Interface                    Physical               Protocol
Vlanif10                      up                     up
[IPv6 Address] 2010::1
Vlanif20                      up                     up
[IPv6 Address] 2020::1
Vlanif30                      up                     up
[IPv6 Address] 2030::1
Vlanif100                     up                     up
[IPv6 Address] 1010::1
[SW1]
```

图 12-14　交换机 SW1 的 IPv6 地址配置情况

（2）在路由器 R1 上使用【display ipv6 interface brief】命令查看 IP 地址配置情况，如图 12-15 所示。

```
[R1]display ipv6 interface brief
......
Interface                    Physical               Protocol
GigabitEthernet0/0/0          up                     up
[IPv6 Address] 1010::2
GigabitEthernet0/0/1          up                     up
[IPv6 Address] 1020::2
[R1]
```

图 12-15　路由器 R1 的 IPv6 地址配置情况

任务 12-3　配置静态路由

任务规划

在交换机 SW1 上配置通往 ISP 的默认路由，在路由器 R1 上配置到达各部门的明细静态路由。

V12-3　任务 12-3
配置静态路由

任务实施

1. 配置交换机 SW1 的默认路由

配置通往互联网的默认路由，下一跳为路由器 R1（1010::2）。

```
[SW1]ipv6 route-static :: 0 1010::2                    //配置 IPv6 默认路由
```

2. 配置路由器 R1 的静态路由

为各部门创建静态路由，分别指向前缀 2010::/64、2020::/64、2030::/64，下一跳为交换机 SW1（1010::1）。

```
[R1]ipv6 route-static 2010:: 64 1010::1                //配置 IPv6 静态路由
[R1]ipv6 route-static 2020:: 64 1010::1                //配置 IPv6 静态路由
[R1]ipv6 route-static 2030:: 64 1010::1                //配置 IPv6 静态路由
```

任务验证

（1）在交换机 SW1 上使用【display ipv6 routing-table】命令查看默认路由配置情况，如图 12-16 所示。

```
[SW1]display ipv6 routing-table
Routing Table : Public
        Destinations : 11         Routes : 11

 Destination    : ::                          PrefixLength : 0
 NextHop        : 1010::2                     Preference   : 60
 Cost           : 0                           Protocol     : Static
 RelayNextHop : ::                            TunnelID     : 0x0
 Interface      : Vlanif100                   Flags        : RD
……
[SW1]
```

图 12-16　交换机 SW1 的默认路由配置情况

（2）在路由器 R1 上使用【display ipv6 routing-table】命令查看静态路由配置情况，如图 12-17 所示。

```
[R1]display ipv6 routing-table
……
 Destination    : 2010::                      PrefixLength : 64
 NextHop        : 1010::1                     Preference   : 60
 Cost           : 0                           Protocol     : Static
 RelayNextHop : ::                            TunnelID     : 0x0
 Interface      : GigabitEthernet0/0/0        Flags        : RD

 Destination    : 2020::                      PrefixLength : 64
 NextHop        : 1010::1                     Preference   : 60
 Cost           : 0                           Protocol     : Static
 RelayNextHop : ::                            TunnelID     : 0x0
 Interface      : GigabitEthernet0/0/0        Flags        : RD

 Destination    : 2030::                      PrefixLength : 64
 NextHop        : 1010::1                     Preference   : 60
 Cost           : 0                           Protocol     : Static
 RelayNextHop : ::                            TunnelID     : 0x0
 Interface      : GigabitEthernet0/0/0        Flags        : RD
……
[R1]
```

图 12-17　路由器 R1 的静态路由配置情况

任务 12-4 配置 ACL6

任务规划

V12-4 任务 12-4
配置 ACL6

在交换机 SW1 上配置 ACL6，禁止设计部访问财务部。在路由器 R1 上配置允许设计部和管理部流量通过，禁止财务部流量通过的 ACL6。

任务实施

1. 配置交换机 SW1 的 ACL6

禁止设计部访问财务部，创建 ACL6 3000，名称为 20to10-Deny，创建 rule 5，动作为“deny”，匹配源地址为设计部前缀，目的地址为财务部前缀。将 ACL6 3000 应用于交换机 VLAN 20 的流量入方向。

```
[SW1]acl ipv6 name 20to10-Deny 3000                                 //创建 ACL
[SW1-acl6-adv-20to10-Deny]rule 5 deny ipv6 source                   //创建规则
2020::/64 destination 2010::/64
[SW1-acl6-adv-20to10-Deny]quit                                      //退出 ACL 视图
[SW1]traffic-filter vlan 20 inbound acl ipv6 name 20to10-Deny       //接口流量入方向应用 ACL6
```

2. 配置路由器 R1 的 ACL6

允许设计部和管理部访问互联网，禁止财务部访问互联网，创建 ACL6 2000，名称为 2030toANY-Permit，创建 rule 5，动作为“permit”，匹配源地址为设计部前缀；创建 rule 10，动作为“permit”，匹配源地址为管理部前缀；创建 rule 15，动作为“deny”，匹配源地址为财务部前缀。将 ACL 2000 应用于路由器 R1 GE0/0/0 接口的流量入方向。

```
[R1]acl ipv6 name 2030toANY-Permit 2000                             //创建 ACL
[R1-acl6-basic-2030toANY-Permit]rule 5 permit source                //创建规则
2020:: 64
[R1-acl6-basic-2030toANY-Permit]rule 10 permit source               //创建规则
2030:: 64
[R1-acl6-basic-2030toANY-Permit]rule 15 deny source                 //创建规则
2010:: 64
[R1-acl6-basic-2030toANY-Permit]quit                                //退出 ACL 视图
[R1]interface GigabitEthernet 0/0/0                                 //进入接口视图
[R1-GigabitEthernet0/0/0]traffic-filter inbound ipv6 acl name       //接口流量入方向应用 ACL6
2030toANY-Permit
[R1-GigabitEthernet0/0/0]quit                                       //退出接口视图
```

任务验证

（1）在交换机 SW1 上使用【display acl ipv6 all】命令查看 ACL6 配置情况，如图 12-18 所示。

```
[SW1]display acl ipv6 all
 Total nonempty acl6 number is 1
 Advanced IPv6 ACL 3000 name 20to10-Deny, 1 rule
 rule 5 deny ipv6 source 2020::/64 destination 2010::/64
[SW1]
```

图 12-18 交换机 SW1 的 ACL6 配置情况

（2）在路由器 R1 上使用【display acl ipv6 all】命令查看 ACL6 配置情况，如图 12-19 所示。

```
[R1]display acl ipv6 all
 Total nonempty acl6 number is 1
Basic IPv6 ACL 2000 name 2030toANY-Permit, 3 rules
Acl's step is 5
 rule 5 permit source 2020::/64
 rule 10 permit source 2030::/64
 rule 15 deny source 2010::/64
[R1]
```

图 12-19　路由器 R1 的 ACL6 配置情况

项目验证

V12-5　项目验证

（1）财务部 PC1 ping 管理部 PC3 的 IPv6 地址 2030::10，如图 12-20 所示。

```
C:\Users\admin>ping 2030::10

正在 ping 2030::10 具有 32 字节的数据:
来自 2030::10 的回复: 时间=1ms
来自 2030::10 的回复: 时间=1ms
来自 2030::10 的回复: 时间=2ms
来自 2030::10 的回复: 时间=1ms

2030::10 的 ping 统计信息:
    数据报: 已发送 = 4，已接收 = 4，丢失 = 0 (0% 丢失),
往返行程的估计时间(以毫秒为单位):
    最短 = 1ms，最长 = 2ms，平均 = 1ms
```

图 12-20　PC1 与 PC3 的连通性测试

（2）财务部 PC1 ping 路由器 R1 的外网接口 IPv6 地址 1020::2，如图 12-21 所示。

```
C:\Users\admin>ping 1020::2

正在 ping 1020::2 具有 32 字节的数据:
请求超时。
请求超时。
请求超时。
请求超时。

1020::2 的 ping 统计信息:
    数据报: 已发送 = 4，已接收 = 0，丢失 = 4 (100% 丢失),
```

图 12-21　PC1 与互联网的连通性测试

（3）设计部 PC2 ping 财务部 PC1 的 IPv6 地址 2010::10，如图 12-22 所示。

```
C:\Users\admin>ping 2010::10

正在 ping 2010::10 具有 32 字节的数据:
请求超时。
请求超时。
请求超时。
请求超时。

2010::10 的 ping 统计信息:
    数据报: 已发送 = 4，已接收 = 0，丢失 = 4 (100% 丢失),
```

图 12-22　PC2 与 PC1 的连通性测试

（4）设计部 PC2 ping 管理部 PC3 的 IPv6 地址 2030::10，如图 12-23 所示。

```
C:\Users\admin>ping 2030::10

正在 ping 2030::10 具有 32 字节的数据:
来自 2030::10 的回复: 时间=1ms
来自 2030::10 的回复: 时间=4ms
来自 2030::10 的回复: 时间=1ms
来自 2030::10 的回复: 时间=1ms

2030::10 的 ping 统计信息:
    数据报: 已发送 = 4，已接收 = 4，丢失 = 0 (0% 丢失),
往返行程的估计时间（以毫秒为单位）:
    最短 = 1ms，最长 = 4ms，平均 = 1ms
```

图 12-23　PC2 与 PC3 的连通性测试

（5）设计部 PC2 ping 路由器 R1 的外网接口 IPv6 地址 1020::2，如图 12-24 所示。

```
C:\Users\admin>ping 1020::2

正在 ping 1020::2 具有 32 字节的数据:
来自 1020::2 的回复: 时间=122ms
来自 1020::2 的回复: 时间=7ms
来自 1020::2 的回复: 时间=2ms
来自 1020::2 的回复: 时间=2ms

1020::2 的 ping 统计信息:
    数据报: 已发送 = 4，已接收 = 4，丢失 = 0 (0% 丢失),
往返行程的估计时间（以毫秒为单位）:
    最短 = 2ms，最长 = 122ms，平均 = 33ms
```

图 12-24　PC2 与互联网的连通性测试

练习与思考

理论题

（1）基本 ACL6 可以匹配的信息包括（　　）。（多选）

A. 源 MAC 地址

B. 目的 MAC 地址

C. 源 IPv6 地址

D. 目的 IPv6 地址

（2）关于高级 ACL6 的描述，错误的是（　　）。

A. 基于特定源地址过滤收到的报文

B. 基于特定目的端口号过滤收到的报文

C. 基于特定的源地址过滤收到的报文

D. 基于特定的源地址过滤路由器产生的报文

（3）ACL6 的默认步长数值为（　　）。

A. 5　　B. 10　　C. 15　　D. 20

（4）路由器 R1 GE0/0/0 接口流量入方向上调用 ACL6 2001，ACL6 2001 有规则“rule 5 permit source 2020::1 128”“rule 10 deny source 2020::0 64”和“rule 15 deny source 2030::0 64”，以下报文中，可以通过路由器 R1 的是（　　）。（多选）

A. 报文源地址为 2020::1

B. 报文源地址为 2020::2

C. 报文源地址为 2030::1

D. 报文源地址为 2040::1

（5）根据 ACL6 的创建方式不同，可以将 ACL6 分为（　　）。（多选）

A. 数值型 ACL6

B. 命名型 ACL6

C. 匹配型 ACL6

D. 其他型 ACL6

（6）ACL6 可以匹配用户数据也可以匹配路由。（　　）（判断）

（7）ACL6 编号 4000 是高级 ACL6。（　　）（判断）

项目实训题

1. 项目背景与要求

Jan16 公司网络已全面升级为 IPv6 网络，考虑到网络安全，需要配置 ACL6，限制设计部访问财务部且财务部不得访问互联网。实践拓扑如图 12-25 所示。具体要求如下。

（1）根据实践拓扑，为 PC、路由器、交换机分别配置 IPv6 地址（x 为部门，y 为工号）。

（2）为交换机 SW1 配置 IPv6 默认静态路由，下一跳为路由器 R1。

（3）为路由器 R1 配置通往设计部和人事部的静态 IPv4 路由，下一跳为交换机 SW1。

（4）为交换机 SW1 与路由器 R1 配置 ACL6。

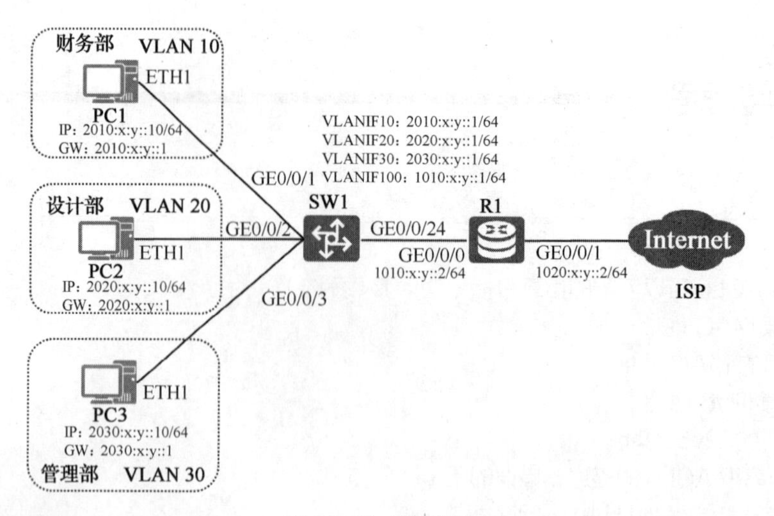

图 12-25　实践拓扑

2. 实践业务规划

根据以上实践拓扑和需求，参考本项目的项目规划完成表 12-5、表 12-6 内容的规划。

表 12-5　端口互联规划

本端设备	本端接口	对端设备	对端接口

表 12-6　IPv6 地址规划

设备名称	接口	IP 地址	网关地址	用途

3. 实践要求

完成实验后，请截取以下实验验证结果图。

（1）在交换机 SW1 上使用【display ipv6 routing-table】命令，查看 IPv6 路由表。

（2）在路由器 R1 上使用【display ipv6 routing-table】命令，查看 IPv6 路由表。

（3）在交换机 SW1 上使用【display acl ipv6 all】命令，查看 ACL6 配置情况。

（4）在路由器 R1 上使用【display acl ipv6 all】命令，查看 ACL6 配置情况。

（5）设计部 PC2 ping 财务部 PC1，测试部门之间网络的连通性。

（6）管理部 PC3 ping 财务部 PC1，测试部门之间网络的连通性。

（7）管理部 PC3 ping 设计部 PC2，测试部门之间网络的连通性。

（8）财务部 PC1 ping 路由器 R1 外网接口 IP 地址 1020:x:y::2，查看是否能访问互联网。

（9）设计部 PC2 ping 路由器 R1 外网接口 IP 地址 1020:x:y::2，查看是否能访问互联网。

（10）管理部 PC3 ping 路由器 R1 外网接口 IP 地址 1020:x:y::2，查看是否能访问互联网。

项目13 基于VRRP6的ISP双出口备份链路配置

13

项目描述

Jan16 公司现有 1 台 Web 服务器和 1 台 FTP 服务器对外提供服务，由两台服务器组建了服务器集群，为了提高服务器集群的可用性，需要为服务器集群配置冗余网关。公司网络拓扑如图 13-1 所示，具体要求如下。

（1）服务器集群中有 Web 服务器 PC1 及 FTP 服务器 PC2，默认情况下路由器 R2 作为 Web 服务器的网关，路由器 R3 作为 FTP 服务器的网关。

（2）两个网关互为备份，在主网关故障的情况下，由备份网关继续承载用户数据。

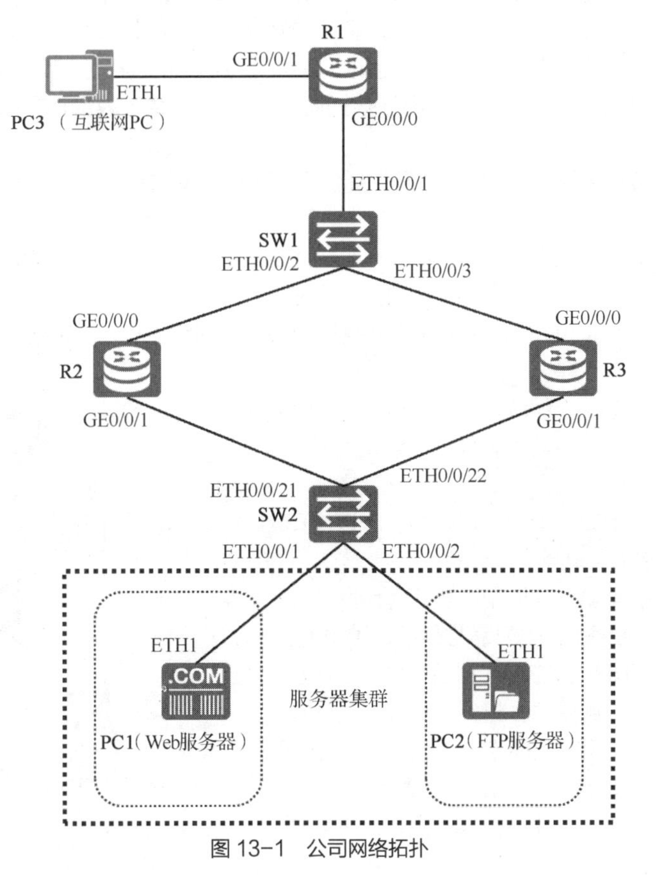

图 13-1 公司网络拓扑

项目需求分析

Jan16 公司需要为 Web 服务器和 FTP 服务器均配备主网关和备份网关，可通过配置 VRRP6，在路由器 R2 与路由器 R3 上为 Web 服务器和 FTP 服务器各创建一个 VRRP6 备份组，分别为 VRID 10 和 VRID 20，备份组 VRID 10 设置路由器 R2 为 Web 服务器 VRRP6 备份组的主网关，路由器 R3 为备份网关；备份组 VRID 20 设置路由器 R3 为 FTP 服务器的主网关，路由器 R2 为备份网关。

因此，本项目可以通过执行以下工作任务来完成。

（1）配置路由器、PC 及服务器的 IPv6 地址。

（2）配置静态路由，实现服务器集群与互联网的连通性。

（3）配置基于 IPv6 的虚拟路由器冗余协议（Virtual Router Redundancy Protocol for IPv6，VRRP6）实现服务器集群网关。

项目相关知识

13.1 VRRP 概述

虚拟路由器冗余协议（Virtual Router Redundancy Protocol，VRRP）是一种容错协议，它通过把几台路由设备联合组成一台虚拟的路由设备，并通过一定的机制来保证当主机的下一跳设备出现故障时，可以及时将业务切换到其他设备来运行，从而保持通信的连续性和可靠性。

VRRP 当前包含 VRRPv2 和 VRRPv3（也称为 VRRP6）两个版本，前者仅适用于 IPv4 环境，后者则同时适用于 IPv4 和 IPv6 环境。

VRRP 在不需要改变网络拓扑的情况下，提供了一个虚拟网关指向两个物理网关，实现网关冗余，提升了网络可靠性。

图 13-2 所示的拓扑结构是一个典型的双出口网络的拓扑结构，交换机的两条线路分别链接两台路由器，此时，交换机有两个出口（网关）接入互联网。

从功能上看，使用以上的拓扑结构能够避免与网关相关的单点故障，但如果没有配套机制，这种拓扑结构就存在以下两个问题。

（1）系统只能配置一个默认网关，这表示每个网络只能选择其中一个出口接入互联网，且实现网关切换需要管理员手动更改。

（2）当其中一个出口路由器出现故障时，该出口对应的网关将无法接入互联网。

因此，该拓扑中需要一种机制能够让两台网关工作起来像是一台网关设备，VRRP 就提供了这种机制。

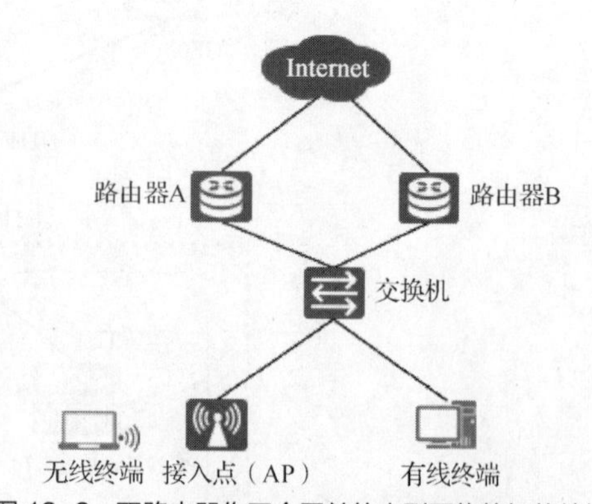

图 13-2　双路由器作冗余网关的小型网络的拓扑结构

VRRP 提供了将多台路由器虚拟组合成一台路由器的服务，它通过虚拟化技术，将多台物理设备在逻辑上合并为一台虚拟设备，同时让物理路由器对外隐藏各自的信息，以便针对其他设备提供一致性的服务，如图 13-2 所示的拓扑在应用 VRRP 后，结果如图 13-3 所示。

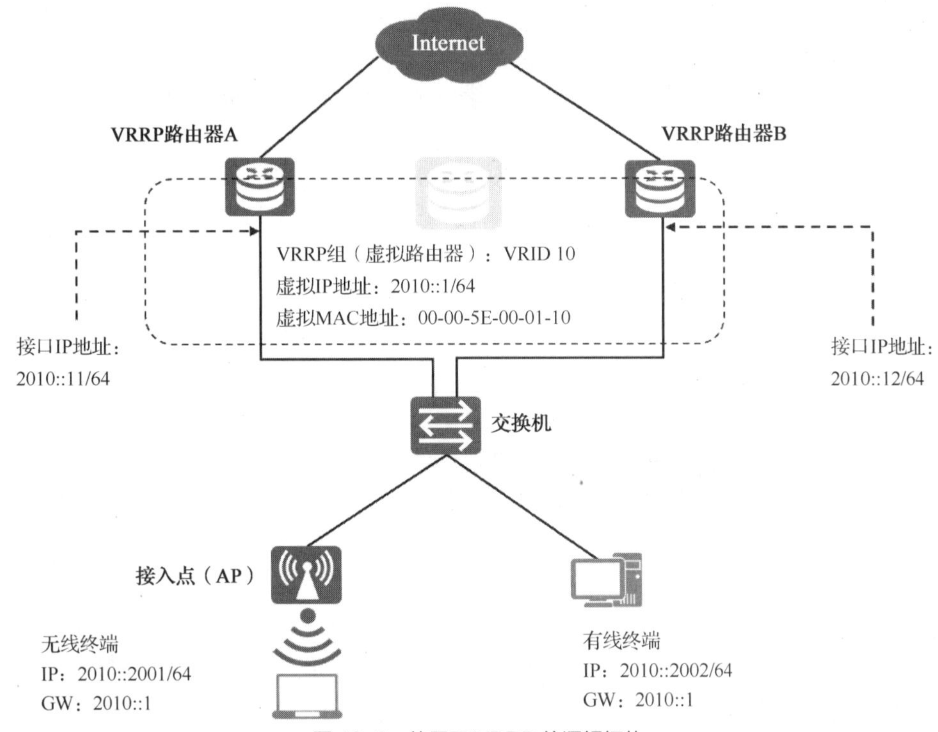

图 13-3　使用了 VRRP 的逻辑拓扑

将 VRRP 路由器 A 和 VRRP 路由器 B 连接交换机的接口配置成一个 VRRP 组，两台路由器的接口就会对外使用相同的 IP 地址（2010::1/64）和 MAC 地址（00-00-5E-00-01-10）进行通信。此时，管理员只需要在所有终端设备上将这个 IP 地址（2010::1/64）设置为默认网关的地址，就可以实现网关设备的冗余。

当其中一台路由器出现故障时，该局域网发往互联网的数据报会全部由另一台设备转发，此时，局域网终端是完全感知不到出口变化的，因为局域网的网关 IP 地址始终不变。

13.2　VRRP6 报文结构

VRRP 报文是封装在 IP 报头之内的，当内部封装的报文是 VRRP 报文时，IP 报头的协议字段会取值“112”，表示这个 IP 数据报内部封装的上层协议是 VRRP。VRRP6 的报头封装格式如图 13-4 所示。

4位	4位	8位	8位	8位
版本	类型	虚拟路由器ID	优先级	IP地址数
rsvd	最大通告时间间隔		校验和	
IPvX地址				

图 13-4　VRRP6 报头封装格式

VRRP 封装中包括下列字段。

（1）版本：对于 VRRPv3 报文，这个字段的取值一律为 3。

（2）类型：这个字段的值一律为 1，表示这是一个 VRRP 通告报文。目前 VRRPv2 只定义了通告报文这一种类型的报文。

（3）虚拟路由器 ID：虚拟路由器的标识，相同标识的路由器组成一个 VRPP 组，需要手动指定，取值范围为 1～255。

（4）优先级：取值范围为 1～255，值越大优先级越高，默认为 100。

（5）IP 地址数：同一个 VRRP 组可以有多个虚拟 IP 地址。这个字段的作用就是标识这个 VRRP 组的虚拟 IP 地址数量。

（6）rsvd：VRRP 报文的保留字段，必须设置为 0。

（7）最大通告时间间隔：这个字段标识了 VRRP 设备发送 VRRP 通告的时间间隔，单位为秒。

（8）校验和：这个字段的表意顾名思义，其作用是让接收方 VRRP 设备检测这个 VRRP 报文是否与始发时一致。

（9）IPvX 地址：这个字段的作用是标识这个 VRRP 组的虚拟 IP 地址。

13.3 VRRP6 工作过程

VRRP 为局域网提供冗余网关的工作方式如下。

（1）VRRP 组选举出主用路由器，如图 13-5 所示。

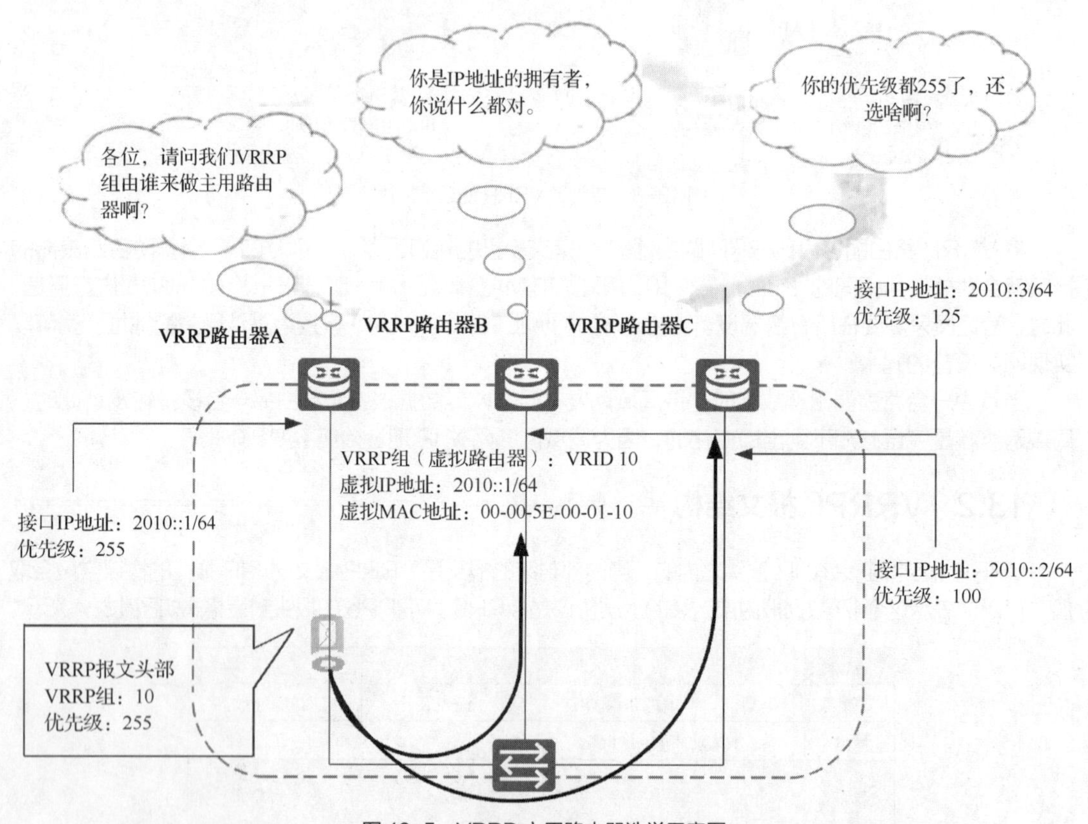

图 13-5　VRRP 主用路由器选举示意图

VRRP 组中的路由器在选举主用路由器时，会首先对比接口的优先级，优先级最高的接口对应的路由器会成为主用路由器。如果多个 VRRP 路由器接口的优先级相同，则它们之间会继续对比接口的 IP 地址，IP 地址最大的接口会成为主用路由器。

（2）主用路由器会主动在这个局域网中发送 ARP 响应报文来通告这个 VRRP 组虚拟的 MAC 地址，并且周期性地向 VRRP 组中的其他路由器通告自己的信息和状态，如图 13-6 所示。

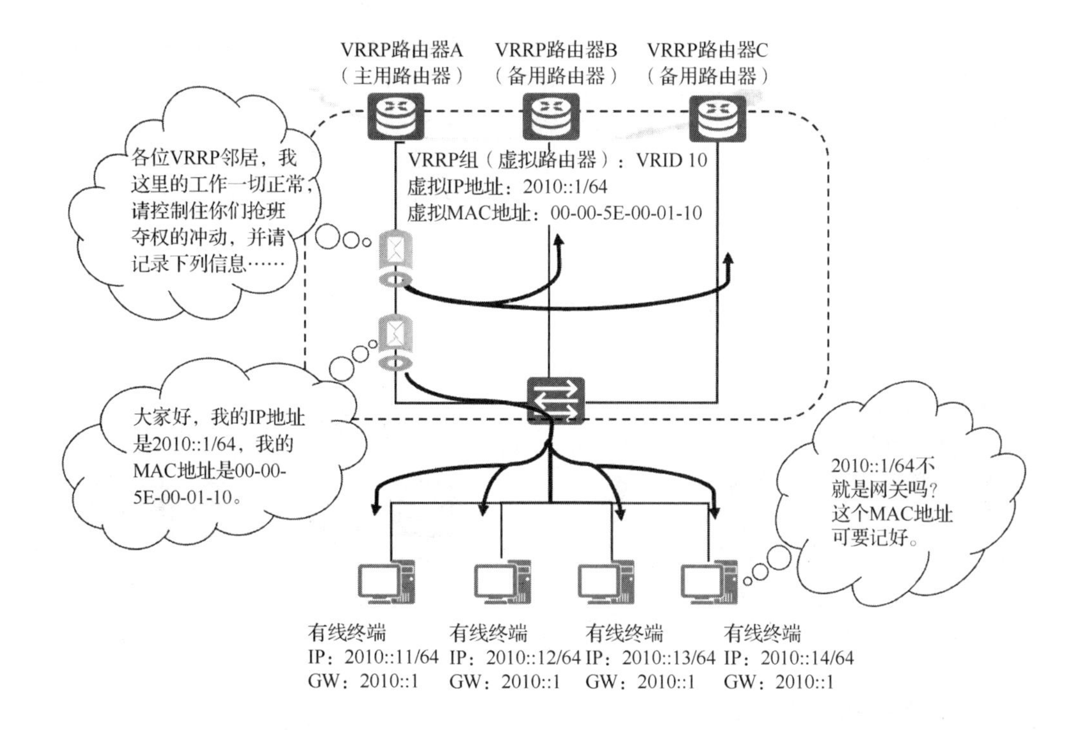

图 13-6　主用路由器在局域网中发送通告的示意图

（3）当这个局域网中的终端都获得了网关地址（即 VRRP 组的虚拟 IP 地址）所对应的 MAC 地址（即 VRRP 组的虚拟 MAC 地址）之后，它们就会使用虚拟 IP 地址和虚拟 MAC 地址封装数据。同时，在所有接收到发送给网关虚拟地址的数据的 VRRP 组成员设备中，只有主用路由器会对这些数据进行处理或转发，备用路由器则会丢弃发送给虚拟地址的数据，如图 13-7 所示。

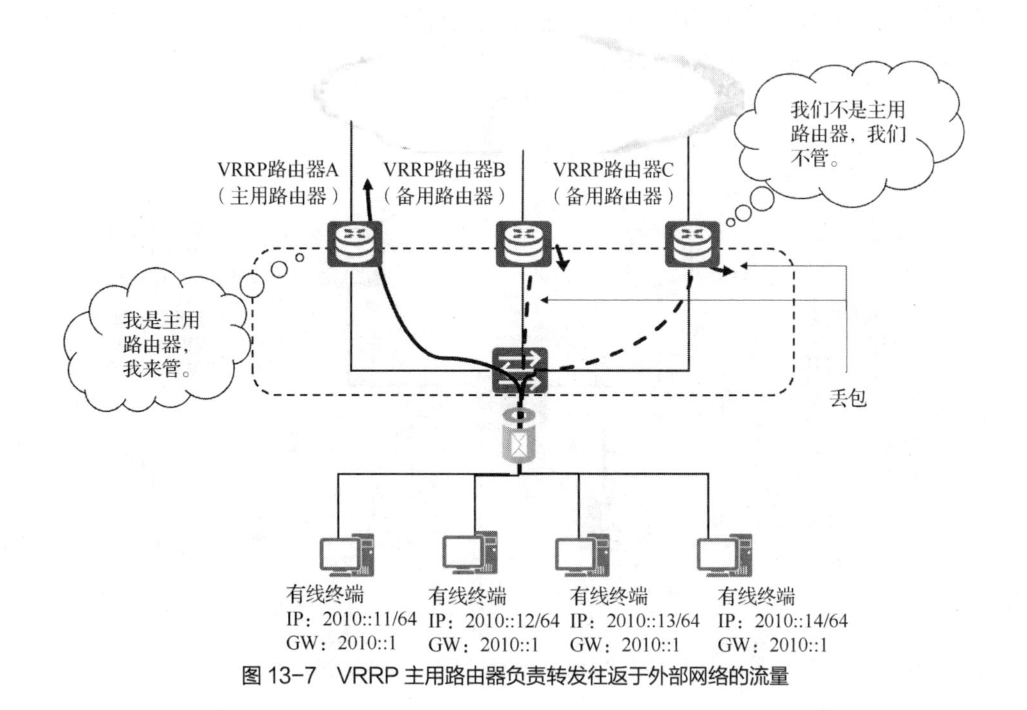

图 13-7　VRRP 主用路由器负责转发往返于外部网络的流量

（4）如果主用路由器出现故障，那么VRRP组中的备用路由器就会因为在指定时间内没有接收到来自主用路由器的VRRP通告报文而发觉主用路由器已经无法为局域网提供网关服务，于是它们会重新选举新的主用路由器，并且开始为这个局域网中的终端转发往返于外部网络的数据。这个物理网关设备切换的过程终端并不知情，这个过程也并不会影响终端继续使用VRRP虚拟地址来封装发送给网关设备和外部网络的数据报。尽管在实际上，对终端发送的数据报进行响应的物理设备已经不是过去那台网关设备了。

13.4 VRRP6负载均衡

如图13-8所示，根据选举规则，路由器AR1成为主用路由器（Master），持有虚拟IP地址2010::1，为2010::/64网段提供网关服务，2010::/64网段流量全部经由路由器AR1转发到外部网络，而路由器AR2作为备用路由器（Backup），不转发任何流量。这将导致路由器AR1流量负担过重，而路由器AR2持续处于空闲状态。

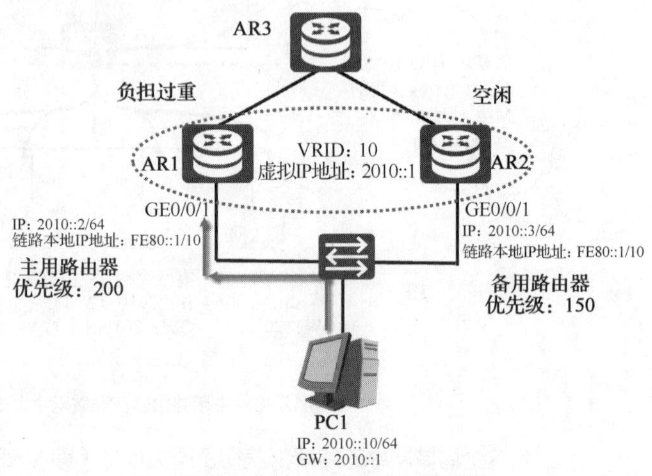

图13-8 单VRRP备份组的弊端

VRRP6负载均衡指的是创建多个备份组，多个备份组同时承担数据转发的任务，对于每一个备份组，都有自己的主用路由器和若干备用路由器。如图13-9所示，创建备份组VRID 10，以路由器AR1作为主用路由器，路由器AR2作为备用路由器，“协商”出虚拟IP地址2010::1为人事部PC的网关地址，由路由器AR1承担人事部流量转发；创建备份组VRID 20，以路由器AR2作为主用路由器，路由器AR1作为备用路由器，“协商”出虚拟IP地址2010::100为财务部PC的网关地址，由路由器AR2承担财务部流量转发。

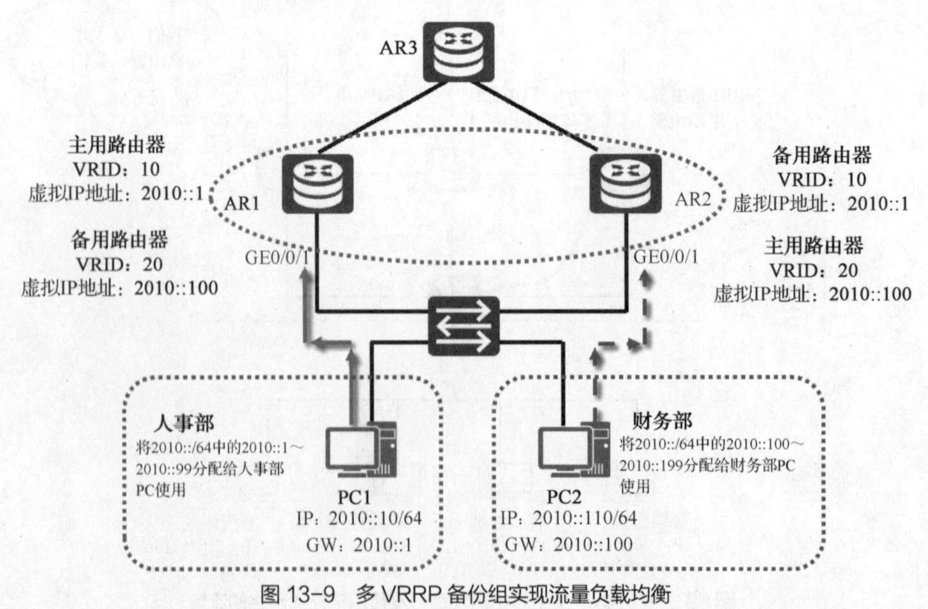

图13-9 多VRRP备份组实现流量负载均衡

项目规划设计

项目拓扑

本项目中，使用 3 台 PC、3 台路由器、2 台二层交换机来搭建项目拓扑，如图 13-10 所示。其中 PC1 是 Web 服务器，PC2 是 FTP 服务器，PC3 是互联网 PC，交换机 SW1 用于连接 3 台路由器，交换机 SW2 用于连接路由器 R2、R3，以及 Web 服务器和 FTP 服务器，R1 是 Jan16 公司网络的出口路由器，路由器 R2 和路由器 R3 作为 Web 服务器和 FTP 服务器的主、备网关路由器。

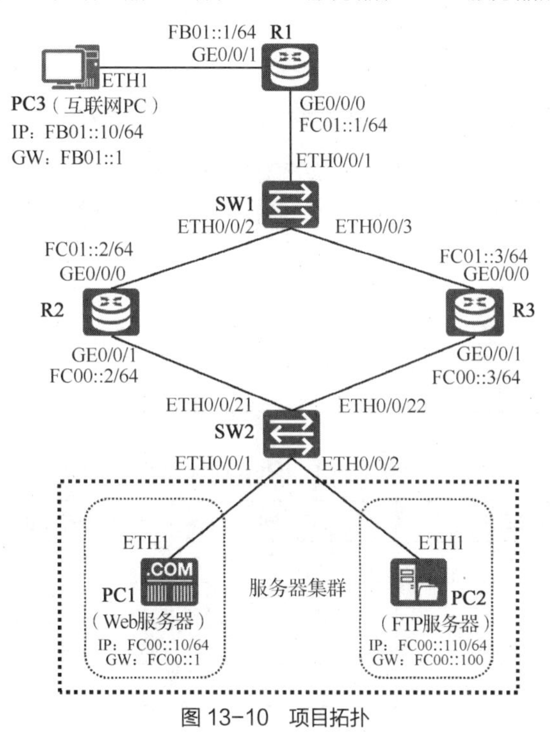

图 13-10　项目拓扑

项目规划

根据图 13-10 所示的项目拓扑进行业务规划，相应的端口互联规划、VRRP6 备份组规划、IPv6 地址规划如表 13-1～表 13-3 所示。

表 13-1　端口互联规划

本端设备	本端接口	对端设备	对端接口
PC1	ETH1	SW2	ETH0/0/1
PC2	ETH1	SW2	ETH0/0/2
PC3	ETH1	R1	GE0/0/1
R1	GE0/0/0	SW1	ETH0/0/1
	GE0/0/1	PC3	ETH1
R2	GE0/0/0	SW1	ETH0/0/2
	GE0/0/1	SW2	ETH0/0/21

续表

本端设备	本端接口	对端设备	对端接口
R3	GE0/0/0	SW1	ETH0/0/3
	GE0/0/1	SW2	ETH0/0/22
SW1	ETH0/0/1	R1	GE0/0/0
	ETH0/0/2	R2	GE0/0/0
	ETH0/0/3	R3	GE0/0/0
SW2	ETH0/0/1	PC1	ETH1
	ETH0/0/2	PC2	ETH1
	ETH0/0/21	R2	GE0/0/1
	ETH0/0/22	R3	GE0/0/1

表 13-2　VRRP6 备份组规划

服务器	备份组号	设备名称	虚拟 IP 地址	虚拟链路本地地址	优先级
Web 服务器	10	R2	FC00::1	FE80::10	200
		R3			150
FTP 服务器	20	R2	FC00::100	FE80::20	150
		R3			200

表 13-3　IPv6 地址规划

设备名称	接口	IP 地址	网关地址	用途
PC1	ETH1	FC00::10/64	FC00::1	主机地址
PC2	ETH1	FC00::110/64	FC00::100	主机地址
PC3	ETH1	FB01::10/64	FB01::1	服务器地址
R1	GE0/0/0	FC01::1/64	N/A	服务器网关地址
	GE0/0/1	FB01::1/64	N/A	接口地址
R2	GE0/0/0	FC01::2/64	N/A	接口地址
	GE0/0/1	FC00::2/64	N/A	接口地址
R3	GE0/0/0	FC01::3/64	N/A	接口地址
	GE0/0/1	FC00::3/64	N/A	接口地址

项目实施

任务 13-1　配置路由器、PC 及服务器的 IPv6 地址

V13-1　任务 13-1 配置路由器、PC 及服务器的 IPv6 地址

任务规划

根据 IPv6 地址规划（表 13-3），为路由器、PC 及服务器配置 IPv6 地址。

任务实施

1. 配置服务器和 PC IPv6 地址及网关

根据表 13-4 为各服务器和 PC 配置 IPv6 地址及网关。

表 13-4　各服务器和 PC 的 IPv6 地址及网关信息

设备名称	IP 地址	网关地址
PC1	FC00::10/64	FC00::1
PC2	FC00::110/64	FC00::100
PC3	FB01::10/64	FB01::1

图 13-11 所示为 Web 服务器 PC1 的 IPv6 地址配置结果，同理完成 FTP 服务器 PC2 和互联网 PC（即 PC3）的 IPv6 地址配置。

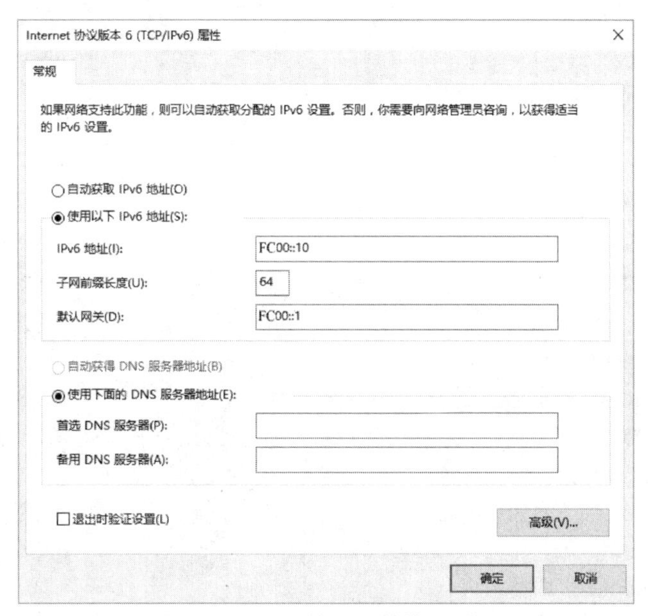

图 13-11　PC1 的 IPv6 地址配置结果

2. 配置路由器 R1 的接口 IP 地址

在路由器 R1 上配置 IPv6 地址作为 PC3 的网关，以及与路由器 R2、路由器 R3 互联的地址。

```
<Huawei>system-view                                   //进入系统视图
[Huawei]sysname R1                                    //修改设备名称
[R1]ipv6                                              //全局启用 IPv6 功能
[R1]interface GigabitEthernet 0/0/0                   //进入接口视图
[R1-GigabitEthernet0/0/0]ipv6 enable                  //接口下启用 IPv6 功能
[R1-GigabitEthernet0/0/0]ipv6 address FC01::1 64      //配置 IPv6 地址
[R1-GigabitEthernet0/0/0]quit                         //退出接口视图
[R1]interface GigabitEthernet 0/0/1                   //进入接口视图
[R1-GigabitEthernet0/0/1]ipv6 enable                  //接口下启用 IPv6 功能
[R1-GigabitEthernet0/0/1]ipv6 address FB01::1 64      //配置 IPv6 地址
[R1-GigabitEthernet0/0/1]quit                         //退出接口视图
```

3. 配置路由器 R2 的接口 IP 地址

在路由器 R2 上配置 IPv6 地址作为 PC2、PC3 的网关，以及与路由器 R1、路由器 R3 互联的地址。

```
<Huawei>system-view                                    //进入系统视图
[Huawei]sysname R2                                     //修改设备名称
[R2]ipv6                                               //全局启用 IPv6 功能
[R2]interface GigabitEthernet 0/0/0                    //进入接口视图
[R2-GigabitEthernet0/0/0]ipv6 enable                   //接口下启用 IPv6 功能
[R2-GigabitEthernet0/0/0]ipv6 address FC01::2 64       //配置 IPv6 地址
[R2-GigabitEthernet0/0/0]quit                          //退出接口视图
[R2]interface GigabitEthernet 0/0/1                    //进入接口视图
[R2-GigabitEthernet0/0/1]ipv6 enable                   //接口下启用 IPv6 功能
[R2-GigabitEthernet0/0/1]ipv6 address FC00::2 64       //配置 IPv6 地址
[R2-GigabitEthernet0/0/1]quit                          //退出接口视图
```

4. 配置路由器 R3 的接口 IP 地址

在路由器 R3 上配置 IPv6 地址作为 PC2、PC3 的网关，以及与路由器 R1、路由器 R2 互联的地址。

```
<Huawei>system-view                                    //进入系统视图
[Huawei]sysname R3                                     //修改设备名称
[R3]ipv6                                               //启用全局 IPv6 功能
[R3]interface GigabitEthernet 0/0/0                    //进入接口视图
[R3-GigabitEthernet0/0/0]ipv6 enable                   //启用接口 IPv6 功能
[R3-GigabitEthernet0/0/0]ipv6 address FC01::3 64       //配置 IPv6 地址
[R3-GigabitEthernet0/0/0]quit                          //退出接口视图
[R3]interface GigabitEthernet 0/0/1                    //进入接口视图
[R3-GigabitEthernet0/0/1]ipv6 enable                   //启用接口 IPv6 功能
[R3-GigabitEthernet0/0/1]ipv6 address FC00::3 64       //配置 IPv6 地址
[R3-GigabitEthernet0/0/1]quit                          //退出接口视图
```

任务验证

（1）在路由器 R1 上使用【display ipv6 interface brief】命令查看 IPv6 地址配置情况，如图 13-12 所示。

```
[R1]display ipv6 interface brief
......
Interface                    Physical          Protocol
GigabitEthernet0/0/0         up                up
[IPv6 Address] FC01::1
GigabitEthernet0/0/1         up                up
[IPv6 Address] FB01::1
```

图 13-12 路由器 R1 的 IP 地址配置情况

（2）在路由器 R2 上使用【display ipv6 interface brief】命令查看 IPv6 地址配置情况，如图 13-13 所示。

```
[R2]display ipv6 interface brief
......
Interface                      Physical              Protocol
GigabitEthernet0/0/0           up                    up
[IPv6 Address] FC01::2
GigabitEthernet0/0/1           up                    up
[IPv6 Address] FC00::2
```

图 13-13　路由器 R2 的 IP 地址配置情况

（3）在路由器 R3 上使用【display ipv6 interface brief】命令查看 IPv6 地址配置情况，如图 13-14 所示。

```
[R3]display ipv6 interface brief
......
Interface                      Physical              Protocol
GigabitEthernet0/0/0           up                    up
[IPv6 Address] FC01::3
GigabitEthernet0/0/1           up                    up
[IPv6 Address] FC00::3
```

图 13-14　路由器 R3 的 IP 地址配置情况

任务 13-2　配置静态路由

任务规划

为路由器 R1 配置静态路由，因路由器 R1 有 2 条访问服务器集群的路径，所以需要指定路由器 R2 和路由器 R3 作为下一跳。

分别为路由器 R2 和路由器 R3 配置指向服务器集群的静态路由，下一跳为路由器 R1。

V13-2　任务 13-2 配置静态路由

任务实施

1. 配置路由器 R1 的静态路由

配置静态路由指向前缀 FC00::/64，下一跳为 FC01::2 和 FC01::3。

```
[R1]ipv6 route-static fc00:: 64 fc01::2                    //配置静态路由
[R1]ipv6 route-static fc00:: 64 fc01::3                    //配置静态路由
```

2. 配置路由器 R2 的静态路由

配置静态路由指向前缀 FB01::/64，下一跳为 FC01::1。

```
[R2]ipv6 route-static fb01:: 64 fc01::1                    //配置静态路由
```

3. 配置路由器 R3 的静态路由

配置静态路由指向前缀 FB01::/64，下一跳为 FC01::1。

```
[R3]ipv6 route-static fb01:: 64 fc01::1                    //配置静态路由
```

任务验证

（1）在路由器 R1 上使用【display ipv6 routing-table】命令查看静态路由配置情况，如图 13-15 所示。

```
[R1]display ipv6 routing-table
......
 Destination    : FC00::                    PrefixLength : 64
 NextHop        : FC01::2                   Preference   : 60
 Cost           : 0                         Protocol     : Static
 RelayNextHop : ::                          TunnelID     : 0x0
 Interface      : GigabitEthernet0/0/0      Flags        : RD

 Destination    : FC00::                    PrefixLength : 64
 NextHop        : FC01::3                   Preference   : 60
 Cost           : 0                         Protocol     : Static
 RelayNextHop : ::                          TunnelID     : 0x0
 Interface      : GigabitEthernet0/0/0      Flags        : RD
......
[R1]
```

图 13-15　路由器 R1 的静态路由配置情况

（2）在路由器 R2 上使用【display ipv6 routing-table】命令查看静态路由配置情况，如图 13-16 所示。

```
[R2]display ipv6 routing-table
......
 Destination    : FB01::                    PrefixLength : 64
 NextHop        : FC01::1                   Preference   : 60
 Cost           : 0                         Protocol     : Static
 RelayNextHop : ::                          TunnelID     : 0x0
 Interface      : GigabitEthernet0/0/0      Flags        : RD
......
[R2]
```

图 13-16　路由器 R2 的静态路由配置情况

（3）在路由器 R3 上使用【display ipv6 routing-table】命令查看静态路由配置情况，如图 13-17 所示。

```
[R3]display ipv6 routing-table
......
 Destination    : FB01::                    PrefixLength : 64
 NextHop        : FC01::1                   Preference   : 60
 Cost           : 0                         Protocol     : Static
 RelayNextHop : ::                          TunnelID     : 0x0
 Interface      : GigabitEthernet0/0/0      Flags        : RD
......
[R3]
```

图 13-17　路由器 R3 的静态路由配置情况

任务 13-3 配置 VRRP6

任务规划

根据 VRRP6 备份组规划（表 13-2），为路由器 R2 和路由器 R3 配置 VRRP6。

V13-3 任务 13-3 配置 VRRP6

任务实施

1. 配置路由器 R2 的 VRRP6 备份组

为路由器 R2 创建 VRID 10 和 VRID 20。

```
[R2]interface GigabitEthernet0/0/1                                   //进入接口视图
[R2-GigabitEthernet0/0/1]vrrp6 VRID 10 virtual-ip fe80::10 link-local   //配置虚拟链路本地地址，在虚拟 IP 之前配置
[R2-GigabitEthernet0/0/1]vrrp6 VRID 10 virtual-ip fc00::1            //配置虚拟 IP 地址
[R2-GigabitEthernet0/0/1]vrrp6 VRID 10 priority 200                  //配置 VRID 组的优先级
[R2-GigabitEthernet0/0/1]vrrp6 VRID 20 virtual-ip fe80::20 link-local   //配置虚拟链路本地地址，在虚拟 IP 之前配置
[R2-GigabitEthernet0/0/1]vrrp6 VRID 20 virtual-ip fc00::100          //配置虚拟 IP 地址
[R2-GigabitEthernet0/0/1]vrrp6 VRID 20 priority 150                  //配置 VRID 组的优先级
[R2-GigabitEthernet0/0/1]quit                                        //退出接口视图
```

2. 配置路由器 R3 的 VRRP6 备份组

为路由器 R3 创建 VRID 10 和 VRID 20。

```
[R3]interface GigabitEthernet 0/0/1                                  //进入接口视图
[R3-GigabitEthernet0/0/1]vrrp6 VRID 10 virtual-ip fe80::10 link-local   //配置虚拟链路本地地址，在虚拟 IP 之前配置
[R3-GigabitEthernet0/0/1]vrrp6 VRID 10 virtual-ip fc00::1            //配置虚拟 IP 地址
[R3-GigabitEthernet0/0/1]vrrp6 VRID 10 priority 150                  //配置 VRID 组的优先级
[R3-GigabitEthernet0/0/1]vrrp6 VRID 20 virtual-ip fe80::20 link-local   //配置虚拟链路本地地址，在虚拟 IP 之前配置
[R3-GigabitEthernet0/0/1]vrrp6 VRID 20 virtual-ip fc00::100          //配置虚拟 IP 地址
[R3-GigabitEthernet0/0/1]vrrp6 VRID 20 priority 200                  //配置 VRID 组的优先级
[R3-GigabitEthernet0/0/1]quit                                        //退出接口视图
```

任务验证

（1）在路由器 R2 上使用【display vrrp6 brief】命令查看 VRRP6 配置情况，如图 13-18 所示。

```
[R2]display vrrp6 brief
Total:2      Master:1      Backup:1      Non-active:0
VRID  State          Interface                   Type       Virtual IP
----------------------------------------------------------------------
10    Master         GE0/0/1                     Normal     FE80::10
                                                            FC00::1
20    Backup         GE0/0/1                     Normal     FE80::20
                                                            FC00::100
[R2]
```

图 13-18 路由器 R2 的 VRRP6 配置情况

（2）在路由器 R3 上使用【display vrrp6 brief】命令查看 VRRP6 配置情况，如图 13-19 所示。

```
[R3]display vrrp6 brief
Total:2      Master:1      Backup:1      Non-active:0
VRID  State          Interface                   Type       Virtual IP
----------------------------------------------------------------------
10    Backup         GE0/0/1                     Normal     FE80::10
                                                            FC00::1
20    Master         GE0/0/1                     Normal     FE80::20
                                                            FC00::100
[R3]
```

图 13-19 路由器 R3 的 VRRP6 配置情况

项目验证

V13-4 项目验证

（1）PC1 tracert PC3 的 IPv6 地址 FB01::10，如图 13-20 所示。可以看到，PC1 访问 PC3 的路径为 R2→R1→PC3。

```
PC>tracert fb01::10

traceroute to fb01::10, 8 hops max, press Ctrl_C to stop
 1  fc00::2    47 ms   47 ms   47 ms
 2  fc01::1    62 ms   63 ms   78 ms
 3  fb01::10   62 ms   94 ms   78 ms
```

图 13-20 PC1 与 PC3 的连通性测试

（2）PC2 ping PC3 的 IPv6 地址 FB01::10，如图 13-21 所示。可以看到，PC2 访问 PC3 的路径为 R3→R1→PC3。

```
PC>tracert fb01::10

traceroute to fb01::10, 8 hops max, press Ctrl_C to stop
 1  fc00::3     31 ms   47 ms   31 ms
 2  fc01::1     63 ms   93 ms   63 ms
 3  fb01::10     62 ms   63 ms   94 ms
```

图 13-21　PC2 与 PC3 的连通性测试

练习与思考

理论题

（1）以下关于 VRRP 的描述，错误的是（　　）。
A. VRRPv3 版本可支持配置 VRRP6
B. VRRPv2 版本可支持配置 VRRP6
C. 配置 VRRP6 可以为 PC 提供备份网关
D. VRRPv3 可支持 IPv4

（2）以下关于 VRRP 优先级的描述，错误的是（　　）。
A. 优先级值越大越优先
B. 优先级最高的路由器会成为主用路由器
C. 默认优先级值为 100
D. IP 拥有者的优先级可被修改

（3）以下关于 VRRP 作用的描述，正确的是（　　）。
A. 提高了网络中默认网关的可靠性
B. 加快了网络中路由协议的收敛速度
C. 主要用于网络中的流量分担
D. 为不同网段提供一个默认网关，简化了网络中 PC 上的网关配置

（4）配置 VRRP 功能可以实现（　　）。（多选）
A. 局域网的网关备份
B. 广域网的网关备份
C. 流量负载分担
D. 帮助 PC 完成路由选路

（5）提供相同虚拟 IP 地址的设备上创建的 VRID 必须相同。（　　）（判断）

（6）同一个接口下可以创建多个 VRRP 备份组。（　　）（判断）

项目实训题

1. 项目背景与要求

Jan16 公司网络中有个服务器集群，现需要为服务器集群中的 Web 服务器和 FTP 服务器分别配备主网关和备份网关。实践拓扑如图 13-22 所示。具体要求如下。

（1）根据实践拓扑，为 PC 和路由器配置 IPv6 地址（x 为部门，y 为工号）。

（2）为路由器 R1 配置通往服务器集群的静态路由，下一跳分别为路由器 R2 和路由器 R3。
（3）为路由器 R2 配置通往互联网的静态路由，下一跳为路由器 R1。
（4）为路由器 R3 配置通往互联网的静态路由，下一跳为路由器 R1。
（5）配置 VRRP6。

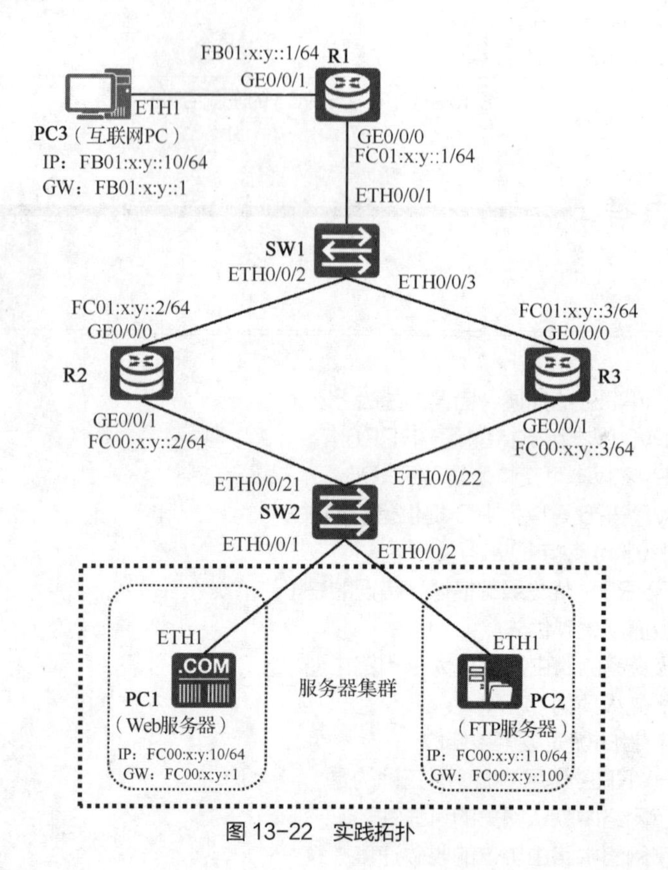

图 13-22　实践拓扑

2. 实践业务规划

根据以上实践拓扑和需求，参考本项目的项目规划完成表 13-5～表 13-7 内容的规划。

表 13-5　端口互联规划

本端设备	本端接口	对端设备	对端接口

表 13-6　VRRP6 备份组规划

服务器	备份组号	设备名称	虚拟 IP 地址	虚拟链路本地地址	优先级

表 13-7　IPv6 地址规划

设备名称	接口	IP 地址	网关地址	用途

3. 实践要求

完成实验后，请截取以下实验验证结果图。

（1）在路由器 R1 上使用【display ipv6 routing-table】命令，查看 IPv6 路由表。

（2）在路由器 R2 上使用【display ipv6 routing-table】命令，查看 IPv6 路由表

（3）在路由器 R3 上使用【display ipv6 routing-table】命令，查看 IPv6 路由表。

（4）在路由器 R2 上使用【display vrrp6 brief】命令，查看 VRRP6 选举情况。

（5）在路由器 R3 上使用【display vrrp6 brief】命令，查看 VRRP6 选举情况。

（6）互联网 PC3 ping Web 服务器，测试互联网主机与 Web 服务器网络的连通性。

（7）互联网 PC3 ping FTP 服务器，测试互联网主机与 FTP 服务器网络的连通性。

项目14 基于MSTP和VRRP的高可靠性网络搭建

14

项目描述

Jan16 公司已全面支持 IPv6 网络，现公司业务流量较大，为防止因单点故障导致网络服务中断，需要为项目部和策划部的通信链路配置冗余链路并实现负载分担。公司网络拓扑如图 14-1 所示，具体要求如下。

（1）项目部以交换机 SW1 作为网关，策划部以交换机 SW2 作为网关。交换机 SW1 与交换机 SW2 互为备份，主网关故障时，备份网关继续承载用户数据。

（2）为提高两台核心交换机 SW1 和 SW2 之间的数据交换速率，在交换机 SW1 和交换机 SW2 之间配置聚合链路提高链路带宽。

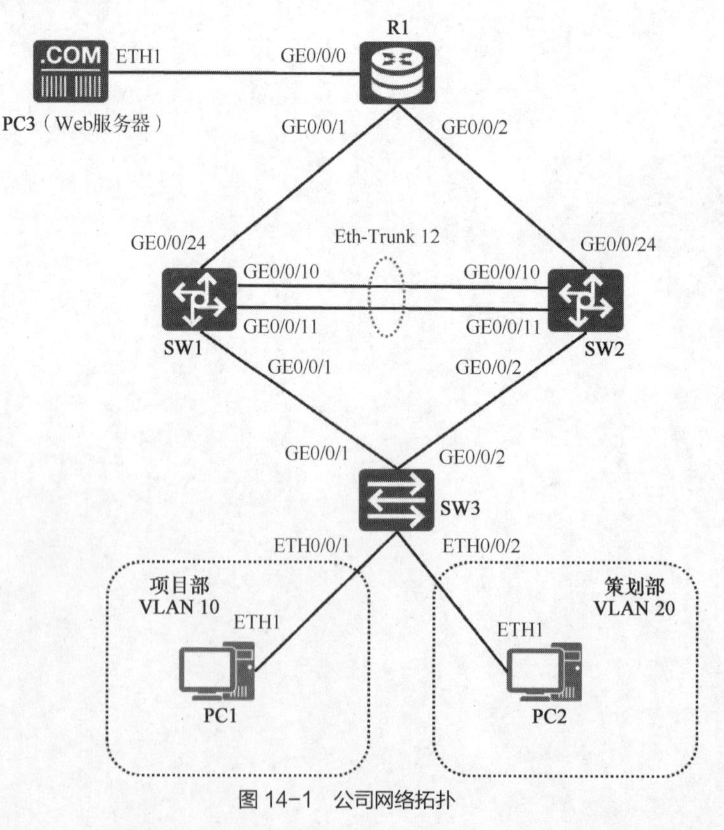

图 14-1　公司网络拓扑

项目需求分析

Jan16 公司需要为项目部和策划部配备主网关和备份网关，可为各部门创建部门 VLAN 并配置 VRRP6 和多生成树协议（Multiple Spanning Tree Protocol，MSTP）。

在交换机 SW1 与交换机 SW2 上为项目部 VLAN 和策划部 VLAN 各创建一个 VRRP6 备份组，分别为 VRID 10 和 VRID 20，备份组 VRID 10 设置交换机 SW1 为主网关，交换机 SW2 为备份网关；备份组 VRID 20 设置交换机 SW2 为主网关，交换机 SW1 为备份网关。

项目部 VLAN 和策划部 VLAN 各创建一个 MSTP 实例，分别为 Instance 10 和 Instance 20，Instance 10 以交换机 SW1 为根桥，交换机 SW2 为备份根桥；Instance 20 以交换机 SW2 为根桥，交换机 SW1 为备份根桥，实现数据链路层流量路径的优选。

调整 OSPFv3 的开销（cost 值）使得一般情况下路由器 R1 向项目部转发流量时优先由交换机 SW1 转发，交换机 SW2 作为备份；向策划部转发流量时优先由交换机 SW2 转发，交换机 SW1 作为备份。

为提高交换机 SW1 和交换机 SW2 之间的链路带宽，可通过创建链路聚合组 12，将交换机 SW1 和交换机 SW2 的中间链路加入聚合组。

因此，本项目可以通过执行以下工作任务来完成。

（1）配置部门 VLAN，实现部门网络划分。

（2）配置聚合链路及交换机互联链路，实现 PC 与网关交换机的通信。

（3）配置路由器、交换机、PC 及服务器的 IPv6 地址，完成 IPv6 网络的创建。

（4）配置 MSTP，实现交换机冗余链路的创建。

（5）配置 VRRP6，实现虚拟网关的创建。

（6）配置 OSPFv3，实现 IPv6 路由自动学习。

（7）调整 OSPFv3 接口开销，实现 OSPFv3 基于 cost 的选路。

项目相关知识

14.1 传统生成树协议的弊端

在传统园区网络中，为了提高网络的可靠性，通常会增设冗余设备及冗余链路，但这会带来网络环路和链路闲置的问题。生成树协议（Spanning Tree Protocol，STP）和快速生成树协议（Rapid Spanning Tree Protocol，RSTP）便是为解决交换网络中因增设冗余设备和冗余链路造成的网络环路问题而设计的，但仅解决了网络环路问题，链路闲置的问题仍然存在。

图 14-2 所示为运行 STP 的拓扑。在交换机 SW1 上 GE0/0/1 被选举为阻塞端口，GE0/0/2 被选举为根端口，根端口用于转发 VLAN 10 和 VLAN 20 的流量。当 VLAN 20 需要访问其他网段的网络时，由交换机 SW1 将流量转发至交换机 SW3 即可被网关转发；当 VLAN 10 需要访问其他网段的网络时，需由交换机 SW1 将流量转发至交换机 SW3 再转发至交换机 SW2 才可被网关转发，显然 VLAN 10 的流量路径在拓扑中并非最优，而且在通信过程中，交换机 SW1 的 GE0/0/1 接口的链路处于闲置状态。

若接口 GE0/0/2 发生故障，GE0/0/1 接口被选举为新的根端口，转发流量。此时，因配置问题，GE0/0/1 接口的允许列表并未允许 VLAN 20 的流量通过，将导致 VLAN 20 的流量无法与外部网络进行通信。

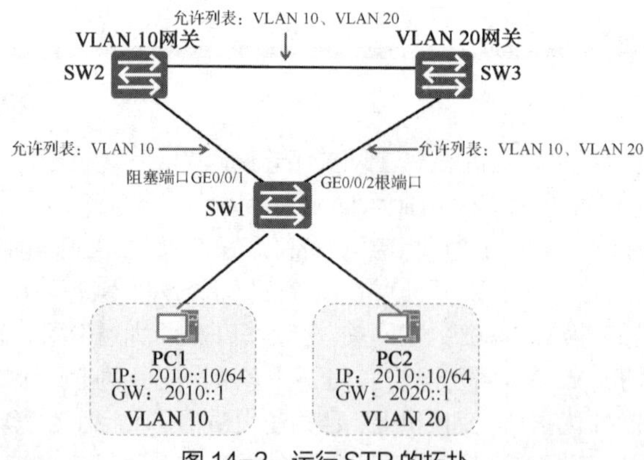

图 14-2　运行 STP 的拓扑

14.2 MSTP 原理

电气电子工程师学会（Institute of Electrical and Electronics Engineers，IEEE）于 2002 年发布的 802.1s 标准定义了 MSTP，它是一种 STP 和 VLAN 结合的新协议，它既继承了 RSTP 端口快速迁移的优点，又解决了 RSTP 中不同 VLAN 必须运行在同一棵生成树上导致链路闲置的问题。MSTP 是华为交换机默认运行的生成树协议。

MSTP 中提出多生成树实例（MST Instance，MSTI）的概念，MSTP 允许将一个或多个 VLAN 映射到一个 MSTI 中，每个 MSTI 均根据 RSTP 算法各自计算根交换机，单独设置端口状态，即在交换网络中计算多棵生成树，不同的生成树之间独立运行互不干扰。每一个 MSTI 都有一个标识（MSTID），默认情况下，交换机所创建的 VLAN 均属于 MST Instance 0。

MSTP 的工作原理如图 14-3 所示，为 MSTP 创建两个实例（Instance），分别为 Instance 10 和 Instance 20，Instance 10 包含 VLAN 10，通过配置，以交换机 SW2 作为根交换机（选举原理与 RSTP 的一样），交换机 SW1 的 GE0/0/1 接口为根端口转发 VLAN 10 流量，VLAN 10 流量可以通过最优路径抵达网关；Instance 20 包含 VLAN 20，通过配置，以交换机 SW3 作为根交换机，交换机 SW1 的 G0/0/2 接口为根端口转发 VLAN 20 流量，VLAN 20 流量可以通过最优路径抵达网关。这样既解决了网络环路问题，也解决了链路闲置问题，流量负载能够在交换机 SW2 和交换机 SW3 之间均衡。

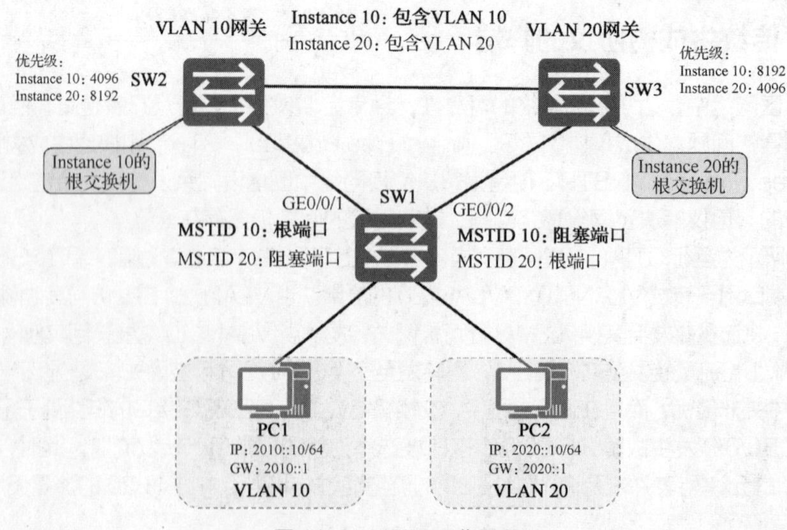

图 14-3　MSTP 工作原理

14.3 MSTP+VRRP

MSTP 结合 VRRP 的工作模式如图 14-4 所示，Instance 10 的根交换机是交换机 SW2，Instance 20 的根交换机是交换机 SW3，VLAN 10 和 VLAN 20 的流量分别经由交换机 SW2 和交换机 SW3 转发至其他网络。此时设置交换机 SW2 为 VLAN 10 的网关交换机，交换机 SW3 为 VLAN 20 的网关交换机，那么 VLAN 10 和 VLAN 20 的流量均可通过最优路径将流量发送至网关。

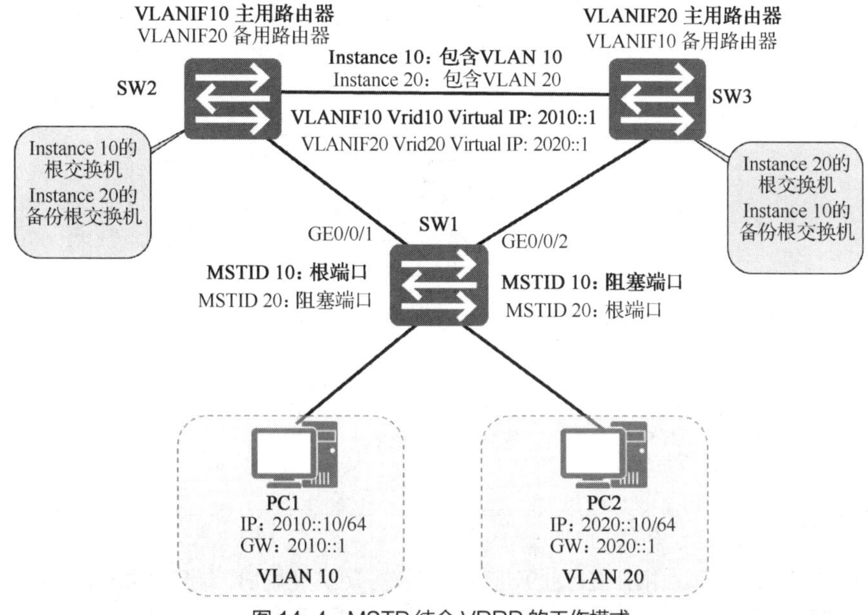

图 14-4 MSTP 结合 VRRP 的工作模式

若交换机 SW1 的 GE0/0/1 接口出现故障，Instance10 的 GE0/0/2 接口便会被选举成为新的根端口，用于转发 VLAN 10 的流量。此时 VLAN 10 的流量要抵达网关，需由交换机 SW1 发送至交换机 SW3 再发送给交换机 SW2，形成次优路径。如果此时有 VRRP 配合使用，可设置交换机 SW2 作为 VLAN 10 的主网关，交换机 SW3 作为 VLAN 10 的备份网关，当 GE0/0/1 接口故障时，交换机 SW3 能切换为 VLAN 10 的主网关，这样 VLAN 10 与网关之间的流量路径仍为最优路径。

项目规划设计

项目拓扑

本项目中，使用 3 台 PC、1 台路由器、2 台三层交换机、1 台二层交换机来搭建项目拓扑，如图 14-5 所示。其中 PC1 是项目部的 PC，PC2 是策划部的 PC，PC3 是公司 Web 服务器，R1 是 Jan16 公司网络的核心路由器，SW3 作为接入层交换机连接项目部和策划部网络，SW1 和 SW2 是汇聚层交换机，作为各部门的网关交换机。

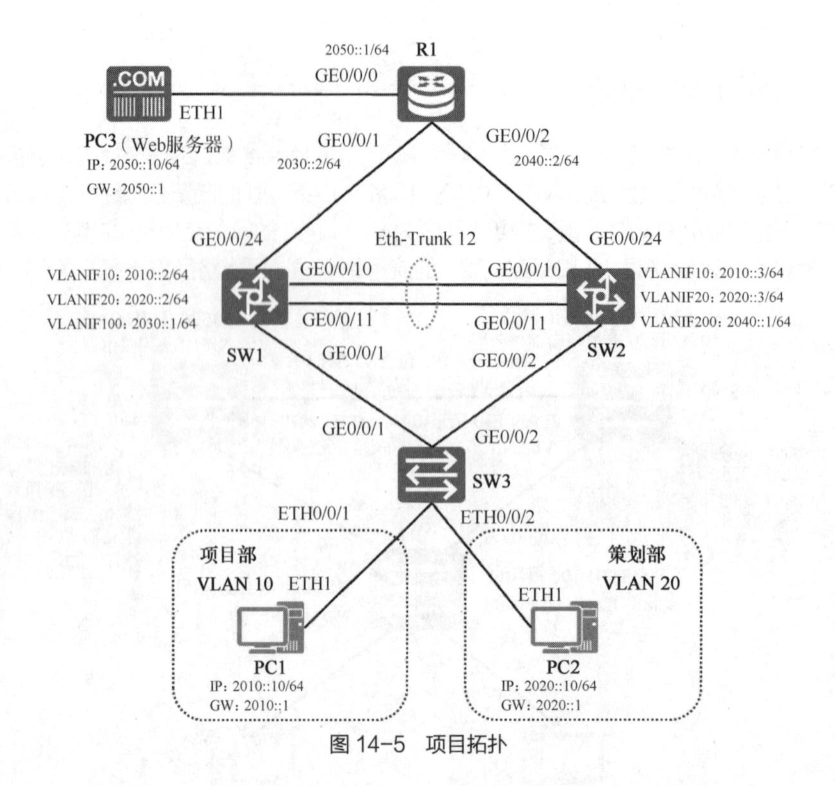

图 14-5　项目拓扑

项目规划

根据图 14-5 所示的项目拓扑进行业务规划，相应的 VLAN 规划、端口互联规划、VRRP6 备份组规划、IPv6 地址规划、MSTP 规划分别如表 14-1～表 14-5 所示。

表 14-1　VLAN 规划

VLAN	IP 地址段	用途
VLAN 10	2010::/64	项目部
VLAN 20	2020::/64	策划部
VLAN 100	2030::/64	交换机 SW1 与路由器 R1 互联地址
VLAN 200	2040::/64	交换机 SW2 与路由器 R1 互联地址

表 14-2　端口互联规划

本端设备	本端接口	对端设备	对端接口
PC1	ETH1	SW3	ETH0/0/1
PC2	ETH1	SW3	ETH0/0/2
PC3	ETH1	R1	GE0/0/0
R1	GE0/0/0	PC3	ETH1
	GE0/0/1	SW1	GE0/0/24
	GE0/0/2	SW2	GE0/0/24
SW1	GE0/0/1	SW3	GE0/0/1
	GE0/0/10	SW2	GE0/0/10
	GE0/0/11	SW2	GE0/0/11
	GE0/0/24	R1	GE0/0/1

续表

本端设备	本端接口	对端设备	对端接口
SW2	GE0/0/2	SW3	GE0/0/2
	GE0/0/10	SW1	GE0/0/10
	GE0/0/11	SW1	GE0/0/11
	GE0/0/24	R1	GE0/0/2
SW3	ETH0/0/1	PC1	ETH1
	ETH0/0/2	PC2	ETH1
	GE0/0/1	SW1	GE0/0/1
	GE0/0/2	SW2	GE0/0/2

表 14-3　VRRP6 备份组规划

备份组号	VLAN	设备名称	虚拟 IP 地址	虚拟链路本地地址	优先级
10	10	SW1	2010::1	FE80::10	200
		SW2			150
20	20	SW1	2020::1	FE80::20	150
		SW2			200

表 14-4　IPv6 地址规划

设备名称	接口	IP 地址	网关地址	用途
PC1	ETH1	2010::10/64	2010::1	主机地址
PC2	ETH1	2020::10/64	2020::1	主机地址
PC3	ETH1	2050::10/64	2050::1	服务器地址
R1	GE0/0/0	2050::1/64	N/A	服务器网关地址
	GE0/0/1	2030::2/64	N/A	接口地址
	GE0/0/2	2040::2/64	N/A	接口地址
SW1	VLANIF10	2010::2/64	N/A	接口地址
	VLANIF20	2020::2/64	N/A	接口地址
	VLANIF100	2030::1/64	N/A	接口地址
SW2	VLANIF10	2010::3/64	N/A	接口地址
	VLANIF20	2020::3/64	N/A	接口地址
	VLANIF200	2040::1/64	N/A	接口地址

表 14-5　MSTP 规划

设备名称	VLAN	MSTID	域名	优先级
SW1	10	10	Jan16	4096
	20	20		8192
SW2	10	10		8192
	20	20		4096
SW3	10	10		32768（默认）
	20	20		32768（默认）

项目实施

任务 14-1 配置部门 VLAN

任务规划

V14-1 任务 14-1
配置部门 VLAN

根据端口互联规划（表 14-2）要求，为 3 台交换机创建部门 VLAN，然后将对应端口划分到部门 VLAN 中。

任务实施

1. 为交换机创建 VLAN

（1）为交换机 SW1 创建部门 VLAN 10、VLAN 20 及互联 VLAN 100。

```
<Huawei>system-view                    //进入系统视图
[Huawei]sysname SW1                    //修改设备名称
[SW1]vlan batch 10 20 100              //创建 VLAN 10、VLAN 20、VLAN 100
```

（2）为交换机 SW2 创建部门 VLAN 10、VLAN 20 及互联 VLAN 200。

```
<Huawei>system-view                    //进入系统视图
[Huawei]sysname SW2                    //修改设备名称
[SW2]vlan batch 10 20 200              //创建 VLAN 10、VLAN 20、VLAN 200
```

（3）为交换机 SW3 创建部门 VLAN 10、VLAN 20。

```
<Huawei>system-view                    //进入系统视图
[Huawei]sysname SW3                    //修改设备名称
[SW3]vlan batch 10 20                  //创建 VLAN 10、VLAN 20
```

2. 将交换机端口添加到 VLAN 中

（1）为交换机 SW1 划分 VLAN，并将对应端口添加到 VLAN 中。

```
[SW1]interface GigabitEthernet 0/0/24                    //进入端口视图
[SW1-GigabitEthernet 0/0/24]port link-type access        //配置链路类型为 Access
[SW1-GigabitEthernet 0/0/24]port default vlan 100        //划分端口到 VLAN 100
[SW1-GigabitEthernet 0/0/24]quit                         //退出端口视图
```

（2）为交换机 SW2 划分 VLAN，并将对应端口添加到 VLAN 中。

```
[SW2]interface GigabitEthernet 0/0/24                    //进入端口视图
[SW2-GigabitEthernet 0/0/24]port link-type access        //配置链路类型为 Access
[SW2-GigabitEthernet 0/0/24]port default vlan 200        //划分端口到 VLAN 200
[SW2-GigabitEthernet 0/0/24]quit                         //退出端口视图
```

（3）为交换机 SW3 划分 VLAN，并将对应端口添加到 VLAN 中。

```
[SW3]interface Ethernet0/0/1                             //进入端口视图
[SW3-Ethernet0/0/1]port link-type access                 //配置链路类型为 Access
[SW3-Ethernet0/0/1]port default vlan 10                  //划分端口到 VLAN 10
[SW3-Ethernet0/0/1]quit                                  //退出端口视图
[SW3]interface Ethernet0/0/2                             //进入端口视图
```

```
[SW3-Ethernet0/0/2]port link-type access          //配置链路类型为 Access
[SW3-Ethernet0/0/2]port default vlan 20           //划分端口到 VLAN 20
[SW3-Ethernet0/0/2]quit                           //退出端口视图
```

任务验证

（1）在交换机 SW1 上使用【display vlan】命令查看 VLAN 创建情况，如图 14-6 所示，可以看到 VLAN 10、VLAN 20、VLAN 100 已经创建。

```
[SW1]display vlan
--------------------------------------------------------------------------------
VID  Type     Ports
--------------------------------------------------------------------------------
1    common   UT:GE0/0/1(U)     GE0/0/2(D)      GE0/0/3(D)      GE0/0/4(D)
                 GE0/0/5(D)     GE0/0/6(D)      GE0/0/7(D)      GE0/0/8(D)
                 GE0/0/9(D)     GE0/0/10(D)     GE0/0/11(D)     GE0/0/12(D)
                 GE0/0/13(D)    GE0/0/14(D)     GE0/0/15(D)     GE0/0/16(D)
                 GE0/0/17(D)    GE0/0/18(D)     GE0/0/19(D)     GE0/0/20(D)
                 GE0/0/21(D)    GE0/0/22(D)     GE0/0/23(D)
10   common
20   common
100  common   UT:GE0/0/24(U)
--------------------------------------------------------------------------------
```

图 14-6　交换机 SW1 的 VLAN 创建情况

（2）在交换机 SW2 上使用【display vlan】命令查看 VLAN 创建情况，如图 14-7 所示，可以看到 VLAN 10、VLAN 20、VLAN 200 已经创建。

```
[SW2]display vlan
……
--------------------------------------------------------------------------------
VID  Type     Ports
--------------------------------------------------------------------------------
1    common   UT:GE0/0/1(U)     GE0/0/2(D)      GE0/0/3(D)      GE0/0/4(D)
                 GE0/0/5(D)     GE0/0/6(D)      GE0/0/7(D)      GE0/0/8(D)
                 GE0/0/9(D)     GE0/0/10(D)     GE0/0/11(D)     GE0/0/12(D)
                 GE0/0/13(D)    GE0/0/14(D)     GE0/0/15(D)     GE0/0/16(D)
                 GE0/0/17(D)    GE0/0/18(D)     GE0/0/19(D)     GE0/0/20(D)
                 GE0/0/21(D)    GE0/0/22(D)     GE0/0/23(D)
10   common
20   common
200  common   UT:GE0/0/24(U)
……
--------------------------------------------------------------------------------
```

图 14-7　交换机 SW2 的 VLAN 创建情况

（3）在交换机 SW3 上使用【display vlan】命令查看 VLAN 创建情况，如图 14-8 所示，可以看到 VLAN 10、VLAN 20 已经创建。

```
[SW3]display vlan
......
1    common   UT:ETH0/0/2(D)      ETH0/0/3(D)      ETH0/0/4(D)      ETH0/0/5(D)
                 ETH0/0/6(D)      ETH0/0/7(D)      ETH0/0/8(D)      ETH0/0/9(D)
                 ETH0/0/10(D)     ETH0/0/11(D)     ETH0/0/12(D)     ETH0/0/13(D)
                 ETH0/0/14(D)     ETH0/0/15(D)     ETH0/0/16(D)     ETH0/0/17(D)
                 ETH0/0/18(D)     ETH0/0/19(D)     ETH0/0/20(D)     ETH0/0/21(D)
                 ETH0/0/22(D)     GE0/0/1(U)       GE0/0/2(D)
10   common   UT:ETH0/0/1(U)
20   common   UT:ETH0/0/2(U)
......
--------------------------------------------------------------------------------
```

图 14-8　交换机 SW3 的 VLAN 创建情况

（4）在交换机 SW1 上使用【display port vlan】命令查看端口配置情况，如图 14-9 所示。

```
[SW1]display port vlan
Port                     Link Type    PVID   Trunk VLAN List
--------------------------------------------------------------------------------
......
GigabitEthernet0/0/24    access        100   -
--------------------------------------------------------------------------------
```

图 14-9　交换机 SW1 的端口配置情况

（5）在交换机 SW2 上使用【display port vlan】命令查看端口配置情况，如图 14-10 所示。

```
[SW2]display port vlan
Port                     Link Type    PVID   Trunk VLAN List
--------------------------------------------------------------------------------
GigabitEthernet0/0/24    access        200   -
--------------------------------------------------------------------------------
```

图 14-10　交换机 SW2 的端口配置情况

（6）在交换机 SW3 上使用【display port vlan】命令查看端口配置情况，如图 14-11 所示。

```
[SW3]display port vlan
Port                     Link Type    PVID   Trunk VLAN List
--------------------------------------------------------------------------------
Ethernet0/0/1            access        10    -
Ethernet0/0/2            access        20    -
......
--------------------------------------------------------------------------------
```

图 14-11　交换机 SW3 的端口配置情况

任务 14-2 配置聚合链路及交换机互联端口之间的链路

任务规划

将交换机 SW1 与交换机 SW2 之间的链路配置为聚合链路，并配置交换机互联端口之间的链路类型为 Trunk 链路和允许列表。

V14-2 任务 14-2 配置聚合链路及交换机互联端口之间的链路

任务实施

1. 配置交换机 SW1 和交换机 SW2 的聚合链路

（1）在交换机 SW1 上配置 GE0/0/10、GE0/0/11 为聚合链路。

```
[SW1]interface Eth-Trunk 12                          //创建链路聚合组
[SW1-Eth-Trunk12]trunkport GigabitEthernet 0/0/10    //添加端口到链路聚合组
[SW1-Eth-Trunk12]trunkport GigabitEthernet 0/0/11    //添加端口到链路聚合组
[SW1-Eth-Trunk12]quit                                //退出端口视图
```

（2）在交换机 SW2 上配置 GE0/0/10、GE0/0/11 为聚合链路。

```
[SW2]interface Eth-Trunk 12                          //创建链路聚合组
[SW2-Eth-Trunk12]trunkport GigabitEthernet 0/0/10    //添加端口到链路聚合组
[SW2-Eth-Trunk12]trunkport GigabitEthernet 0/0/11    //添加端口到链路聚合组
[SW2-Eth-Trunk12]quit                                //退出端口视图
```

2. 配置交换机 SW1、交换机 SW2、交换机 SW3 的互联端口

（1）在交换机 SW1 上配置互联端口的链路类型为 Trunk 链路，并为相关 VLAN 配置允许列表。

```
[SW1]interface GigabitEthernet 0/0/1                            //进入端口视图
[SW1-GigabitEthernet0/0/1]port link-type trunk                  //配置链路类型为 Trunk
[SW1-GigabitEthernet0/0/1]port trunk allow-pass vlan 10 20      //配置允许列表
[SW1-GigabitEthernet0/0/1]quit                                  //退出端口视图
[SW1]interface Eth-Trunk 12                                     //进入链路聚合组
[SW1-Eth-Trunk12]port link-type trunk                           //配置链路类型为 Trunk
[SW1-Eth-Trunk12]port trunk allow-pass vlan 10 20               //配置允许列表
[SW1-Eth-Trunk12]quit                                           //退出端口视图
```

（2）在交换机 SW2 上配置互联端口的链路类型为 Trunk 链路，并为相关 VLAN 配置允许列表。

```
[SW2]interface GigabitEthernet 0/0/1                            //进入端口视图
[SW2-GigabitEthernet0/0/1]port link-type trunk                  //配置链路类型为 Trunk
[SW2-GigabitEthernet0/0/1]port trunk allow-pass vlan 10 20      //配置允许列表
[SW2-GigabitEthernet0/0/1]quit                                  //退出端口视图
[SW2]interface Eth-Trunk 12                                     //进入链路聚合组
[SW2-Eth-Trunk12]port link-type trunk                           //配置链路类型为 Trunk
[SW2-Eth-Trunk12]port trunk allow-pass vlan 10 20               //配置允许列表
[SW2-Eth-Trunk12]quit                                           //退出端口视图
```

（3）在交换机 SW3 上配置互联端口的链路类型为 Trunk 链路，并为相关 VLAN 配置允许列表。

```
[SW3]interface GigabitEthernet 0/0/1                            //进入端口视图
[SW3-GigabitEthernet0/0/1] port link-type trunk                 //配置链路类型为 Trunk
[SW3-GigabitEthernet0/0/1] port trunk allow-pass vlan 10 20     //配置允许列表
[SW3-GigabitEthernet0/0/1]quit                                  //退出端口视图
```

```
[SW3]interface GigabitEthernet 0/0/2                          //进入端口视图
[SW3-GigabitEthernet0/0/2] port link-type trunk               //配置链路类型为 Trunk
[SW3-GigabitEthernet0/0/2] port trunk allow-pass vlan 10 20   //配置允许列表
[SW3-GigabitEthernet0/0/2]quit                                //退出端口视图
```

任务验证

（1）在交换机 SW1 上使用【display eth-trunk 12】【display port vlan】命令查看聚合链路配置情况和链路状态，如图 14-12 所示。

```
[SW1]display eth-trunk 12
......
PortName                    Status      Weight
GigabitEthernet0/0/10       Up          1
GigabitEthernet0/0/11       Up          1

[SW1]display port vlan
Port                    Link Type    PVID  Trunk  VLAN  List
-------------------------------------------------------------------------------
Eth-Trunk12             trunk        1     1      10    20
GigabitEthernet0/0/1    trunk        1     1      10    20
......
```

图 14-12　交换机 SW1 的聚合链路配置情况和链路状态

（2）在交换机 SW2 上使用【display eth-trunk 12】【display port vlan】命令查看聚合链路配置情况和链路状态，如图 14-13 所示。

```
[SW2]display eth-trunk 12
......
PortName                    Status      Weight
GigabitEthernet0/0/10       Up          1
GigabitEthernet0/0/11       Up          1

[SW2]display port vlan
Port                    Link Type    PVID  Trunk  VLAN  List
-------------------------------------------------------------------------------
Eth-Trunk12             trunk        1     1      10    20
GigabitEthernet0/0/1    trunk        1     1      10    20
......
```

图 14-13　交换机 SW2 的聚合链路配置情况和链路状态

（3）在交换机 SW3 上使用【display port vlan】命令查看端口配置情况，如图 14-14 所示。

```
[SW3]display port vlan
Port                    Link Type    PVID  Trunk  VLAN  List
......
GigabitEthernet0/0/1    trunk        1     1      10    20
GigabitEthernet0/0/2    trunk        1     1      10    20
```

图 14-14　交换机 SW3 的端口配置情况

任务 14-3　配置路由器、交换机、PC 及服务器的 IPv6 地址

V14-3　任务 14-3 配置路由器、交换机、PC 及服务器的 IPv6 地址

任务规划

根据 IPv6 地址规划（表 14-4）为路由器、PC 及服务器配置 IPv6 地址。

任务实施

1. 配置 PC 和 Web 服务器的 IPv6 地址及网关

根据表 14-6 为各部门 PC 和 Web 服务器配置 IPv6 地址及网关。

表 14-6　各部门 PC 和 Web 服务器的 IPv6 地址及网关信息

设备名称	IP 地址	网关地址
PC1	2010::10/64	2010::1
PC2	2020::10/64	2020::1
PC3	2050::10/64	2050::1

图 14-15 所示为项目部 PC1 的 IPv6 地址配置结果，同理完成策划部 PC2 和 Web 服务器 PC3 的 IPv6 地址配置。

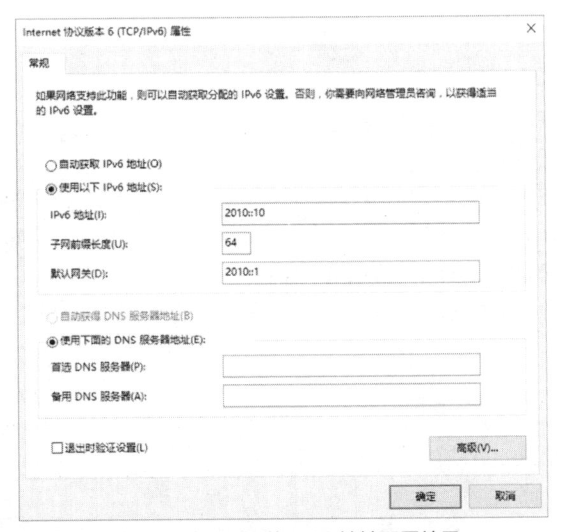

图 14-15　PC1 的 IPv6 地址配置结果

2. 配置路由器 R1 的接口 IP 地址

在路由器 R1 上配置 IPv6 地址，作为与 Web 服务器的网关，以及与交换机 SW1、交换机 SW2 互联的地址。

```
<Huawei>system-view                                  //进入系统视图
[Huawei]sysname R1                                   //修改设备名称
[R1]ipv6                                             //全局启用 IPv6 功能
[R1]interface GigabitEthernet 0/0/0                  //进入接口视图
[R1-GigabitEthernet0/0/0]ipv6 enable                 //接口下启用 IPv6 功能
[R1-GigabitEthernet0/0/0]ipv6 address 2050::1 64     //配置 IPv6 地址
```

```
[R1-GigabitEthernet0/0/0]quit                          //退出接口视图
[R1]interface GigabitEthernet 0/0/1                    //进入接口视图
[R1-GigabitEthernet0/0/1]ipv6 enable                   //接口下启用 IPv6 功能
[R1-GigabitEthernet0/0/1]ipv6 address 2030::2 64       //配置 IPv6 地址
[R1-GigabitEthernet0/0/1]quit                          //退出接口视图
[R1]interface GigabitEthernet 0/0/2                    //进入接口视图
[R1-GigabitEthernet0/0/2]ipv6 enable                   //接口下启用 IPv6 功能
[R1-GigabitEthernet0/0/2]ipv6 address 2040::2 64       //配置 IPv6 地址
[R1-GigabitEthernet0/0/2]quit                          //退出接口视图
```

3. 配置交换机 SW1 的 VLANIF 接口 IP 地址

在交换机 SW1 上配置 IPv6 地址，作为 PC1、PC2 的网关，以及与路由器 R1 互联的地址。

```
[SW1]ipv6                                   //全局启用 IPv6 功能
[SW1]interface vlanif 10                    //进入接口视图
[SW1-Vlanif10]ipv6 enable                   //接口下启用 IPv6 功能
[SW1-Vlanif10]ipv6 address 2010::2 64       //配置 IPv6 地址
[SW1-Vlanif10]quit                          //退出接口视图
[SW1]interface vlanif 20                    //进入接口视图
[SW1-Vlanif20]ipv6 enable                   //接口下启用 IPv6 功能
[SW1-Vlanif20]ipv6 address 2020::2 64       //配置 IPv6 地址
[SW1-Vlanif20]quit                          //退出接口视图
[SW1]interface vlanif 100                   //进入接口视图
[SW1-Vlanif100]ipv6 enable                  //接口下启用 IPv6 功能
[SW1-Vlanif100]ipv6 address 2030::1 64      //配置 IPv6 地址
[SW1-Vlanif100]quit                         //退出接口视图
```

4. 配置交换机 SW2 的 VLANIF 接口 IP 地址

在交换机 SW2 上配置 IPv6 地址，作为 PC1、PC2 的网关，以及与路由器 R1 互联的地址。

```
[SW2]ipv6                                   //全局启用 IPv6 功能
[SW2]interface vlanif 10                    //进入接口视图
[SW2-Vlanif10]ipv6 enable                   //接口下启用 IPv6 功能
[SW2-Vlanif10]ipv6 address 2010::3 64       //配置 IPv6 地址
[SW2-Vlanif10]quit                          //退出接口视图
[SW2]interface vlanif 20                    //进入接口视图
[SW2-Vlanif20]ipv6 enable                   //接口下启用 IPv6 功能
[SW2-Vlanif20]ipv6 address 2020::3 64       //配置 IPv6 地址
[SW2-Vlanif20]quit                          //退出接口视图
[SW2]interface vlanif 200                   //进入接口视图
[SW2-Vlanif200]ipv6 enable                  //接口下启用 IPv6 功能
[SW2-Vlanif200]ipv6 address 2040::1 64      //配置 IPv6 地址
[SW2-Vlanif200]quit                         //退出接口视图
```

任务验证

（1）在路由器 R1 上使用【display ipv6 interface brief】命令查看 IPv6 地址配置情况，如

图 14-16 所示。

```
[R1]display ipv6 interface brief
……
GigabitEthernet0/0/0          up                  up
[IPv6 Address] 2050::1
GigabitEthernet0/0/1          up                  up
[IPv6 Address] 2030::2
GigabitEthernet0/0/2          up                  up
[IPv6 Address] 2040::2
[R1]
```

图 14-16 路由器 R1 的 IPv6 地址配置情况

（2）在交换机 SW1 上使用【display ipv6 interface brief】命令查看 IPv6 地址配置情况，如图 14-17 所示。

```
[SW1]display ipv6 interface brief
……
Interface                     Physical            Protocol
Vlanif10                      up                  up
[IPv6 Address] 2010::2
Vlanif20                      up                  up
[IPv6 Address] 2020::2
Vlanif100                     up                  up
[IPv6 Address] 2030::1
[SW1]
```

图 14-17 交换机 SW1 的 IPv6 地址配置情况

（3）在交换机 SW2 上使用【display ipv6 interface brief】命令查看 IPv6 地址配置情况，如图 14-18 所示。

```
[SW2]display ipv6 interface brief
……
Interface                     Physical            Protocol
Vlanif10                      up                  up
[IPv6 Address] 2010::3
Vlanif20                      up                  up
[IPv6 Address] 2020::3
Vlanif200                     up                  up
[IPv6 Address] 2040::1
[SW2]
```

图 14-18 交换机 SW2 的 IPv6 地址配置情况

任务 14-4 配置 MSTP

V14-4 任务 14-4 配置 MSTP

任务规划

根据 MSTP 规划（表 14-5）要求，为交换机 SW1、交换机 SW2、交换机 SW3 配置 MSTP。

任务实施

1. 配置交换机 SW1 的 MSTP

配置交换机 SW1 的生成树模式为 MSTP，配置生成树域名并映射 VLAN 到实例中，同时调整实例的优先级。

```
[SW1]stp mode mstp                                    //配置 STP 模式为 MSTP
[SW1]stp region-configuration                         //进入 STP 视图
[SW1-mst-region]region-name JAN16                     //配置域名
[SW1-mst-region]instance 10 vlan 10                   //映射 VLAN 10 到 Instance 10
[SW1-mst-region]instance 20 vlan 20                   //映射 VLAN 20 到 Instance 20
[SW1-mst-region]active region-configuration           //激活配置
[SW1-mst-region]quit                                  //退出 STP 视图
[SW1]stp instance 10 priority 4096                    //配置实例优先级
[SW1]stp instance 20 priority 8192                    //配置实例优先级
```

2. 配置交换机 SW2 的 MSTP

配置交换机 SW2 的生成树模式为 MSTP，配置生成树域名并映射 VLAN 到实例中，同时调整实例的优先级。

```
[SW2]stp mode mstp                                    //配置 STP 模式为 MSTP
[SW2]stp region-configuration                         //进入 STP 视图
[SW2-mst-region]region-name JAN16                     //配置域名
[SW2-mst-region]instance 10 vlan 10                   //映射 VLAN 10 到 Instance 10
[SW2-mst-region]instance 20 vlan 20                   //映射 VLAN 20 到 Instance 20
[SW2-mst-region]active region-configuration           //激活配置
[SW2-mst-region]quit                                  //退出 STP 视图
[SW2]stp instance 10 priority 8192                    //配置实例优先级
[SW2]stp instance 20 priority 4096                    //配置实例优先级
```

3. 配置交换机 SW3 的 MSTP

配置交换机 SW3 的生成树模式为 MSTP，配置生成树域名并映射 VLAN 到实例中。

```
[SW3]stp mode mstp                                    //配置 STP 模式为 MSTP
[SW3]stp region-configuration                         //进入 STP 视图
[SW3-mst-region]region-name JAN16                     //配置域名
[SW3-mst-region]instance 10 vlan 10                   //映射 VLAN 10 到 Instance 10
[SW3-mst-region]instance 20 vlan 20                   //映射 VLAN 20 到 Instance 20
[SW3-mst-region]active region-configuration           //激活配置
[SW3-mst-region]quit                                  //退出 STP 视图
[SW3]int Ethernet0/0/1                                //进入端口视图
[SW3-Ethernet0/0/1]stp edged-port enable              //配置端口为边缘端口
[SW3-Ethernet0/0/1]quit                               //退出端口视图
[SW3]int Ethernet0/0/2                                //进入端口视图
[SW3-Ethernet0/0/2]stp edged-port enable              //配置端口为边缘端口
[SW3-Ethernet0/0/2]quit                               //退出端口视图
```

任务验证

在交换机 SW3 上使用【display stp brief】命令查看 MSTP 运行状态，如图 14-19 所示。可以看到交换机 SW3 上的 Instance 10 以 GE0/0/1 为根端口，GE0/0/2 为预备端口，VLAN 10 的流量从 GE0/0/1 端口进行转发；Instance 20 以 GE0/0/2 为根端口，GE0/0/1 为预备端口，VLAN 20 的流量从 GE0/0/2 端口进行转发。

```
[SW3]display stp brief
 MSTID  Port                        Role  STP State     Protection
   0    Ethernet0/0/1               DESI  FORWARDING    NONE
   0    Ethernet0/0/2               DESI  FORWARDING    NONE
   0    GigabitEthernet0/0/1        ROOT  FORWARDING    NONE
   0    GigabitEthernet0/0/2        ALTE  DISCARDING    NONE
  10    Ethernet0/0/1               DESI  FORWARDING    NONE
  10    GigabitEthernet0/0/1        ROOT  FORWARDING    NONE
  10    GigabitEthernet0/0/2        ALTE  DISCARDING    NONE
  20    Ethernet0/0/2               DESI  DISCARDING    NONE
  20    GigabitEthernet0/0/1        ALTE  DISCARDING    NONE
  20    GigabitEthernet0/0/2        ROOT  FORWARDING    NONE
[SW3]
```

图 14-19　交换机 SW3 的 MSTP 运行状态

任务 14-5　配置 VRRP6

任务规划

根据 VRRP6 备份组规划（表 14-3）的要求，为交换机 SW1 和交换机 SW2 配置 VRRP6 备份组。

V14-5　任务 14-5
配置 VRRP6

任务实施

1. 配置交换机 SW1 的 VRRP6 备份组

为交换机 SW1 创建备份组 10 和备份组 20，调整备份组 10 的优先级。

```
    [SW1]interface vlanif 10                        //进入 VLANIF 接口视图
    [SW1-Vlanif10]vrrp6 vrid 10 virtual-ip          //配置虚拟链路本地地址，在虚拟 IP 地址之前配置
FE80::10 link-local
    [SW1-Vlanif10]vrrp6 vrid 10 virtual-ip          //配置虚拟 IP 地址
2010::1
    [SW1-Vlanif10]vrrp6 vrid 10 priority 200        //配置 VRID 组的优先级
    [SW1-Vlanif10]quit                              //退出接口视图
    [SW1]interface vlanif 20                        //进入 VLANIF 接口视图
    [SW1-Vlanif20]vrrp6 vrid 20 virtual-ip          //配置虚拟链路本地地址，在虚拟 IP 地址之前配置
FE80::20 link-local
    [SW1-Vlanif20]vrrp6 vrid 20 virtual-ip          //配置虚拟 IP 地址
2020::1
    [SW1-Vlanif20]quit                              //退出接口视图
```

2. 配置交换机 SW2 的 VRRP6 备份组

为交换机 SW2 创建备份组 10 和备份组 20，调整备份组 20 的优先级。

```
[SW2]interface vlanif 10                      //进入 VLANIF 接口视图
[SW2-Vlanif10]vrrp6 vrid 10 virtual-ip        //配置虚拟链路本地地址，在虚拟 IP 地址之前配置
FE80::10 link-local
[SW2-Vlanif10]vrrp6 vrid 10 virtual-ip        //配置虚拟 IP 地址
2010::1
[SW2-Vlanif10]quit                            //退出接口视图
[SW2]interface vlanif 20                      //进入 VLANIF 接口视图
[SW2-Vlanif20]vrrp6 vrid 20 virtual-ip        //配置虚拟链路本地地址，在虚拟 IP 地址之前配置
FE80::20 link-local
[SW2-Vlanif20]vrrp6 vrid 20 virtual-ip        //配置虚拟 IP 地址
2020::1
[SW2-Vlanif20]vrrp6 vrid 20 priority 200      //配置 VRID 组的优先级
[SW2-Vlanif20]quit                            //退出接口视图
```

任务验证

（1）在交换机 SW1 上使用【display vrrp6 brief】命令查看 VRRP6 配置情况，如图 14-20 所示。

```
[SW1]display vrrp6 brief
VRID  State      Interface          Type     Virtual IP
----------------------------------------------------------------
10    Master     Vlanif10           Normal   FE80::10
                                             2010::1
20    Backup     Vlanif20           Normal   FE80::20
                                             2020::1
----------------------------------------------------------------
Total:2    Master:1    Backup:1    Non-active:0
[SW1]
```

图 14-20　交换机 SW1 的 VRRP6 配置情况

（2）在交换机 SW2 上使用【display vrrp6 brief】命令查看 VRRP6 配置情况，如图 14-21 所示。

```
[SW2]display vrrp6 brief
VRID  State      Interface          Type     Virtual IP
----------------------------------------------------------------
10    Backup     Vlanif10           Normal   FE80::10
                                             2010::1
20    Master     Vlanif20           Normal   FE80::20
                                             2020::1
----------------------------------------------------------------
Total:2    Master:1    Backup:1    Non-active:0
[SW2]
```

图 14-21　交换机 SW2 的 VRRP6 配置情况

任务 14-6 配置 OSPFv3

任务规划

在交换机 SW1、交换机 SW2、路由器 R1 之间配置动态路由协议 OSPFv3。

V14-6 任务 14-6 配置 OSPFv3

任务实施

1. 配置路由器 R1 的 OSPFv3

在路由器 R1 上创建 OSPFv3 进程，配置 Router ID，在对应接口上使能 OSPFv3。

```
[R1]ospfv3 1                                    //创建 OSPFv3 进程 1
[R1-ospfv3-1]router-id 1.1.1.1                  //配置 Router ID
[R1-ospfv3-1]quit                               //退出 OSPFv3 视图
[R1]interface GigabitEthernet 0/0/0             //进入接口视图
[R1-GigabitEthernet0/0/0]ospfv3 1 area 0        //接口下使能 OSPFv3
[R1-GigabitEthernet0/0/0]quit                   //退出接口视图
[R1]interface GigabitEthernet 0/0/1             //进入接口视图
[R1-GigabitEthernet0/0/1]ospfv3 1 area 0        //接口下使能 OSPFv3
[R1-GigabitEthernet0/0/1]quit                   //退出接口视图
[R1]interface GigabitEthernet 0/0/2             //进入接口视图
[R1-GigabitEthernet0/0/2]ospfv3 1 area 0        //接口下使能 OSPFv3
[R1-GigabitEthernet0/0/2]quit                   //退出接口视图
```

2. 配置交换机 SW1 的 OSPFv3

在交换机 SW1 上创建 OSPFv3 进程，配置 Router ID，在对应接口上使能 OSPFv3。

```
[SW1]ospfv3 1                                   //创建 OSPFv3 进程 1
[SW1-ospfv3-1]router-id 2.2.2.2                 //配置 Router ID
[SW1-ospfv3-1]quit                              //退出 OSPFv3 视图
[SW1]interface vlanif 10                        //进入接口视图
[SW1-Vlanif10]ospfv3 1 area 0                   //接口下使能 OSPFv3
[SW1-Vlanif10]quit                              //退出接口视图
[SW1]interface vlanif 20                        //进入接口视图
[SW1-Vlanif20]ospfv3 1 area 0                   //接口下使能 OSPFv3
[SW1-Vlanif20]quit                              //退出接口视图
[SW1]interface vlanif 100                       //进入接口视图
[SW1-Vlanif100]ospfv3 1 area 0                  //接口下使能 OSPFv3
[SW1-Vlanif100]quit                             //退出接口视图
```

3. 配置交换机 SW2 的 OSPFv3

在交换机 SW2 上创建 OSPFv3 进程，配置 Router ID，在对应接口上使能 OSPFv3。

```
[SW2]ospfv3 1                                   //创建 OSPFv3 进程 1
[SW2-ospfv3-1]router-id 3.3.3.3                 //配置 Router ID
[SW2-ospfv3-1]quit                              //退出 OSPFv3 视图
[SW2]interface vlanif 10                        //进入接口视图
[SW2-Vlanif10]ospfv3 1 area 0                   //接口下使能 OSPFv3
```

```
[SW2-Vlanif10]quit                                 //退出接口视图
[SW2]interface vlanif 20                           //进入接口视图
[SW2-Vlanif20]ospfv3 1 area 0                      //接口下使能 OSPFv3
[SW2-Vlanif20]quit                                 //退出接口视图
[SW2]interface vlanif 200                          //进入接口视图
[SW2-Vlanif200]ospfv3 1 area 0                     //接口下使能 OSPFv3
[SW2-Vlanif200]quit                                //退出接口视图
```

任务验证

（1）在路由器 R1 上使用【display ipv6 routing-table】命令查看路由学习情况，如图 14-22 所示。

```
[R1]display ipv6 routing-table
......
 Destination    : 2010::                        PrefixLength : 64
 NextHop        : FE80::4E1F:CCFF:FE3B:5839     Preference   : 10
 Cost           : 2                             Protocol     : OSPFv3
 RelayNextHop   : ::                            TunnelID     : 0x0
 Interface      : GigabitEthernet0/0/1          Flags        : D

 Destination    : 2010::                        PrefixLength : 64
 NextHop        : FE80::4E1F:CCFF:FEF1:4FF1     Preference   : 10
 Cost           : 2                             Protocol     : OSPFv3
 RelayNextHop   : ::                            TunnelID     : 0x0
 Interface      : GigabitEthernet0/0/2          Flags        : D

 Destination    : 2020::                        PrefixLength : 64
 NextHop        : FE80::4E1F:CCFF:FE3B:5839     Preference   : 10
 Cost           : 2                             Protocol     : OSPFv3
 RelayNextHop   : ::                            TunnelID     : 0x0
 Interface      : GigabitEthernet0/0/1          Flags        : D

 Destination    : 2020::                        PrefixLength : 64
 NextHop        : FE80::4E1F:CCFF:FEF1:4FF1     Preference   : 10
 Cost           : 2                             Protocol     : OSPFv3
 RelayNextHop   : ::                            TunnelID     : 0x0
 Interface      : GigabitEthernet0/0/2          Flags        : D
......
[R1]
```

图 14-22 路由器 R1 的路由学习情况

（2）在交换机 SW1 上使用【display ipv6 routing-table】命令查看路由学习情况，如图 14-23 所示。

```
[SW1]display ipv6 routing-table
Routing Table : Public
        Destinations : 11        Routes : 13
......
```

图 14-23 交换机 SW1 的路由学习情况

```
Destination      : 2050::                          PrefixLength  : 64
 NextHop         : FE80::2E0:FCFF:FE02:60E3         Preference    : 10
 Cost            : 2                                Protocol      : OSPFv3
 RelayNextHop : ::                                  TunnelID      : 0x0
 Interface       : Vlanif100                        Flags         : D
……
[SW1]
```

图 14-23　交换机 SW1 的路由学习情况（续）

（3）在交换机 SW2 上使用【display ipv6 routing-table】命令查看路由学习情况，如图 14-24 所示。

```
[SW2]display ipv6 routing-table
……
 Destination     : 2050::                          PrefixLength : 64
 NextHop         : FE80::2E0:FCFF:FE02:60E4         Preference   : 10
 Cost            : 2                                Protocol     : OSPFv3
 RelayNextHop : ::                                  TunnelID     : 0x0
 Interface       : Vlanif200                        Flags        : D
……
[SW2]
```

图 14-24　交换机 SW2 的路由学习情况

任务 14-7　配置 OSPFv3 的接口 cost 值

任务规划

在交换机 SW1、交换机 SW2 上配置 OSPFv3 的接口 cost 值，实现负载分担。

V14-7　任务 14-7 配置 OSPFv3 的接口 cost 值

任务实施

1. 配置交换机 SW1 的 OSPFv3 接口 cost 值

在交换机 SW1 的 VLANIF 接口上，修改 OSPFv3 的接口 cost 值。

```
[SW1]interface vlanif 20                    //进入 VLANIF 接口视图
[SW1-Vlanif20]ospfv3 cost 10                //修改接口 cost 值
[SW1-Vlanif20]quit                          //退出接口视图
```

2. 配置交换机 SW2 的 OSPFv3 接口 cost 值

在交换机 SW2 的 VLANIF 接口上，修改 OSPFv3 的接口 cost 值。

```
[SW2]interface vlanif 10                    //进入 VLANIF 接口视图
[SW2-Vlanif10]ospfv3 cost 10                //修改接口 cost 值
[SW2-Vlanif10]quit                          //退出接口视图
```

任务验证

在路由器 R1 上使用【display ipv6 routing-table】查看路由学习情况，可以看到路由器 R1 去往 2010:: /64 的路由下一跳为交换机 SW1，去往 2020::/64 的路由下一跳为交换机 SW2，如图 14-25 所示。

```
[R1]display ipv6 routing-table
......
 Destination     : 2010::                              PrefixLength : 64
 NextHop         : FE80::4E1F:CCFF:FE3B:5839           Preference   : 10
 Cost            : 2                                   Protocol     : OSPFv3
 RelayNextHop    : ::                                  TunnelID     : 0x0
 Interface       : GigabitEthernet0/0/1                Flags        : D

 Destination     : 2020::                              PrefixLength : 64
 NextHop         : FE80::4E1F:CCFF:FEF1:4FF1           Preference   : 10
 Cost            : 2                                   Protocol     : OSPFv3
 RelayNextHop    : ::                                  TunnelID     : 0x0
 Interface       : GigabitEthernet0/0/2                Flags        : D
......
```

图 14-25　路由器 R1 的路由学习情况

项目验证

V14-8　项目验证

（1）项目部 PC1 ping Web 服务器的 IPv6 地址 2050::10，如图 14-26 所示。

```
PC>tracert 2050::10

traceroute to 2050::10, 8 hops max, press Ctrl_C to stop
 1  2010::2    47 ms   31 ms   47 ms
 2  2030::2    63 ms   62 ms   63 ms
 3  2050::10    62 ms   63 ms   62 ms
```

图 14-26　PC1 与 Web 服务器的连通性测试

（2）策划部 PC2 ping Web 服务器的 IPv6 地址 2050::10，如图 14-27 所示。

```
PC>tracert 2050::10

traceroute to 2050::10, 8 hops max, press Ctrl_C to stop
 1  2020::2    94 ms   31 ms   78 ms
 2  2040::2    94 ms   94 ms   62 ms
 3  2050::10    110 ms   78 ms   93 ms
```

图 14-27　PC2 与 Web 服务器的连通性测试

练习与思考

理论题

（1）以下关于 MSTP 的描述，错误的是（　　）。

A. 1 个 Instance 仅支持映射 1 个 VLAN

B. 1 个 Instance 可以映射 1 个或多个 VLAN

C. 不同 MSTI 之间独立运行，互不影响

D. 同一个 MSTI 中，优先级最高的交换机将成为根交换机

（2）MSTP 在（　　）协议中被定义。

A. 802.1w　　B. 802.1d　　C. 802.1s　　D. 802.1q

（3）华为交换机默认运行的生成树协议是（　　）。

A. PVST　　B. MSTP　　C. STP　　D. RSTP

（4）以下参数将会影响交换机对 MST 区域的识别的是（　　）。（多选）

A. 优先级　　B. 域名　　C. 修订级别　　D. 端口 ID

（5）可以在 MSTP 网络中配置多个 MSTI，不同 MSTI 定义不同的根交换机来实现数据链路层流量负载分担。（　　）（判断）

项目实训题

1. 项目背景与要求

Jan16 公司中有项目部与策划部，现需要配置 VRRP6，为项目部和策划部分别配备主网关和备份网关保障业务的可靠性。为方便网络路由的管理，需要配置 OSPFv3 来维护公司网络的路由。实践拓扑如图 14-28 所示。具体要求如下。

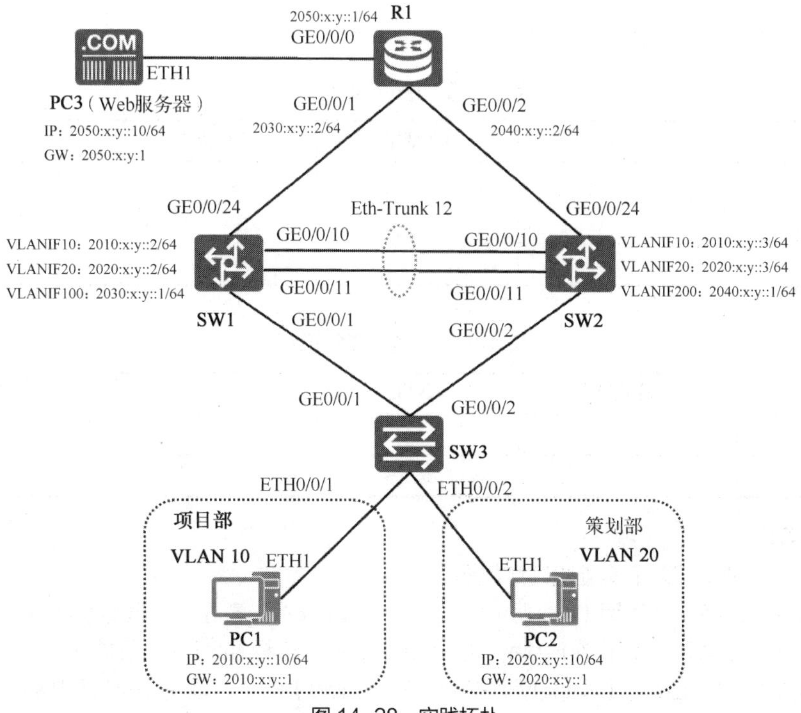

图 14-28　实践拓扑

（1）在交换机 SW1、交换机 SW2、交换机 SW3 上创建部门 VLAN 和业务 VLAN 并划分 VLAN。

（2）在交换机 SW1 与交换机 SW2 之间配置聚合链路。

（3）配置交换机互联端口之间的链路类型为 Trunk 链路及允许列表。

（4）配置 MSTP。

（5）根据实践拓扑，为 PC、路由器、交换机分别配置 IPv6 地址（x 为部门，y 为工号）。
（6）在路由器 R1、交换机 SW1、交换机 SW2 上配置 OSPFv3 并调整 OSPFv3 开销。
（7）为交换机 SW1 与交换机 SW2 配置 VRRP6。

2. 实践业务规划

根据以上实践拓扑和需求，参考本项目的项目规划完成表 14-7～表 14-10 内容的规划。

表 14-7 端口互联规划

本端设备	本端接口	对端设备	对端接口

表 14-8 VRRP6 备份组规划

备份组号	VLAN	设备名称	虚拟 IP 地址	虚拟链路本地地址	优先级

表 14-9 IPv6 地址规划

设备名称	接口	IP 地址	网关地址	用途

表 14-10 MSTP 规划

设备名称	VLAN	MSTID	域名	优先级

3. 实践要求

完成实验后，请截取以下实验验证结果图。
（1）在交换机 SW1 上使用【display eth-trunk 12】命令，查看聚合链路配置情况。
（2）在交换机 SW3 上使用【display stp brief】命令，查看 MSTP 运行情况。
（3）在路由器 R1 上使用【display ipv6 routing-table】命令，查看 IPv6 路由表。
（4）在交换机 SW1 上使用【display ipv6 routing-table】命令，查看 IPv6 路由表。
（5）在交换机 SW2 上使用【display ipv6 routing-table】命令，查看 IPv6 路由表。
（6）在交换机 SW1 上使用【display vrrp6 brief】命令，查看 VRRP6 配置情况。
（7）在交换机 SW2 上使用【display vrrp6 brief】命令，查看 VRRP6 配置情况。
（8）项目部 PC1 ping Web 服务器，测试项目部与 Web 服务器之间网络的连通性。
（9）策划部 PC2 ping Web 服务器，测试策划部与 Web 服务器之间网络的连通性。

项目15 综合项目：Jan16公司总部及分部IPv6网络联调

项目描述

Jan16 公司在某园区 A 栋建立了公司总部，在 B 栋建立了分部。分部与总部时常有互访需求，但园区路由器仅能连通总部和分部的出口路由器，公司要求网络管理员配置路由器实现总部和分部内网互访。公司网络拓扑如图 15-1 所示，具体要求如下。

（1）交换机 SW1 和交换机 SW2 分别作为总部和分部 PC 的网关交换机。

（2）公司总部使用动态路由协议 OSPFv3 维护公司路由。分部规模较小，使用 RIPng 维护分部路由。公司的出口路由器通过静态路由与运营商网络通信。

（3）运营商网络目前仅支持 IPv4，总部与分部通过在路由器 R1 与路由器 R2 之间配置 IPv6 over IPv4 GRE 隧道实现通信。

（4）财务部数据较为机密，要求禁止设计部访问财务部。

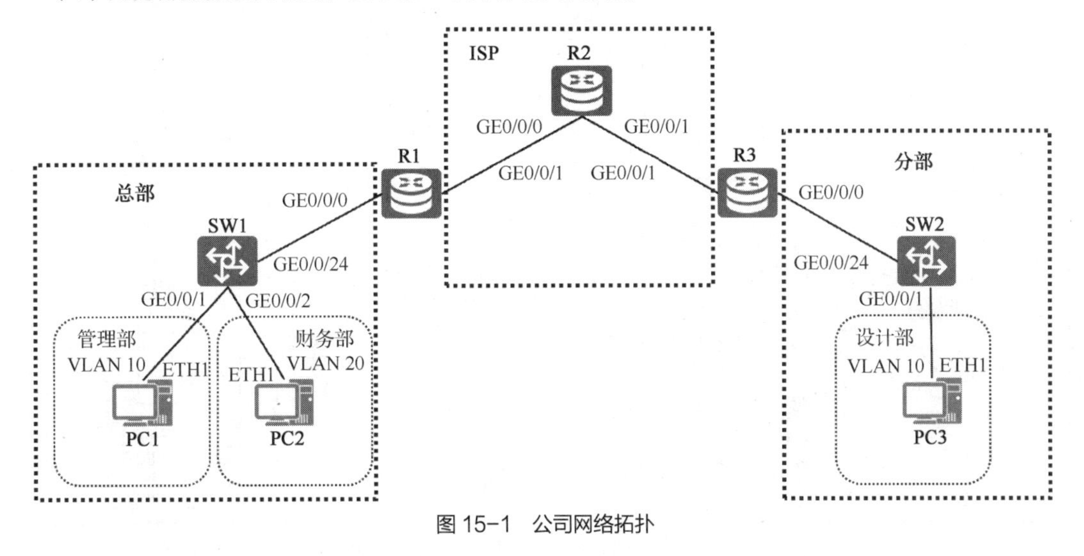

图 15-1　公司网络拓扑

项目需求分析

Jan16 公司总部和分部需要进行 IPv6 网络互通；在路由器 R1 与交换机 SW1 之间配置 OSPFv3

维护公司总部路由，在路由器 R3 与交换机 SW2 之间配置 RIPng 维护公司分部路由，在路由器 R1 与路由器 R3 上分别配置指向运营商路由器 R2 的默认路由；在路由器 R1 与路由器 R3 之间配置 IPv6 over IPv4 GRE 隧道及隧道路由，实现公司总部与分部的通信；为保证财务部网络安全，可在路由器 R3 上配置 ACL6，限制设计部访问财务部。

因此，本项目可以通过执行以下工作任务来完成。

（1）互联网网络配置。

（2）总部基础网络配置。

（3）总部 IP 业务及路由配置。

（4）分部基础网络配置。

（5）分部 IP 业务及路由配置。

（6）总部及分部互联隧道配置。

（7）总部安全配置。

项目规划设计

项目拓扑

本项目中，使用 3 台 PC、3 台路由器、2 台三层交换机来搭建项目拓扑，如图 15-2 所示。其中 PC1 是管理部员工的 PC，PC2 是财务部员工的 PC，PC3 是设计部员工的 PC，R1 是总部的出口路由器，R2 是运营商路由器，R3 是分部的出口路由器。交换机 SW1 用于连接管理部和财务部员工的 PC，交换机 SW2 用于连接设计部员工的 PC。

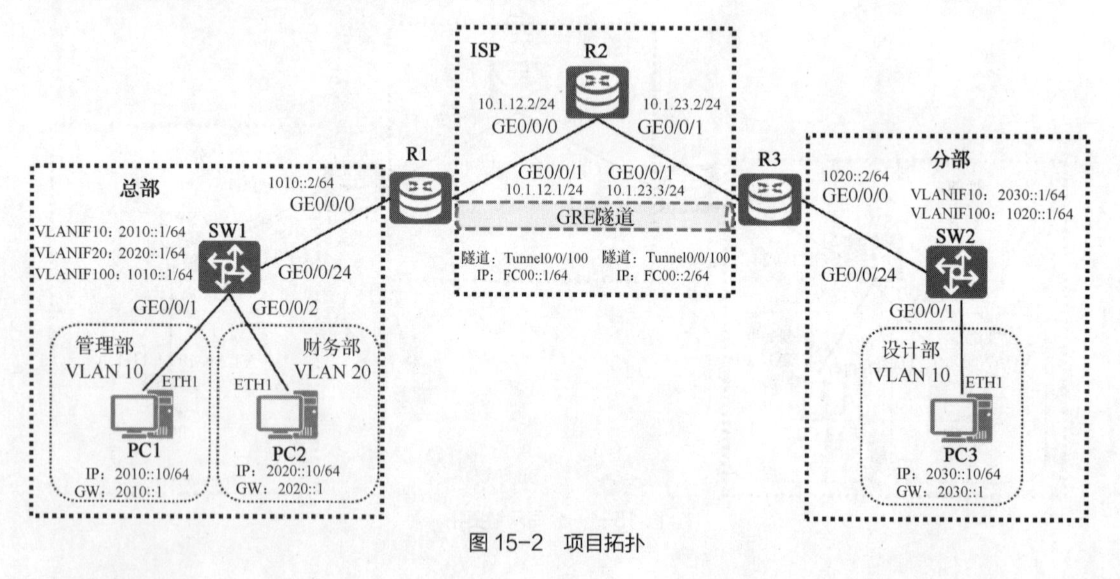

图 15-2 项目拓扑

项目规划

根据图 15-2 所示的项目拓扑进行业务规划，相应的端口互联规划、IPv6 地址规划、IPv4 地址规划如表 15-1～表 15-3 所示。

表 15-1　端口互联规划

本端设备	本端接口	对端设备	对端接口
PC1	ETH1	SW1	GE0/0/1
PC2	ETH1	SW1	GE0/0/2
PC3	ETH1	SW2	GE0/0/1
R1	GE0/0/0	SW1	GE0/0/24
	GE0/0/1	R2	GE0/0/0
R2	GE0/0/0	R1	GE0/0/1
	GE0/0/1	R3	GE0/0/1
R3	GE0/0/1	R2	GE0/0/1
	GE0/0/0	SW2	GE0/0/24
SW1	GE0/0/1	PC1	ETH1
	GE0/0/2	PC2	ETH1
	GE0/0/24	R1	GE0/0/0
SW2	GE0/0/1	PC3	ETH1
	GE0/0/24	R3	GE0/0/0

表 15-2　IPv6 地址规划

设备名称	接口	IP 地址	网关地址	用途
PC1	ETH1	2010::10/64	2010::1	主机地址
PC2	ETH1	2020::10/64	2020::1	主机地址
PC3	ETH1	2030::10/64	2030::1	主机地址
R1	GE0/0/0	1010::2/64	N/A	接口地址
	Tunnel0/0/100	FC00::1/64	N/A	隧道地址
R3	GE0/0/0	1020::2/64	N/A	接口地址
	Tunnel0/0/100	FC00::2/64	N/A	隧道地址
SW1	VLANIF10	2010::1/64	N/A	PC1 网关地址
	VLANIF20	2020::1/64	N/A	PC2 网关地址
	VLANIF100	1010::1/64	N/A	接口地址
SW2	VLANIF10	2030::1/64	N/A	PC3 网关地址
	VLANIF100	1020::1/64	N/A	接口地址

表 15-3　IPv4 地址规划

设备名称	接口	IP 地址	用途
R1	GE0/0/1	10.1.12.1/24	接口地址
R2	GE0/0/0	10.1.12.2/24	接口地址
	GE0/0/1	10.1.23.2/24	接口地址
R3	GE0/0/1	10.1.23.3/24	接口地址

项目实施

任务 15-1　互联网网络配置

任务规划

根据 IPv4 地址规划（表 15-3）要求，为运营商路由器 R2 配置 IPv4 地址。

V15-1　任务 15-1
互联网网络配置

任务实施

在路由器 R2 上为两个接口配置 IPv4 地址，作为与路由器 R1、路由器 R3 互联的地址。

```
<Huawei>system-view                                  //进入系统视图
[Huawei]sysname R2                                   //修改设备名称
[R2]interface GigabitEthernet 0/0/0                  //进入接口视图
[R2-GigabitEthernet0/0/0]ip address 10.1.12.2 24     //配置 IPv4 地址
[R2-GigabitEthernet0/0/0]quit                        //退出接口视图
[R2]interface GigabitEthernet 0/0/1                  //进入接口视图
[R2-GigabitEthernet0/0/1]ip address 10.1.23.2 24     //配置 IPv4 地址
[R2-GigabitEthernet0/0/1]quit                        //退出接口视图
```

任务验证

在路由器 R2 上使用【display ip interface brief】命令查看 IPv4 地址配置情况，如图 15-3 所示。

```
[R2]display ip interface brief
......
Interface                  IP Address/Mask      Physical   Protocol
GigabitEthernet0/0/0       10.1.12.2/24         up         up
GigabitEthernet0/0/1       10.1.23.2/24         up         up
......
[R2]
```

图 15-3　路由器 R2 的 IPv4 地址配置情况

任务 15-2　总部基础网络配置

任务规划

根据端口互联规划（表 15-1）要求，为交换机 SW1 创建部门 VLAN，然后将对应端口划分到 VLAN 中。

V15-2　任务 15-2
总部基础网络配置

任务实施

1. 为交换机 SW1 创建 VLAN

为交换机 SW1 创建 VLAN 10、VLAN 20、VLAN 100。

```
<Huawei>system-view                                  //进入系统视图
[Huawei]sysname SW1                                  //修改设备名称
[SW1]vlan batch 10 20 100                            //创建 VLAN 10、20、100
```

2. 将交换机端口添加到对应 VLAN 中

为交换机 SW1 划分 VLAN，并将对应端口添加到 VLAN 中。

```
[SW1]interface GigabitEthernet 0/0/1                    //进入端口视图
[SW1-GigabitEthernet0/0/1]port link-type access         //配置链路类型为 Access
[SW1-GigabitEthernet0/0/1]port default vlan 10          //划分端口到 VLAN 10
[SW1-GigabitEthernet0/0/1]quit                          //退出端口视图
[SW1]interface GigabitEthernet 0/0/2                    //进入端口视图
[SW1-GigabitEthernet0/0/2]port link-type access         //配置链路类型为 Access
[SW1-GigabitEthernet0/0/2]port default vlan 20          //划分端口到 VLAN 20
[SW1-GigabitEthernet0/0/2]quit                          //退出端口视图
[SW1]interface GigabitEthernet 0/0/24                   //进入端口视图
[SW1-GigabitEthernet0/0/24]port link-type access        //配置链路类型为 Access
[SW1-GigabitEthernet0/0/24]port default vlan 100        //划分端口到 VLAN 30
[SW1-GigabitEthernet0/0/24]quit                         //退出端口视图
```

任务验证

（1）在交换机 SW1 上使用【display vlan】命令查看 VLAN 创建情况，如图 15-4 所示。

```
[SW1]display vlan
The total number of vlans is : 4
......
--------------------------------------------------------------------------------
1     common  UT:GE0/0/3(D)     GE0/0/4(D)     GE0/0/5(D)     GE0/0/6(D)
                 GE0/0/7(D)     GE0/0/8(D)     GE0/0/9(D)     GE0/0/10(D)
                 GE0/0/11(D)    GE0/0/12(D)    GE0/0/13(D)    GE0/0/14(D)
                 GE0/0/15(D)    GE0/0/16(D)    GE0/0/17(D)    GE0/0/18(D)
                 GE0/0/19(D)    GE0/0/20(D)    GE0/0/21(D)    GE0/0/22(D)
                 GE0/0/23(D)
10    common  UT:GE0/0/1(U)
20    common  UT:GE0/0/2(U)
100   common  UT:GE0/0/24(U)
......
[SW1]
```

图 15-4　交换机 SW1 的 VLAN 创建情况

（2）在交换机 SW1 上使用【display port vlan】命令查看端口配置情况，如图 15-5 所示。

```
[SW1]display port vlan
Port                    Link Type    PVID  Trunk VLAN List
--------------------------------------------------------------------------------
GigabitEthernet0/0/1    access       10    -
GigabitEthernet0/0/2    access       20    -
......
GigabitEthernet0/0/24   access       100   -
[SW1]
```

图 15-5　交换机 SW1 的端口配置情况

任务 15-3　总部 IP 业务及路由配置

任务规划

V15-3　任务 15-3 总部 IP 业务及路由配置

根据 IPv6 地址规划（表 15-2）和 IPv4 地址规划（表 15-3），要求总部的路由器和交换机配置 IPv6 地址和 IPv4 地址；为交换机 SW1 配置 DHCP 服务；在交换机 SW1 与路由器 R1 之间配置 OSPFv3，以及配置路由器 R1 指向运营商的 IPv4 默认路由。

任务实施

1. 配置各部门 PC 的 IPv6 地址及网关

根据表 15-4 为各部门 PC 配置 IPv6 地址及网关。

表 15-4　各部门 PC 的 IPv6 地址及网关信息

设备名称	IP 地址	网关地址
PC1	2010::10/64	2010::1
PC2	2020::10/64	2020::1

图 15-6 所示为管理部 PC1 的 IPv6 地址配置结果，同理完成财务部 PC2 的 IPv6 地址配置。

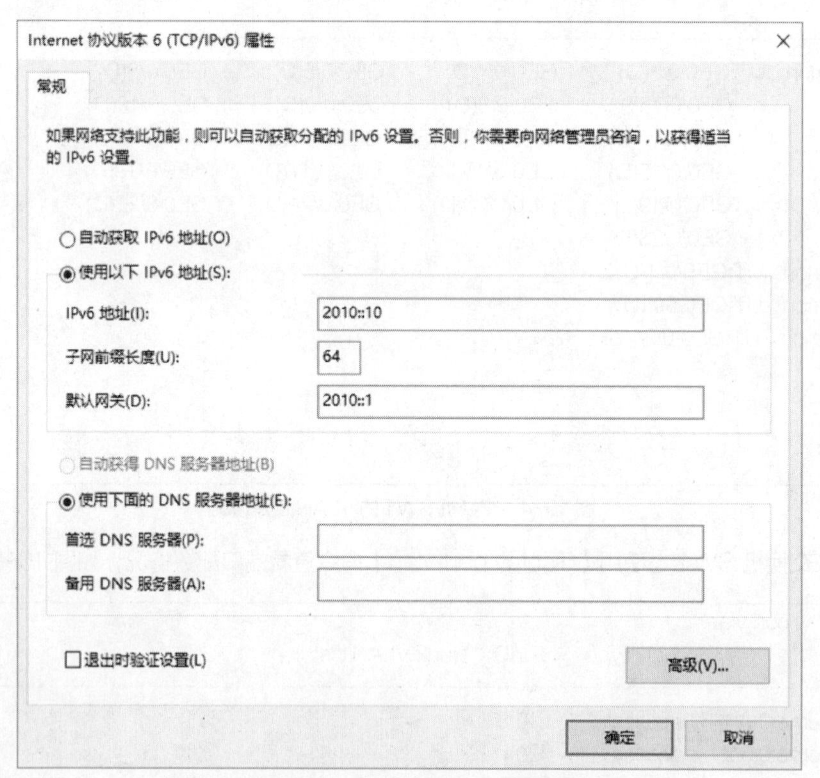

图 15-6　PC1 的 IPv6 地址配置结果

2. 配置交换机和路由器的接口 IP 地址

（1）在交换机 SW1 上配置 IPv6 地址，作为总部各部门的网关，以及与路由器 R1 互联的地址。

```
[SW1]ipv6                                       //开启全局 IPv6 功能
[SW1]interface vlanif 10                        //进入 VLANIF 接口视图
[SW1-Vlanif10]ipv6 enable                       //开启接口 IPv6 功能
[SW1-Vlanif10]ipv6 address 2010::1 64           //配置 IPv6 地址
[SW1-Vlanif10]quit                              //退出接口视图
[SW1]interface vlanif 20                        //进入 VLANIF 接口视图
[SW1-Vlanif20]ipv6 enable                       //开启接口 IPv6 功能
[SW1-Vlanif20]ipv6 address 2020::1 64           //配置 IPv6 地址
[SW1-Vlanif20]quit                              //退出接口视图
[SW1]interface vlanif 100                       //进入 VLANIF 接口视图
[SW1-Vlanif100]ipv6 enable                      //开启接口 IPv6 功能
[SW1-Vlanif100]ipv6 address 1010::1 64          //配置 IPv6 地址
[SW1-Vlanif100]quit                             //退出接口视图
```

（2）在路由器 R1 上配置 IPv6 地址，作为与总部交换机 SW1 互联的地址；配置 IPv4 地址，作为与路由器 R2 互联的地址。

```
<Huawei>system-view                             //进入系统视图
[Huawei]sysname R1                              //修改设备名称
[R1]ipv6                                        //开启全局 IPv6 功能
[R1]interface GigabitEthernet 0/0/0             //进入接口视图
[R1-GigabitEthernet0/0/0]ipv6 enable            //开启接口 IPv6 功能
[R1-GigabitEthernet0/0/0]ipv6 address 1010::2 64    //配置 IPv6 地址
[R1-GigabitEthernet0/0/0]quit                   //退出接口视图
[R1]interface GigabitEthernet 0/0/1             //进入接口视图
[R1-GigabitEthernet0/0/1]ip add 10.1.12.1 24    //配置 IPv4 地址
[R1-GigabitEthernet0/0/1]quit                   //退出接口视图
```

3. 配置 OSPFv3

（1）在交换机 SW1 上创建 OSPFv3 进程，并宣告接口到 OSPFv3 进程的对应区域中。

```
[SW1]ospfv3 1                           //创建 OSPFv3 进程 1
[SW1-ospfv3-1]router-id 2.2.2.2         //配置 Router ID
[SW1-ospfv3-1]quit                      //退出 OSPFv3 视图
[SW1]interface vlanif 10                //进入 VLANIF 接口视图
[SW1-Vlanif10]ospfv3 1 area 0           //宣告接口到 OSPFv3 进程 1 的区域 0 中
[SW1-Vlanif10]quit                      //退出接口视图
[SW1]interface vlanif 20                //进入 VLANIF 接口视图
[SW1-Vlanif20]ospfv3 1 area 0           //宣告接口到 OSPFv3 进程 1 的区域 0 中
[SW1-Vlanif20]quit                      //退出接口视图
[SW1]interface vlanif 100               //进入 VLANIF 接口视图
[SW1-Vlanif100]ospfv3 1 area 0          //宣告接口到 OSPFv3 进程 1 的区域 0 中
[SW1-Vlanif100]quit                     //退出接口视图
```

（2）在路由器 R1 上创建 OSFPv3 进程，并宣告接口到 OSPFv3 进程的对应区域中。

```
[R1]ospfv3 1                            //创建 OSPFv3 进程 1
[R1-ospfv3-1]router-id 1.1.1.1          //配置 Router ID
```

```
[R1-ospfv3-1]quit                                   //退出 OSPFv3 视图
[R1]interface GigabitEthernet 0/0/0                 //进入 VLANIF 接口视图
[R1-GigabitEthernet0/0/0]ospfv3 1 area 0            //宣告接口到 OSPFv3 进程 1 的区域 0 中
[R1-GigabitEthernet0/0/0]quit                       //退出接口视图
```

4. 配置路由器的默认路由

为路由器 R1 配置默认路由，作为总部的 IPv4 网络默认出口。

```
[R1]ip route-static 0.0.0.0 0.0.0.0 10.1.12.2                //配置默认路由
```

任务验证

（1）在路由器 R1 上使用【display ip interface brief】【display ipv6 interface brief】命令查看 IP 地址配置情况，如图 15-7 所示。

```
[R1]display ip interface brief
......
Interface                    IP Address/Mask      Physical    Protocol
......
GigabitEthernet0/0/1          10.1.12.1/24        up          up
......
[R1]

[R1]display ipv6 interface brief
......
Interface                Physical              Protocol
GigabitEthernet0/0/0      up                    up
[IPv6 Address] 1010::2
[R1]
```

图 15-7　路由器 R1 的 IP 地址配置情况

（2）在交换机 SW1 上使用【display ipv6 interface brief】命令查看 IP 地址配置情况，如图 15-8 所示。

```
[SW1]display ipv6 interface brief
......
Interface                Physical              Protocol
Vlanif10                  up                    up
[IPv6 Address] 2010::1
Vlanif20                  up                    up
[IPv6 Address] 2020::1
Vlanif100                 up                    up
[IPv6 Address] 1010::1
[SW1]
```

图 15-8　交换机 SW1 的 IP 地址配置情况

（3）在路由器 R1 上使用命令【display ip routing-table】【display ipv6 routing-table】命令查看路由学习情况，如图 15-9 所示。

```
[R1]display ip routing-table
......
Destination/Mask    Proto   Pre  Cost      Flags  NextHop        Interface

        0.0.0.0/0   Static  60   0          RD    10.1.12.2      GigabitEthernet0/0/1
......
[R1]

[R1]display ipv6 routing-table
......
 Destination    : 2010::                          PrefixLength : 64
 NextHop        : FE80::4E1F:CCFF:FEBE:7A0A       Preference   : 10
 Cost           : 2                               Protocol     : OSPFv3
 RelayNextHop : ::                                TunnelID     : 0x0
 Interface      : GigabitEthernet0/0/0            Flags        : D

 Destination    : 2020::                          PrefixLength : 64
 NextHop        : FE80::4E1F:CCFF:FEBE:7A0A       Preference   : 10
 Cost           : 2                               Protocol     : OSPFv3
 RelayNextHop : ::                                TunnelID     : 0x0
 Interface      : GigabitEthernet0/0/0            Flags        : D
......
[R1]
```

图 15-9　路由器 R1 的路由学习情况

任务 15-4　分部基础网络配置

任务规划

根据端口互联规划（表 15-1）要求，为交换机 SW2 创建部门 VLAN，然后将对应端口划分到 VLAN 中。

V15-4　任务 15-4
分部基础网络配置

任务实施

1. 为交换机 SW2 创建 VLAN

为交换机 SW2 创建 VLAN 10、VLAN 100 并划分 VLAN。

```
<Huawei>system-view                    //进入系统视图
[Huawei]sysname SW2                    //修改设备名称
[SW2]vlan batch 10 100                 //创建 VLAN 10、VLAN 100
```

2. 将交换机端口添加到对应 VLAN 中

为交换机 SW2 划分 VLAN，并将对应端口添加到 VLAN 中。

```
[SW2]interface GigabitEthernet 0/0/1                //进入端口视图
[SW2-GigabitEthernet0/0/1]port link-type access     //配置链路类型为 Access
[SW2-GigabitEthernet0/0/1]port default vlan 10      //划分端口到 VLAN 10
[SW2-GigabitEthernet0/0/1]quit                      //退出端口视图
[SW2]interface GigabitEthernet 0/0/24               //进入端口视图
```

```
[SW2-GigabitEthernet0/0/24]port link-type access          //配置链路类型为 Access
[SW2-GigabitEthernet0/0/24]port default vlan 100          //划分端口到 VLAN 100
[SW2-GigabitEthernet0/0/24]quit                           //退出端口视图
```

任务验证

在交换机 SW2 上使用【display vlan】【display port vlan】命令查看 VLAN 创建情况和端口配置情况，如图 15-10 所示。

```
[SW2]display vlan
......
--------------------------------------------------------------------------------
1    common  UT:GE0/0/2(D)    GE0/0/3(D)     GE0/0/4(D)     GE0/0/5(D)
                GE0/0/6(D)       GE0/0/7(D)     GE0/0/8(D)     GE0/0/9(D)
                GE0/0/10(D)      GE0/0/11(D)    GE0/0/12(D)    GE0/0/13(D)
                GE0/0/14(D)      GE0/0/15(D)    GE0/0/16(D)    GE0/0/17(D)
                GE0/0/18(D)      GE0/0/19(D)    GE0/0/20(D)    GE0/0/21(D)
                GE0/0/22(D)      GE0/0/23(D)
10   common  UT:GE0/0/1(U)
100  common  UT:GE0/0/24(U)
......
[SW2]

[SW2]display port vlan
Port                    Link Type    PVID  Trunk VLAN List
-------------------------------------------------------------------------------
GigabitEthernet0/0/1    access       10    -
......
GigabitEthernet0/0/24   access       100   -
[SW2]
```

图 15-10　交换机 SW2 的 VLAN 创建情况和端口配置情况

任务 15-5　分部 IP 业务及路由配置

任务规划

根据 IPv6 地址规划（表 15-2）和 IPv4 地址规划（表 15-3），要求为分部的路由器和交换机配置 IPv6 地址和 IPv4 地址；在交换机 SW2 开启 RA 报文发送功能；在路由器 R3 与交换机 SW2 之间运行 RIPng，以及路由器 R3 配置指向运营商的 IPv4 默认路由。

V15-5　任务 15-5 分部 IP 业务及路由配置

任务实施

1. 配置部门 PC 的 IPv6 地址及网关

根据表 15-5 为部门 PC 配置 IPv6 地址及网关。

表 15-5　各部门 PC 的 IPv6 地址及网关信息

设备名称	IP 地址	网关地址
PC3	2030::10/64	2030::1

图 15-11 所示为设计部 PC3 的 IPv6 地址配置结果。

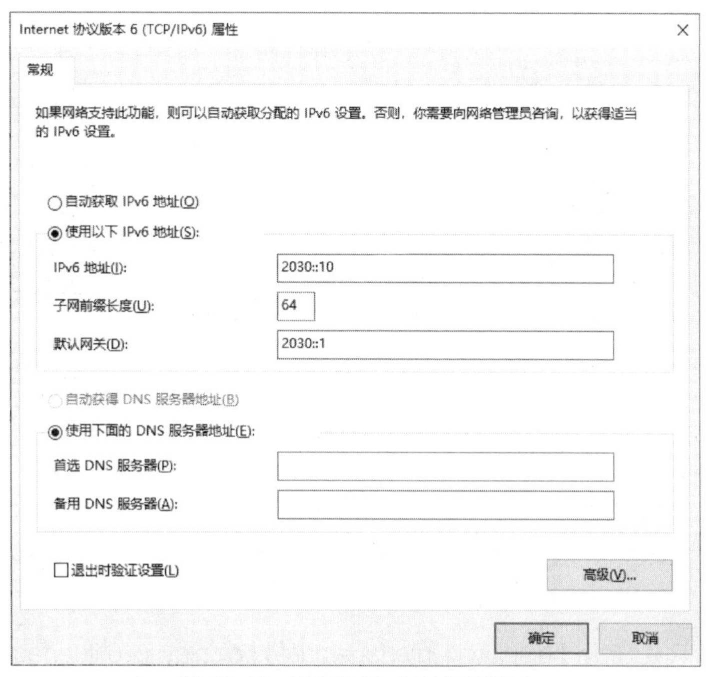

图 15-11　PC3 的 IPv6 地址配置结果

2. 配置交换机和路由器的接口 IP 地址

（1）在交换机 SW2 上配置 IPv6 地址，作为分部设计部的网关，以及与路由器 R3 互联的地址。

```
[SW2]ipv6                                  //开启全局 IPv6 功能
[SW2]interface vlanif 10                   //进入 VLANIF 接口视图
[SW2-Vlanif10]ipv6 enable                  //开启接口 IPv6 功能
[SW2-Vlanif10]ipv6 address 2030::1 64      //配置 IPv6 地址
[SW2-Vlanif10]quit                         //退出接口视图
[SW2]interface vlanif 100                  //进入 VLANIF 接口视图
[SW2-Vlanif100]ipv6 enable                 //开启接口 IPv6 功能
[SW2-Vlanif100]ipv6 address 1020::1 64     //配置 IPv6 地址
[SW2-Vlanif100]quit                        //退出接口视图
```

（2）在路由器 R3 上配置 IPv6 地址，作为与分部交换机 SW2 互联的地址；配置 IPv4 地址，作为与路由器 R3 互联的地址。

```
<Huawei>system-view                        //进入系统视图
[Huawei]sysname R3                         //修改设备名称
[R3]ipv6                                   //开启全局 IPv6 功能
[R3]interface GigabitEthernet 0/0/0        //进入接口视图
[R3-GigabitEthernet0/0/0]ipv6 enable       //开启接口 IPv6 功能
```

```
[R3-GigabitEthernet0/0/0]ipv6 address 1020::2 64          //配置 IPv6 地址
[R3-GigabitEthernet0/0/0]quit                             //退出接口视图
[R3]interface GigabitEthernet 0/0/1                       //进入接口视图
[R3-GigabitEthernet0/0/1]ip add 10.1.23.3 24              //配置 IPv4 地址
[R3-GigabitEthernet0/0/1]quit                             //退出接口视图
```

3. 配置 RIPng

（1）在交换机 SW2 上配置 RIPng，并宣告对应接口到 RIPng 中。

```
[SW2]interface vlanif 10                                  //进入接口视图
[SW2-Vlanif10]ripng 1 enable                              //宣告接口到 RIPng 进程 1
[SW2-Vlanif10]quit                                        //退出接口视图
[SW2]interface vlanif 100                                 //进入接口视图
[SW2-Vlanif100]ripng 1 enabl                              //宣告接口到 RIPng 进程 1
[SW2-Vlanif100]quit                                       //退出接口视图
```

（2）在路由器 R3 上配置 RIPng，并宣告对应接口到 RIPng 中。

```
[R3]interface GigabitEthernet 0/0/0                       //进入接口视图
[R3-GigabitEthernet0/0/0]ripng 1 enable                   //宣告接口到 RIPng 进程 1
[R3-GigabitEthernet0/0/0]quit                             //退出接口视图
```

4. 配置路由器的默认路由

为路由器 R3 配置默认路由，作为分部的 IPv4 网络默认出口。

```
[R3]ip route-static 0.0.0.0 0.0.0.0 10.1.23.2             //配置默认路由
```

任务验证

（1）在路由器 R3 上使用【display ip interface brief】【display ipv6 interface brief】命令查看 IP 地址配置情况，如图 15-12 所示。

```
[R3]display ip interface brief
......
Interface                         IP Address/Mask      Physical   Protocol
......
GigabitEthernet0/0/1              10.1.23.3/24         up         up
......
[R3]

[R3]display ipv6 interface brief
......
Interface                    Physical             Protocol
GigabitEthernet0/0/0         up                   up
[IPv6 Address] 1020::2
[R3]
```

图 15-12 路由器 R3 的 IP 地址配置情况

（2）在交换机 SW2 上使用【display ipv6 interface brief】命令查看 IP 地址配置情况，如图 15-13 所示。

```
[SW2]display ipv6 interface brief
……
Interface                    Physical             Protocol
Vlanif10                     up                   up
[IPv6 Address] 2030::1
Vlanif100                    up                   up
[IPv6 Address] 1020::1
[SW2]
```

图 15-13　交换机 SW2 的 IP 地址配置情况

（3）在路由器 R3 上使用【display ip routing-table】【display ipv6 routing-table】命令查看路由学习情况，如图 15-14 所示。

```
[R3]display ip routing-table
……
Destination/Mask    Proto   Pre   Cost      Flags   NextHop        Interface

        0.0.0.0/0   Static  60    0         RD      10.1.23.2   GigabitEthernet0/0/1
……
[R3]

[R3]display ipv6  routing-table
……
 Destination     : 2030::                          PrefixLength : 64
 NextHop         : FE80::4E1F:CCFF:FE72:488A       Preference   : 100
 Cost            : 1                               Protocol     : RIPng
 RelayNextHop : ::                                 TunnelID     : 0x0
 Interface       : GigabitEthernet0/0/0            Flags        : D
……
[R3]
```

图 15-14　路由器 R3 的路由学习情况

任务 15-6　总部及分部互联隧道配置

任务规划

在路由器 R1 与路由器 R3 之间配置 IPv6 over IPv4 GRE 隧道及隧道路由并将隧道路由分别引入总部和分部的网络。

V15-6　任务 15-6 总部及分部互联隧道配置

任务实施

1. 配置路由器 R1 的 IPv6 over IPv4 GRE 隧道及隧道路由

创建隧道接口 Tunnel 0/0/100，配置隧道协议为 GRE，IPv6 地址为 FC00::1/64，隧道起点地址为 10.1.12.1，隧道终点地址为 10.1.23.3，配置指向设计部的隧道路由。

```
[R1]interface Tunnel 0/0/100                        //创建隧道接口
[R1-Tunnel0/0/100]ipv6 enable                       //开启接口 IPv6 功能
[R1-Tunnel0/0/100]ipv6 address FC00::1 64           //配置隧道地址
[R1-Tunnel0/0/100]tunnel-protocol gre               //配置隧道协议
```

```
[R1-Tunnel0/0/100]source 10.1.12.1                    //配置隧道起点地址
[R1-Tunnel0/0/100]destination 10.1.23.3               //配置隧道终点地址
[R1-Tunnel0/0/100]quit                                //退出接口视图
[R1]ipv6 route-static 2030:: 64 Tunnel 0/0/100        //配置隧道路由
```

2. 配置路由器 R3 的 IPv6 over IPv4 GRE 隧道及隧道路由

创建隧道接口 Tunnel 0/0/100，配置隧道协议为 GRE，IPv6 地址为 FC00::2/64，隧道起点地址为 10.1.23.3，隧道终点地址为 10.1.12.1，配置指向管理部和财务部的隧道路由。

```
[R3]interface Tunnel 0/0/100                          //创建隧道接口
[R3-Tunnel0/0/100]ipv6 enable                         //开启接口 IPv6 功能
[R3-Tunnel0/0/100]ipv6 address FC00::2 64             //配置隧道地址
[R3-Tunnel0/0/100]tunnel-protocol gre                 //配置隧道协议
[R3-Tunnel0/0/100]source 10.1.23.3                    //配置隧道起点地址
[R3-Tunnel0/0/100]destination 10.1.12.1               //配置隧道终点地址
[R3-Tunnel0/0/100]quit                                //退出接口视图
[R3]ipv6 route-static 2010:: 64 Tunnel 0/0/100        //配置 IPv6 静态路由
[R3]ipv6 route-static 2020:: 64 Tunnel 0/0/100        //配置 IPv6 静态路由
```

3. 引入隧道路由

（1）在路由器 R1 上将隧道路由引入 OSPFv3 中。

```
[R1]ospfv3 1                                          //进入 OSPFv3 进程 1
[R1-ospfv3-1]import-route static                      //引入静态路由
[R1-ospfv3-1]quit                                     //退出 OSPFv3 视图
```

（2）在路由器 R3 上将隧道路由引入 RIPng 中。

```
[R3]ripng 1                                           //进入 OSPFv3 进程 1
[R3-ripng-1]import-route static                       //引入静态路由
[R3-ripng-1]quit                                      //退出 RIPng 视图
```

任务验证

（1）在路由器 R1 上使用【ping ipv6 FC00::2】命令尝试 ping 隧道终点，如图 15-15 所示。

```
[R1]ping ipv6 FC00::2
  ping FC00::2 : 56   data bytes, press CTRL_C to break
    Reply from FC00::2
    bytes=56 Sequence=1 hop limit=64   time = 40 ms
......
  --- FC00::2 ping statistics ---
    5 packet(s) transmitted
    5 packet(s) received
    0.00% packet loss
    round-trip min/avg/max = 20/28/40 ms

[R1]
```

图 15-15　路由器 R1 隧道的连通性测试

（2）在交换机 SW1 上使用【display ipv6 routing-table】命令查看是否学习到隧道路由，如图 15-16 所示。

```
[SW1]display ipv6 routing-table
......
 Destination    : 2030::                          PrefixLength : 64
 NextHop        : FE80::2E0:FCFF:FE28:7E8B        Preference   : 150
 Cost           : 1                               Protocol     : OSPFv3ASE
 RelayNextHop : ::                                TunnelID     : 0x0
 Interface      : Vlanif100                       Flags        : D
......
[SW1]
```

图 15-16　交换机 SW1 的隧道路由学习情况

（3）在交换机 SW2 上使用【display ipv6 routing-table】命令查看是否学习到隧道路由，如图 15-17 所示。

```
[SW2]display ipv6 routing-table
......
 Destination    : 2010::                          PrefixLength : 64
 NextHop        : FE80::2E0:FCFF:FEFE:4FE2        Preference   : 100
 Cost           : 1                               Protocol     : RIPng
 RelayNextHop : ::                                TunnelID     : 0x0
 Interface      : Vlanif100                       Flags        : D

 Destination    : 2020::                          PrefixLength : 64
 NextHop        : FE80::2E0:FCFF:FEFE:4FE2        Preference   : 100
 Cost           : 1                               Protocol     : RIPng
 RelayNextHop : ::                                TunnelID     : 0x0
 Interface      : Vlanif100                       Flags        : D
......
[SW2]
```

图 15-17　交换机 SW2 的隧道路由学习情况

任务 15-7　总部安全配置

任务规划

在路由器 R3 上配置 ACL6，禁止设计部访问财务部。

V15-7　任务 15-7 总部安全配置

任务实施

创建 ACL6 3000，名称为 JAN16，创建 rule 5，动作为“deny”，匹配源地址为设计部网段“2030::/64”，匹配目的地址为财务部网段“2020::/64”，应用于路由器 R3 GE0/0/0 接口的流量入方向。

```
[R3]acl ipv6 name JAN16 3000                                          //创建 ACL6
[R3-acl6-adv-JAN16]rule 5 deny ipv6 source 2030:: 64 destination 2020:: 64   //创建规则
[R3-acl6-adv-JAN16]quit                                                //退出接口视图
[R3]interface GigabitEthernet 0/0/0                                    //进入接口视图
[R3-GigabitEthernet0/0/0]traffic-filter inbound ipv6 acl name JAN16    //接口流量入方向调用 ACL6
```

```
[R3-GigabitEthernet0/0/0]quit                                   //退出接口视图
```

任务验证

在路由器 R3 上使用【display acl ipv6 all】命令查看 ACL6 创建情况，如图 15-18 所示。

```
[R3]display acl ipv6 all
 Total nonempty acl6 number is 1
Advanced IPv6 ACL 3000 name JAN16, 1 rule
Acl's step is 5
 rule 5 deny ipv6 source 2030::/64 destination 2020::/64
[R3]
```

图 15-18　路由器 R3 的 ACL6 创建情况

项目验证

V15-8　项目验证

（1）管理部 PC1 ping 财务部 PC2 IPv6 地址 2020::10，如图 15-19 所示。

```
C:\Users\admin>ping 2020::10

正在 ping 2020::10 具有 32 字节的数据:
来自 2020::10 的回复: 时间=1ms
来自 2020::10 的回复: 时间=1ms
来自 2020::10 的回复: 时间=1ms
来自 2020::10 的回复: 时间<1ms

2020::10 的 ping 统计信息:
    数据报: 已发送 = 4，已接收 = 4，丢失 = 0 (0% 丢失)，
往返行程的估计时间（以毫秒为单位）:
    最短 = 0ms，最长 = 1ms，平均 = 0ms
```

图 15-19　PC1 与 PC2 的连通性测试

（2）管理部 PC1 ping 设计部 PC3 IPv6 地址 2030::10，如图 15-20 所示。

```
C:\Users\admin>ping 2030::10

正在 ping 2030::10 具有 32 字节的数据:
来自 2030::10 的回复: 时间=1ms
来自 2030::10 的回复: 时间=1ms
来自 2030::10 的回复: 时间=1ms
来自 2030::10 的回复: 时间=1ms

2030::10 的 ping 统计信息:
    数据报: 已发送 = 4，已接收 = 4，丢失 = 0 (0% 丢失)，
往返行程的估计时间（以毫秒为单位）:
    最短 = 1ms，最长 = 1ms，平均 = 1ms
```

图 15-20　PC1 与 PC3 的连通性测试

（3）设计部 PC3 ping 财务部 PC2 IPv6 地址 2020::10，如图 15-21 所示。

```
C:\Users\admin>ping 2020::10

正在 ping 2020::10 具有 32 字节的数据:
请求超时。
请求超时。
请求超时。
请求超时。

2020::10 的 ping 统计信息:
    数据报: 已发送 = 4，已接收 = 0，丢失 = 4 (100% 丢失)，
```

图 15-21　PC3 与 PC2 的连通性测试

练习与思考

项目实训题

1. 项目背景与要求

Jan16 公司网络工程师小钱，接到任务需对公司总部与分部网络进行规划设计。实践拓扑如图 15-22 所示。具体要求如下。

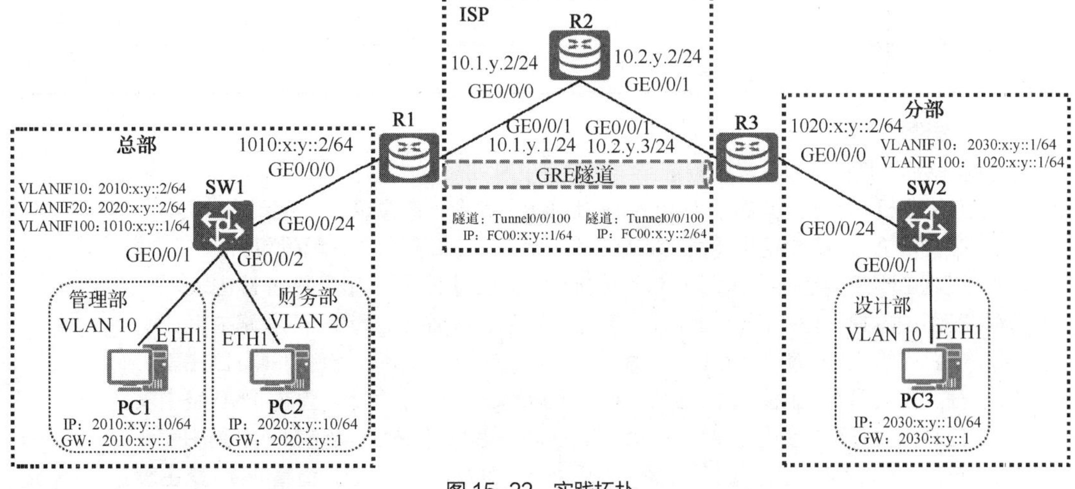

图 15-22　实践拓扑

（1）在交换机 SW1、交换机 SW2 上创建部门 VLAN 和业务 VLAN 并划分 VLAN。
（2）根据实践拓扑，为 PC、路由器、交换机分别配置 IPv6 地址（x 为部门，y 为工号）。
（3）在路由器 R1、交换机 SW1 上配置 OSPFv3，维护总部网络路由。
（4）在路由器 R3、交换机 SW2 上配置 RIPng，维护分部网络路由。
（5）在路由器 R1 与路由器 R3 上配置 IPv4 默认路由，下一跳为路由器 R2，使运营商网络与公

司网络互通。

（6）在路由器 R1 与路由器 R3 上配置 GRE 隧道。

（7）在路由器 R1 与路由器 R3 上分别配置隧道路由并分别引入 OSPFv3 和 RIPng 中。

（8）在路由器 R3 上配置 ACL6 来限制设计部访问财务部。

2. 实践业务规划

根据以上实践拓扑和需求，参考本项目的项目规划完成表 15-6～表 15-8 内容的规划。

表 15-6　端口互联规划

本端设备	本端接口	对端设备	对端接口

表 15-7　IPv6 地址规划

设备名称	接口	IP 地址	网关地址	用途

表 15-8　IPv4 地址规划

设备名称	接口	IP 地址	用途

3. 实践要求

完成实验后，请截取以下实验验证结果图。

（1）在交换机 SW1 上使用【display port vlan】命令，查看端口配置情况。

（2）在交换机 SW2 上使用【display port vlan】命令，查看端口配置情况。

（3）在路由器 R1 上使用【display ip routing-table】命令，查看 IPv4 路由表。

（4）在路由器 R3 上使用【display ip routing-table】命令，查看 IPv4 路由表。

（5）在路由器 R1 上使用【display ipv6 routing-table】命令，查看 IPv6 路由表。

（6）在交换机 SW1 上使用【display ipv6 routing-table】命令，查看 IPv6 路由表。

（7）在路由器 R3 上使用【display ipv6 routing-table】命令，查看 IPv6 路由表。

（8）在交换机 SW2 上使用【display ipv6 routing-table】命令，查看 IPv6 路由表。

（9）以路由器 R1 作为 GRE 隧道起点，ping 隧道终点地址 FC00:x:y::2，查看隧道建立情况。

（10）管理部 PC1 ping 设计部 PC3，测试部门之间网络的连通性。

（11）财务部 PC2 ping 设计部 PC3，测试部门之间网络的连通性。